普通高等教育"十二五"规划教材

有限元基础理论与 ANSYS14.0 应用

主编 张洪信 管殿柱

机械工业出版社

本书介绍了有限元基础理论与 ANSYS14.0 的应用。本书共分 7 章，为了兼顾缺乏弹性力学知识的读者，附录中对有限单元法涉及的弹性力学基本知识作了简要介绍。第 1 章对有限单元法及 ANSYS 分析进行全面概述，以便总体把握其中的要点；第 2 章介绍了有限单元法的基础知识及应用，涉及结构静力学、结构动力学、结构非线性等问题的有限单元法理论；第 3~7 章主要讲述 ANSYS 操作，第 3 章介绍 ANSYS 建模与网格划分，对连接板、轴类零件、圆柱齿轮等建模过程进行实例操作；第 4 章介绍结构线性静力分析过程，对连杆受力分析、圆孔应力集中分析等进行实例操作；第 5 章介绍动力学分析过程，对机翼模态分析、汽车悬架系统的谐响应分析等进行实例操作；第 6 章介绍非线性分析过程，对装载时矿石对车厢的冲击非线性分析、圆盘塑性变形分析、销与销孔接触分析等进行实例操作；第 7 章介绍热分析、流体动力学分析、电磁场分析等过程与实例操作。

本书面向高等院校工程专业的本科生或研究生，可作为土木、水利、机械等工科专业本科生及研究生教材，也可以作为工程设计人员的参考书籍。本书非常利于读者初步掌握有限单元方法和 ANSYS 操作，并提高解决工程结构实际问题的能力。

图书在版编目（CIP）数据

有限元基础理论与 ANSYS14.0 应用/张洪信，管殿柱主编．—北京：机械工业出版社，2014.11（2019.1 重印）

普通高等教育"十二五"规划教材

ISBN 978-7-111-48072-3

Ⅰ.①有… Ⅱ.①张…②管… Ⅲ.①有限元法-高等学校-教材②有限元分析-应用软件-高等学校-教材 Ⅳ.①O241.82

中国版本图书馆 CIP 数据核字（2014）第 222435 号

机械工业出版社（北京市百万庄大街 22 号　邮政编码 100037）
策划编辑：商红云　责任编辑：商红云　章承林　裴　泱
版式设计：赵颖喆　责任校对：樊钟英
封面设计：张　静　责任印制：常天培
北京京丰印刷厂印刷
2019 年 1 月第 1 版第 4 次印刷
184mm×260mm・16.25 印张・432 千字
标准书号：ISBN 978-7-111-48072-3
定价：35.00 元

凡购本书，如有缺页、倒页、脱页，由本社发行部调换

电话服务　　　　　　　　　网络服务
服务咨询热线：010-88379833　机 工 官 网：www.cmpbook.com
读者购书热线：010-88379649　机 工 官 博：weibo.com/cmp1952
　　　　　　　　　　　　　　教育服务网：www.cmpedu.com
封面无防伪标均为盗版　　　　金　书　网：www.golden-book.com

前　言

本书坚持理论与实践紧密结合的原则，将有限元理论与 ANSYS 操作结合在一起，以期有助于促进有限元理论与 ANSYS 的学习、应用与普及推广。

有限单元法是当前工程技术领域最常用、最有效的数值方法，已成为现代工程设计技术不可或缺的重要组成部分。ANSYS 软件是融结构流体、电场、磁场、声场及热传导等领域静力学、动力学及边界耦合问题分析于一体的大型通用有限元分析软件，由世界上最大的有限元分析软件公司之一的美国 ANSYS 公司开发，它能与多数 CAD 软件（如 Pro/E、UG、NASTRAN、I-DEAS、AutoCAD）及机械仿真软件（如 ADAMS）接口，实现数据的共享和交换，是现在产品设计中的高级 CAE 工具之一。

本书是为土木、水利、机械等工科专业本科生、研究生和工程技术人员学习有限单元法和 ANSYS 操作而编写的教材。编者集多年从事本科生、研究生教学与科研经验，编写时力求深入浅出、概念清晰、思路简明、系统性强。论述以 ANSYS14.0 软件为主，兼顾其他版本；为了能够和其他参考资料相互印证，便于 ANSYS 学习，书中诸多例题以操作过程为主线，有的采用公制单位，有的采用英制单位，尽管 ANSYS 程序中并不特别强调物理量的单位。需要特别指出的是，一个分析过程内英制和公制单位不可混用！

本书依次介绍结构静力学问题、结构动力学问题、结构非线性问题、温度场、流体力学及电磁场问题分析的有限单元方法及 ANSYS 操作步骤。第 1 章对有限单元法及 ANSYS 分析进行全面概述，以便总体把握其中的要点；第 2 章介绍了有限单元法的基础知识及应用，涉及结构静力学、结构动力学、结构非线性等问题的有限单元法理论；第 3～7 章主要讲述 ANSYS 操作，第 3 章介绍 ANSYS 建模与网格划分，对连接板、轴类零件、圆柱齿轮等建模过程进行实例操作；第 4 章介绍结构线性静力分析过程，对连杆受力分析、圆孔应力集中分析等进行实例操作；第 5 章介绍动力学分析过程，对机翼模态分析、汽车悬架系统的谐响应分析等进行实例操作；第 6 章介绍非线性分析过程，对装载时矿石对车厢的冲击非线性分析、圆盘塑性变形分析、销与销孔接触分析等进行实例操作；第 7 章介绍热分析、流体力学分析、电磁场分析等过程与实例操作。书后附录还提供了弹性力学的基本方程、各领域常用量及其单位换算关系。

本书由张洪信、管殿柱任主编，参加编写工作的还有徐鹏飞、韩本宝、段本明、宋一兵、王献红、李文秋、付本国、赵景波、赵景伟、田绪东、张轩、段辉、汤爱君等，同时特别感谢青岛大学研究生处对本教材编写出版的大力支持。

由于编者水平有限，不足之处在所难免，欢迎广大读者批评指正。

编　者

目　　录

前言
第1章　有限单元法与ANSYS入门 …… 1
1.1　发展与现状 …… 1
1.2　矩阵分析法及有限单元法分析的一般步骤 …… 3
1.2.1　矩阵分析法 …… 3
1.2.2　有限单元法分析的一般步骤 …… 9
1.3　ANSYS基本操作 …… 9
1.3.1　ANSYS安装 …… 10
1.3.2　ANSYS启动、用户界面及退出 …… 10
1.3.3　ANSYS操作方式 …… 12
1.3.4　ANSYS典型分析过程 …… 13
1.3.5　ANSYS文件管理及日志文件使用 …… 17
1.4　本章小结 …… 19
1.5　思考与练习 …… 19
第2章　有限单元法基础理论 …… 20
2.1　结构静力学问题的有限单元法 …… 20
2.1.1　平面问题有限单元法 …… 20
2.1.2　轴对称问题有限单元法 …… 28
2.1.3　空间问题有限单元法 …… 30
2.1.4　等参数有限单元法 …… 33
2.1.5　单元与整体分析 …… 36
2.2　结构动力学问题有限单元法 …… 38
2.2.1　运动方程 …… 39
2.2.2　质量矩阵 …… 40
2.2.3　阻尼矩阵 …… 41
2.2.4　结构自振频率与振型 …… 43
2.2.5　振型叠加法求解结构的受迫振动 …… 44
2.3　结构非线性有限单元法 …… 46
2.3.1　塑性力学问题 …… 46
2.3.2　大位移问题 …… 54
2.4　本章小结 …… 55
2.5　思考与练习 …… 56
第3章　ANSYS建模 …… 58
3.1　建模基础 …… 58
3.1.1　模型生成 …… 58
3.1.2　坐标系统 …… 58
3.1.3　工作平面 …… 61
3.1.4　实体模型 …… 63
3.1.5　有限元模型 …… 63
3.2　建立复杂有限元模型 …… 66
3.3　连接板建模实例 …… 68
3.4　轴类零件建模实例 …… 72
3.4.1　自底向上建模 …… 73
3.4.2　自顶向下建模 …… 77
3.5　圆柱齿轮建模实例 …… 78
3.6　本章小结 …… 85
3.7　思考与练习 …… 85
第4章　结构线性静力分析 …… 87
4.1　结构静力分析过程与步骤 …… 87
4.1.1　建立模型 …… 87
4.1.2　施加载荷并求解 …… 87
4.1.3　检查结果 …… 89
4.2　连杆受力分析实例 …… 90
4.3　圆孔应力集中分析实例 …… 101
4.4　本章小结 …… 106
4.5　思考与练习 …… 107
第5章　动力学分析 …… 108
5.1　动力学分析的过程与步骤 …… 108
5.1.1　模态分析 …… 108
5.1.2　谐响应分析 …… 111
5.1.3　瞬态动力学分析 …… 115
5.2　机翼模态分析实例 …… 119
5.3　汽车悬架系统的谐响应分析实例 …… 127
5.4　本章小结 …… 134
5.5　思考与练习 …… 134
第6章　非线性分析 …… 136
6.1　基本概念 …… 136
6.2　非线性分析的过程与步骤 …… 139
6.2.1　建模 …… 139
6.2.2　加载求解 …… 139
6.2.3　查看结果 …… 142
6.3　装载时矿石对车厢的冲击非线性分析实例 …… 144

6.4 圆盘塑性变形分析实例 ………… 156
6.5 销与销孔接触分析实例 ………… 168
6.6 本章小结 ……………………… 177
6.7 思考与练习 …………………… 178

第7章 其他问题分析 …………… 179
7.1 热分析 ………………………… 179
  7.1.1 热分析单元 ……………… 179
  7.1.2 稳态热分析过程 ………… 180
  7.1.3 瞬态热分析过程 ………… 183
  7.1.4 耦合分析的过程和步骤 … 186
  7.1.5 冷却栅管的热分析实例 … 189
  7.1.6 包含焊缝的金属板热膨胀分析
       实例 …………………… 197
7.2 流体动力学分析 ……………… 209
  7.2.1 FLOTRAN CFD 分析的概念与
       基本步骤 ………………… 209
  7.2.2 管内流动分析实例 ……… 213
7.3 电磁场分析 …………………… 226
  7.3.1 电磁场分析的基本步骤与概念 … 227
  7.3.2 2D 静态电磁场分析实例 … 230
7.4 DesignXplorer 概述 …………… 241
7.5 本章小结 ……………………… 244
7.6 思考与练习 …………………… 245

附录 …………………………………… 247
附录 A 弹性力学的基本方程 ……… 247
附录 B ANSYS 程序中常用量和单位 … 249

参考文献 ……………………………… 251

第1章 有限单元法与ANSYS入门

CAE即计算机辅助工程,指工程设计中的分析计算与仿真。CAE软件可分为专用和通用两类。专用软件主要是针对特定类型的工程或产品用于产品性能分析、预测和优化的软件,它以在某个领域中的深入应用而见长,如美国ETA公司的汽车专用CAE软件LS/DYNA3D及ETA/FEMB等。通用软件可对多种类型的工程和产品的物理力学性能进行分析、模拟、预测、评价和优化,以实现产品技术创新,它以覆盖的应用范围广而著称,如ANSYS、PATRAN、NASTRAN和MARC等。

目前在工程技术领域内常用的数值模拟方法有:有限单元法(Finite Element Method,FEM)、边界单元法(Boundary Element Method,BEM)和有限差分法(Finite Difference Method,FDM)等,但就其实用性和应用的广泛性而言,主要还是有限单元法。作为一种离散化的数值解法,有限单元法在结构分析等领域中得到了广泛应用。

【本章重点】
- 有限单元法与ANSYS软件的起源与发展。
- 矩阵分析法分析杆件结构的过程与步骤。
- ANSYS界面组成及分析问题的步骤。

1.1 发展与现状

离散化的思想可以追溯到20世纪40年代。1941年A. Hrennikoff首次提出用离散元素法求解弹性力学问题,当时仅限于用杆系结构来构造离散模型,但能很好地说明有限元的思想。如果原结构是杆系,这种方法的解是精确的,发展到现在就是大家熟知的矩阵分析法。究其实质这还不能说就是有限单元法的思想,但结合以后的有限元理论,统称为广义有限单元法。1943年R. Courant在求解扭转问题时为了表征翘曲函数而将截面分成若干三角形区域,在各三角形区域设定一个线性的翘曲函数,这实质上就是有限单元法的基本思想(对里兹法的推广),这一思想真正用于工程中是在电子计算机出现后。

20世纪50年代因航空工业的需要,美国波音公司的专家首次采用三节点三角形单元,将矩阵位移法用到平面问题上。同时,联邦德国斯图加特大学的J. H. Argyris教授发表了一组能量原理与矩阵分析的论文,为这一方法的理论基础作出了杰出贡献。1960年美国的R. W. Clough教授在一篇题为《平面应力分析的有限单元法》的论文中首先使用"有限单元法"一词,此后这一名称得到广泛承认。

20世纪60年代有限单元法发展迅速,除力学界外,许多数学家也参与了这一工作,奠定了有限单元法的理论基础,搞清了有限单元法与变分法之间的关系,发展了各种各样的单元模式,扩大了有限单元法的应用范围。

20世纪70年代以来,有限单元法得到进一步蓬勃发展,其应用范围扩展到所有工程领域,成为连续介质问题数值解法中最活跃的分支。由变分法有限元扩展到加权残数法与能量平衡法有限元,由弹性力学平面问题扩展到空间问题、板壳问题,由静力平衡问题扩展到稳定性问题、动力问题和波动问题，由线性问题扩展到非线性问题，分析的对象从弹性材料扩展到塑性、粘弹性、粘塑性和复合材料等，由结构分析扩展到结构优化乃至于设计自动化，从固体力学扩展到流体力学、传热学、电磁学等领域。它使许多复杂的工程分析问题迎刃而解。

有限单元法的基本思想是将物体（即连续的求解域）离散成有限个且按一定方式相互联结在一起的单元的组合，来模拟或逼近原来的物体，从而将一个连续的无限自由度问题简化为离散的有限自由度问题求解的一种数值分析法。物体被离散后，通过对其中各个单元进行单元分析，最终得到对整个物体的分析。网格划分中每一个小的块体称为单元。确定单元形状、单元之间相互连接的点称为节点。单元上节点处的结构内力为节点力，外力（有集中力、分布力等）为节点载荷。

数值模拟技术通过计算机程序在工程中得到广泛的应用。到20世纪80年代初期，国际上较大型的面向工程的有限元通用程序达到几百种，其中著名的有 ANSYS、NASTRAN、ABAQUS、ASKA、ADINA、SAP 与 COSMOS 等，它们的功能越来越完善，不仅包含多种条件下的有限元分析程序，而且带有功能强大的前处理和后处理程序。由于有限元通用程序使用方便、计算精度高，计算结果已成为各类工业产品设计和性能分析的可靠依据。大型通用有限元分析软件不断吸取计算方法和计算机技术的最新进展，将有限元分析、计算机图形学和优化技术相结合，已成为解决现代工程学问题必不可少的有力工具。

ANSYS 软件是融结构、流体、电磁场、声场和耦合场分析于一体的大型通用有限元分析软件。由世界上最大的有限元分析软件公司之一的美国 ANSYS 公司开发，它能与多数 CAD 软件接口，实现数据的共享和交换，如 Pro/E、UG、I-DEAS、CADDS 及 AutoCAD 等，是现代产品设计中的高级 CAD 工具之一。

ANSYS 公司成立于 1970 年，总部位于美国宾西法尼亚州的匹兹堡，致力于 CAE 技术的研究和发展。ANSYS 软件的创始人是美国匹斯堡大学力学系教授、著名有限元权威 John Swanson 博士。如今，ANSYS 软件已经成功地应用于世界工业的各个领域，它广泛应用于结构、热、流体、电池、交通、土木工程、电子、造船等一般工业及科学研究。ANSYS 程序是一个功能强大、应用灵活的设计分析及优化软件包，可以浮动运行于从个人计算机、工作站到巨型计算机的各种计算机及操作系统。

目前 ANSYS 公司发布了最新的 ANSYS 14.0 版本，在 CAE 功能上引领现代产品研发科技，涉及的内容包括：高级分析、网格划分、优化、多物理场和多体动力学。立足于拥有世界上最多的用户，ANSYS 14.0 不仅为当前的商业应用提供了新技术，而且在以下方面取得了显著进步：

1）继续开发和提供世界一流的求解器技术。
2）提供了针对复杂仿真的多物理场耦合解决方法。
3）整合了 ANSYS 的网格技术并产生统一的网格环境。
4）通过对先进的软、硬件平台的支持来实现对大规模问题的高效求解。
5）继续改进最好的 CAE 集成环境——ANSYS WORKBENCH。
6）继续融合先进的计算流体动力学技术。
7）功能更为强大的显式动力学分析模块——ANSYS/LS-DYNA。
8）加速多步求解：ANSYS VT 加速器，基于 ANSYS 变分技术，是通过减少迭代总步数以加速多步分析的数学方法。
9）网格变形和优化：对于很多单位，进行优化分析的最大障碍是 CAD 模型不能重新生成，特征参数不能反映那些修改研究的几何改变。

1.2 矩阵分析法及有限单元法分析的一般步骤

矩阵分析法适用于由连杆或梁等单元组成的杆件结构，是一种具有朴素的有限元思想的非连续介质的力学分析方法，下面以此为例说明有限单元法分析的一般步骤。

1.2.1 矩阵分析法

杆系结构的矩阵分析方法从广义上说，也可以包括在有限单元法中，并且可以比较形象地说明有限单元法的概念，在实际工程中也有很大的应用价值。

1. 水平杆单元刚度矩阵

如图 1-1 所示的桁架，杆的两端都可以产生位移。为了循序渐进，先研究水平直杆 ij，如图 1-2 所示。

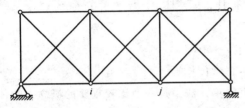
图 1-1　桁架

图 1-2　水平杆单元

杆单元两端各有一个水平节点位移 u_i 和 u_j，即具有两个自由度。两端节点力分别为 U_i 和 U_j。杆的受力情况可分解为两种状态。

1) 状态一：$u_i = u_i$，$u_j = 0$。这时，节点 j 被固定。

单元应变为

$$\varepsilon = -\frac{u_i}{l}$$

单元应力为

$$\sigma = E\varepsilon = -\frac{Eu_i}{l}$$

材料力学中以拉应力为正，而有限单元法中，以向右的节点力为正，所以下式中加一负号。

单元左端节点力为

$$U_i = -A\sigma = \frac{AE}{l}u_i$$

单元右端节点力为

$$U_j = A\sigma = -\frac{AE}{l}u_i$$

2) 状态二：$u_i = 0$，$u_j = u_j$。这种状态与状态一正好相反。

单元应变为

$$\varepsilon = \frac{u_j}{l}$$

单元应力为

$$\sigma = \frac{Eu_j}{l}$$

单元左端节点力为

$$U_i = -A\sigma = -\frac{AE}{l}u_j$$

单元右端节点力为

$$U_j = A\sigma = \frac{AE}{l}u_j$$

把以上两种状态的结果叠加起来,得到左、右两端都可变位情况下单元节点力为

$$U_i = \frac{AE}{l}u_i - \frac{AE}{l}u_j$$

$$U_j = -\frac{AE}{l}u_i + \frac{AE}{l}u_j$$

写成矩阵形式得到

$$\begin{pmatrix} U_i \\ U_j \end{pmatrix} = \frac{AE}{l}\begin{pmatrix} 1 & -1 \\ -1 & 1 \end{pmatrix}\begin{pmatrix} u_i \\ u_j \end{pmatrix} = \boldsymbol{K}^e\begin{pmatrix} u_i \\ u_j \end{pmatrix} \tag{1-1}$$

式中

$$\boldsymbol{K}^e = \frac{AE}{l}\begin{pmatrix} 1 & -1 \\ -1 & 1 \end{pmatrix} \tag{1-2}$$

式(1-2)称为单元刚度矩阵。刚度矩阵在有限单元法中是一个比较重要的概念,能体现出任何一个自由度方向的节点力与所有节点位移之间的关系。

单元轴力可写为

$$N = \frac{AE}{l}(-1 \quad 1)\begin{pmatrix} u_i \\ u_j \end{pmatrix} = \boldsymbol{S}\begin{pmatrix} u_i \\ u_j \end{pmatrix} \tag{1-3}$$

式中

$$\boldsymbol{S} = \frac{AE}{l}(-1 \quad 1) \tag{1-4}$$

在杆件结构中,通常以轴力作为广义应力,因此矩阵 $\boldsymbol{S}$ 称为单元应力矩阵。

实际上,在节点 i 和 j,除了水平位移外,还可产生垂直位移(但在小变形条件下,垂直节点位移对铰接杆的内力无影响)。引入垂直节点位移 v_i、v_j 和垂直节点力 V_i、V_j,把单元刚度矩阵扩展为四阶形式,单元节点力为

$$\begin{pmatrix} U_i \\ V_i \\ U_j \\ V_j \end{pmatrix} = \frac{AE}{l}\begin{pmatrix} 1 & 0 & -1 & 0 \\ 0 & 0 & 0 & 0 \\ -1 & 0 & 1 & 0 \\ 0 & 0 & 0 & 0 \end{pmatrix}\begin{pmatrix} u_i \\ v_i \\ u_j \\ v_j \end{pmatrix} \tag{1-5}$$

或

$$\boldsymbol{F}^e = \boldsymbol{K}^e \boldsymbol{\delta}^e \tag{1-6}$$

式中,$\boldsymbol{F}^e = (U_i \quad V_i \quad U_j \quad V_j)^T$ 为节点力;$\boldsymbol{\delta}^e = (u_i \quad v_i \quad u_j \quad v_j)^T$ 为节点位移。

单元刚度矩阵为

$$\boldsymbol{K}^e = \frac{AE}{l}\begin{pmatrix} 1 & 0 & -1 & 0 \\ 0 & 0 & 0 & 0 \\ -1 & 0 & 1 & 0 \\ 0 & 0 & 0 & 0 \end{pmatrix} \tag{1-7}$$

单元轴力为

$$N = \frac{AE}{l}(-1\ \ 0\ \ 1\ \ 0)\begin{pmatrix} u_i \\ v_i \\ u_j \\ v_j \end{pmatrix} = \boldsymbol{S}\boldsymbol{\delta}^e \tag{1-8}$$

2. 倾斜杆单元刚度矩阵

如图 1-3 所示，局部坐标 $\bar{x}$、$\bar{y}$ 与整体坐标 x、y 之间的位移 $\bar{\boldsymbol{\delta}}$ 与 $\boldsymbol{\delta}$ 之间存在如下变换关系：

$$\bar{\boldsymbol{\delta}} = \boldsymbol{\lambda}\boldsymbol{\delta} \tag{1-9}$$

式中，转换矩阵

$$\boldsymbol{\lambda} = \begin{pmatrix} \alpha & \beta & 0 & 0 \\ -\beta & \alpha & 0 & 0 \\ 0 & 0 & \alpha & \beta \\ 0 & 0 & -\beta & \alpha \end{pmatrix}$$

为正交矩阵，其中 $\alpha = \cos\theta$，$\beta = \sin\theta$。

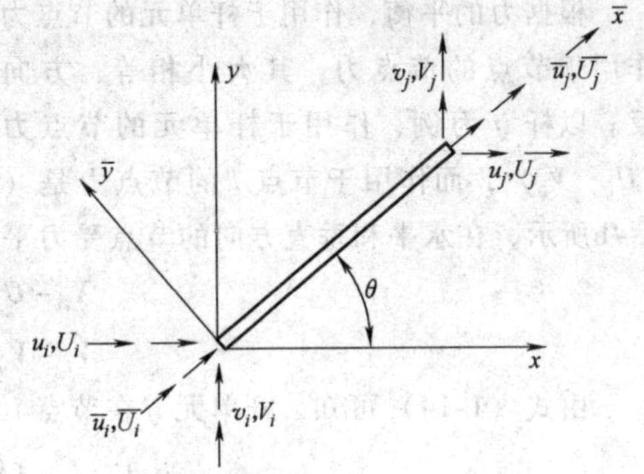

图 1-3 局部坐标与整体坐标

则局部坐标系中节点力 $\bar{\boldsymbol{F}} = (\bar{U}_i\ \ \bar{V}_i\ \ \bar{U}_j\ \ \bar{V}_j)^T$ 与整体坐标系中的节点力 $\boldsymbol{F} = (U_i\ \ V_i\ \ U_j\ \ V_j)^T$ 之间的关系为

$$\bar{\boldsymbol{F}} = \boldsymbol{\lambda}\boldsymbol{F} \tag{1-10}$$

局部坐标系中的节点力为

$$\bar{\boldsymbol{F}} = \bar{\boldsymbol{K}}^e\bar{\boldsymbol{\delta}} \tag{1-11}$$

局部坐标系中的刚度矩阵 $\bar{\boldsymbol{K}}^e$ 见式（1-7）。

将式（1-9）和式（1-10）代入式（1-11）得

$$\boldsymbol{F} = \boldsymbol{\lambda}^{-1}\bar{\boldsymbol{K}}^e\boldsymbol{\lambda}\boldsymbol{\delta}$$

或记为

$$\boldsymbol{F} = \boldsymbol{K}^e\boldsymbol{\delta} \tag{1-12}$$

式（1-12）反映了单元节点位移与单元节点力的关系，称为单元刚度方程。其中，$\boldsymbol{K}^e = \boldsymbol{\lambda}^{-1}\bar{\boldsymbol{K}}^e\boldsymbol{\lambda}$，为整体坐标系中的单元刚度矩阵，即

$$\boldsymbol{K}^e = \frac{AE}{l}\begin{pmatrix} \alpha^2 & \alpha\beta & -\alpha^2 & -\alpha\beta \\ \alpha\beta & \beta^2 & -\alpha\beta & -\beta^2 \\ -\alpha^2 & -\alpha\beta & \alpha^2 & \alpha\beta \\ -\alpha\beta & -\beta^2 & \alpha\beta & \beta^2 \end{pmatrix} \tag{1-13}$$

并将式（1-12）记为

$$\begin{pmatrix} \boldsymbol{F}_i \\ \boldsymbol{F}_j \end{pmatrix} = \begin{pmatrix} \boldsymbol{K}_{ii} & \boldsymbol{K}_{ij} \\ \boldsymbol{K}_{ji} & \boldsymbol{K}_{jj} \end{pmatrix}\begin{pmatrix} \boldsymbol{\delta}_i \\ \boldsymbol{\delta}_j \end{pmatrix} \tag{1-14}$$

式中，i 点节点力 $\boldsymbol{F}_i = (U_i\ \ V_i)^T$；$j$ 点节点力 $\boldsymbol{F}_j = (U_j\ \ V_j)^T$；$i$ 点节点位移 $\boldsymbol{\delta}_i = (u_i\ \ v_i)^T$；$j$ 点节点位移 $\boldsymbol{\delta}_j = (u_j\ \ v_j)^T$；$\boldsymbol{K}_{ii} = \boldsymbol{K}_{jj} = \frac{AE}{l}\begin{bmatrix} \alpha^2 & \alpha\beta \\ \alpha\beta & \beta^2 \end{bmatrix}$；$\boldsymbol{K}_{ij} = \boldsymbol{K}_{ji} = -\boldsymbol{K}_{ii}$。刚度系数 $\boldsymbol{K}_{ij}$ 的意义是节点 j 的单位节点位移在节点 i 上产生的节点力，其余类推。

3. 节点平衡方程与整体刚度矩阵

从一个桁架中取一节点 i，如图 1-4a 所示，设环绕该点有三个单元，即 ij、im、ip。该节点承受的水平和垂直载荷分别为 X_i 和 Y_i，即节点 i 的载荷 $P_i = (X_i \quad Y_i)^T$。

根据力的平衡，作用于杆单元的节点力与作用于节点的节点力，其大小相等，方向相反。以杆 ij 为例，作用于杆单元的节点力是

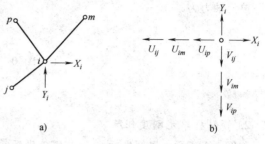

图 1-4 节点 i 的平衡

$(U_{ij} \quad V_{ij})^T$，而作用于节点 i 的节点力是 $(-U_{ij} \quad -V_{ij})^T$。将节点脱离出来，其受力分析如图 1-4b 所示，在水平和垂直方向的节点受力平衡方程为

$$\left. \begin{array}{l} X_i - U_{ij} - U_{im} - U_{ip} = 0 \\ Y_i - V_{ij} - V_{im} - V_{ip} = 0 \end{array} \right\} \tag{1-15}$$

由式（1-14）可知，杆单元 ij 在节点 i 的节点力为

$$F_{ij} = \begin{Bmatrix} U_{ij} \\ V_{ij} \end{Bmatrix} = K_{ii}\delta_i + K_{ij}\delta_j \tag{1-16}$$

其他单元施于节点 i 的节点力同样可以写出，一起代入式（1-15），得到

$$\left(\sum_e K_{ii} \right)\delta_i + K_{ij}\delta_j + K_{im}\delta_m + K_{ip}\delta_p = P_i \tag{1-17}$$

每个节点都有一对平衡方程如上，对于全部节点 $i = 1, 2, \cdots, N$ 的结构，得到 $2N$ 阶线性方程组，即结构的节点平衡方程组：

$$K\delta = P \tag{1-18}$$

式中

$$\delta = (\delta_1 \quad \delta_2 \quad \cdots \quad \delta_N)^T$$
$$P = (P_1 \quad P_2 \quad \cdots \quad P_N)^T$$

式中，δ 为全部节点位移组成的列阵；P 为全部节点载荷组成的列阵；K 为结构的整体刚度矩阵。

4. 总体刚度矩阵的合成

由单元刚度矩阵合成结构的整体刚度矩阵通常采用两种方法：一种为编码法，另一种为大域变换矩阵法。前者对自由度较少的结构简单明了，后者特别适合计算机编程运算。下面重点阐述后者。

结构总体刚度矩阵 K 与单元刚度矩阵 K^e 之间的关系为

$$K = \sum_e (G^e)^T K^e G^e \tag{1-19}$$

式中，G^e 为单元大域变换矩阵。对平面桁架结构，单元自由度 $m = 4$，节点自由度为 $h = 2$，整个结构有 n 个节点，则该单元大域变换矩阵为 $m \times (hn)$ 维。其中 ij 单元假定为全局单元编号中第 3 个，其大域变换矩阵为

$$G^3 = \begin{pmatrix} 1 & 2 & \cdots & 2i-1 & 2i & \cdots & 2j-1 & 2j & \cdots & 2n \\ 0 & 0 & \cdots & 1 & 0 & \cdots & 0 & 0 & \cdots & 0 \\ 0 & 0 & \cdots & 0 & 1 & \cdots & 0 & 0 & \cdots & 0 \\ 0 & 0 & \cdots & 0 & 0 & \cdots & 1 & 0 & \cdots & 0 \\ 0 & 0 & \cdots & 0 & 0 & \cdots & 0 & 1 & \cdots & 0 \end{pmatrix} \tag{1-20}$$

另外，总体结构的载荷向量、位移向量与单元载荷向量、位移向量之间的关系为

$$P = \sum_e (G^e)^T P^e \tag{1-21}$$

$$\delta = \sum_e (G^e)^T \delta^e \tag{1-22}$$

5. 边界条件的处理

边界条件指结构边界上所受到的外加约束。边界上的节点通常有两种情况。一种可以自由变形，如图1-5中的节点5、6、7、8等，这时只要让这些节点上的载荷等于零就可以了。如果节点3作用有外载荷，可令该点的载荷等于规定的载荷Q。另一种是边界上的节点，规定了节点位移的数值，如图1-5所示为桁架，有

$$u_1 = v_1 = v_4 = 0, \quad v_2 = b$$

这时，是否可以把规定的位移数值直接放到平衡方程$K\delta = P$中去呢？当采用迭代法求解时，是可

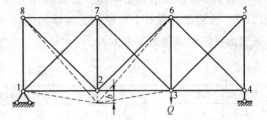

图1-5 桁架

以这样做的。如果采用直接法求解时，就不能这样做了，因为直接法是以全部节点位移都是未知量为基础的。

现在把结构平衡方程组重新排列如下：

$$\begin{pmatrix} K_{aa} & K_{ab} \\ K_{ab}^T & K_{bb} \end{pmatrix} \begin{pmatrix} \delta_a \\ \delta_b \end{pmatrix} = \begin{pmatrix} P_a \\ P_b \end{pmatrix}$$

式中，δ_b是已知的节点位移；δ_a是未知的节点位移。相应地，P_a是已知的节点载荷；而P_b是未知的支点反力。只要已给出的位移δ_b足以阻止结构的刚体移动，则子矩阵K_{aa}将是非奇异的，可以解出未知的节点位移为

$$\delta_a = K_{aa}^{-1}(P_a - K_{ab}\delta_b)$$

进而求出未知支点反力如下：

$$P_b = (K_{bb} - K_{ab}^T K_{aa}^{-1} K_{ab})\delta_b + K_{ab}^T K_{aa}^{-1} P_a$$

上面说明了求解平衡方程组的步骤，但在有限单元法中，未知量的个数通常有几百个，甚至几万个，一般都利用电子计算机求解。给定位移的节点和给定载荷的节点实际上是交错出现的。通常为了程序设计的方便，刚度矩阵K的行序和列序都不改变，而作下述处理。

设结构的平衡方程为

$$\begin{pmatrix} k_{1,1} & k_{1,2} & k_{1,3} & k_{1,4} & \cdots & k_{1,16} \\ k_{2,1} & k_{2,2} & k_{2,3} & k_{2,4} & \cdots & k_{2,16} \\ k_{3,1} & k_{3,2} & k_{3,3} & k_{3,4} & \cdots & k_{3,16} \\ k_{4,1} & k_{4,2} & k_{4,3} & k_{4,4} & \cdots & k_{4,16} \\ \cdots & \cdots & \cdots & \cdots & \cdots & \cdots \\ k_{16,1} & k_{16,2} & k_{16,3} & k_{16,4} & \cdots & k_{16,16} \end{pmatrix} \begin{pmatrix} u_1 \\ v_1 \\ u_2 \\ v_2 \\ \vdots \\ v_8 \end{pmatrix} = \begin{pmatrix} X_1 \\ Y_1 \\ X_2 \\ Y_2 \\ \vdots \\ Y_8 \end{pmatrix} \tag{1-23}$$

对$u_1 = 0$，式（1-23）作如下变化：在刚度矩阵K中，把与u_1对应的对角线上的刚度系数$k_{1,1}$换为一个极大的数，例如可换成$k_{1,1} \times 10^8$；把与u_1对应的节点载荷换成$k_{1,1} \times 10^8 \times u_1 = 0$，其余保留不变。对其他边界条件可以类推。

通过上述变化，式（1-23）中节点位移列阵成为未知量，载荷列阵成为已知向量，两端左

乘刚度矩阵的逆阵可以求出节点位移,进而得到节点力和单元内力。上述以位移作为未知量求解并表示出节点力和单元内力的方法,称为"位移法",相应的有限单元法为"位移法有限元"。以单元内力为未知量的有限元方法称为"力法有限元",工程中采用不多。

【例 1-1】 桁架结构的平衡方程。

如图 1-6 所示的桁架结构,支承条件为 $u_1 = v_1 = u_4 = v_4 = 0$, $u_3 = b$。该桁架共有 6 个杆单元,各单元的尺寸和倾角见表 1-1。试列出该桁架结构的平衡方程。

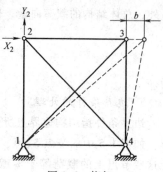

图 1-6 桁架

表 1-1 单元结构尺寸

杆单元	i 点	j 点	面积	长度	弹性模量	倾角 θ/(°)	$\alpha = \cos\theta$	$\beta = \sin\theta$	α^2	β^2	$\alpha\beta$
12	1	2	A	l	E	90	0	1	0	1	0
13	1	3	A	$\sqrt{2}l$	E	45	$1/\sqrt{2}$	$1/\sqrt{2}$	1/2	1/2	1/2
14	1	4	A	l	E	0	1	0	0	0	0
23	2	3	A	l	E	0	1	0	0	0	0
24	2	4	A	$\sqrt{2}l$	E	315	$1/\sqrt{2}$	$-1/\sqrt{2}$	1/2	1/2	1/2
34	3	4	A	l	E	270	0	-1	0	1	0

求解步骤

1) 根据前述列出各单元的刚度矩阵为

$$K^{12} = \frac{AE}{l}\begin{pmatrix} 0 & 0 & 0 & 0 \\ 0 & 1 & 0 & -1 \\ 0 & 0 & 0 & 0 \\ 0 & -1 & 0 & 1 \end{pmatrix}, \quad K^{13} = \frac{AE}{\sqrt{2}l}\begin{pmatrix} 0.5 & 0.5 & -0.5 & -0.5 \\ 0.5 & 0.5 & -0.5 & -0.5 \\ -0.5 & -0.5 & 0.5 & 0.5 \\ -0.5 & -0.5 & 0.5 & 0.5 \end{pmatrix}, \ldots$$

2) 列出各单元的大域变换矩阵为

$$G^{12} = \begin{pmatrix} 1 & 0 & 0 & 0 & 0 & 0 & 0 & 0 \\ 0 & 1 & 0 & 0 & 0 & 0 & 0 & 0 \\ 0 & 0 & 1 & 0 & 0 & 0 & 0 & 0 \\ 0 & 0 & 0 & 1 & 0 & 0 & 0 & 0 \end{pmatrix}, \quad G^{13} = \begin{pmatrix} 1 & 0 & 0 & 0 & 0 & 0 & 0 & 0 \\ 0 & 1 & 0 & 0 & 0 & 0 & 0 & 0 \\ 0 & 0 & 0 & 0 & 1 & 0 & 0 & 0 \\ 0 & 0 & 0 & 0 & 0 & 1 & 0 & 0 \end{pmatrix}, \ldots$$

3) 进而计算整体刚度矩阵 K,写出结构总体平衡方程为

$$\frac{AE}{\sqrt{2}l}\begin{pmatrix} 1.914 & 0.5 & 0 & 0 & -0.5 & -0.5 & -1.414 & 0 \\ 0.5 & 1.914 & 0 & -1.414 & -0.5 & -0.5 & 0 & 0 \\ 0 & 0 & 1.914 & -0.5 & -1.414 & 0 & -0.5 & 0.5 \\ 0 & -1.414 & -0.5 & 1.914 & 0 & 0 & 0.5 & -0.5 \\ -0.5 & -0.5 & -1.414 & 0 & 1.914 & 0.5 & 0 & 0 \\ -0.5 & -0.5 & 0 & 0 & 0.5 & 1.914 & 0 & -1.414 \\ -1.414 & 0 & -0.5 & 0.5 & 0 & 0 & 1.914 & -0.5 \\ 0 & 0 & 0.5 & -0.5 & 0 & -1.414 & -0.5 & 1.914 \end{pmatrix}\begin{pmatrix} u_1 \\ v_1 \\ u_2 \\ v_2 \\ u_3 \\ v_3 \\ u_4 \\ v_4 \end{pmatrix} = \begin{pmatrix} X_1 \\ Y_1 \\ X_2 \\ Y_2 \\ X_3 \\ Y_3 \\ X_4 \\ Y_4 \end{pmatrix}$$

4) 引入边界条件后得到

$$\frac{AE}{\sqrt{2}l}\begin{pmatrix} 1.914\times10^8 & 0.5 & 0 & 0 & -0.5 & -0.5 & -1.414 & 0 \\ 0.5 & 1.914\times10^8 & 0 & -1.414 & -0.5 & -0.5 & 0 & 0 \\ 0 & 0 & 1.914 & -0.5 & -1.414 & 0 & -0.5 & 0.5 \\ 0 & -1.414 & -0.5 & 1.914 & 0 & 0 & 0.5 & -0.5 \\ -0.5 & -0.5 & -1.414 & 0 & 1.914\times10^8 & 0.5 & 0 & 0 \\ -0.5 & -0.5 & 0 & 0 & 0.5 & 1.914 & 0 & -1.414 \\ -1.414 & 0 & -0.5 & 0.5 & 0 & 0 & 1.914\times10^8 & -0.5 \\ 0 & 0 & 0.5 & -0.5 & 0 & -1.414 & -0.5 & 1.914\times10^8 \end{pmatrix} \begin{pmatrix} u_1 \\ v_1 \\ u_2 \\ v_2 \\ u_3 \\ v_3 \\ u_4 \\ v_4 \end{pmatrix} = \begin{pmatrix} 0 \\ 0 \\ X_2 \\ Y_2 \\ 1.914\times10^8 \times b \\ Y_3 \\ 0 \\ 0 \end{pmatrix}$$

1.2.2 有限单元法分析的一般步骤

1. 结构离散化

结构离散化就是将结构分成有限个小的单元体,单元与单元、单元与边界之间通过节点连接。结构离散化是有限单元法分析的第一步,关系到计算精度与计算效率,是有限单元法的基础步骤,包含以下三个方面的内容:

1)单元类型选择。离散化首先要选定单元类型,这包括单元形状、单元节点数与节点自由度数三个方面的内容。

2)单元划分。划分单元时应注意以下几点:①网格划分越细,节点越多,计算结果越精确。网格加密到一定程度后计算精度的提高就不明显,对应力应变变化平缓的区域不必要细分网格。②单元形态应尽可能接近相应的正多边形或正多面体,如三角形单元三边应尽量接近,且不出现钝角;矩阵单元的长、宽不宜相差过大等。③单元节点应与相邻单元节点相连接,不能置于相邻单元边界上。④同一单元由同一种材料构成。⑤网格划分应尽可能有规律,以利于计算机自动生成网格。

3)节点编码。

2. 单元分析

通过对单元的力学分析建立单元刚度矩阵 K^e。

3. 整体分析

整体分析包括以下几方面内容:

1)集成整体节点载荷向量 P。结构离散化后,单元之间通过节点传递力,所以有限单元法在结构分析中只采用节点载荷,所有作用在单元上的集中力、体积力与表面力都必须尽力等效地移置到节点上去,形成等效节点载荷。最后,将所有节点载荷按照整体节点编码顺序组集成整体节点载荷向量。

2)集成整体刚度矩阵 K,得到总体平衡方程

$$K\delta = P$$

3)引进边界约束条件,解总体平衡方程求出节点位移。

1.3 ANSYS 基本操作

ANSYS 界面与操作无论版本怎样变化,始终以原貌为主,仅作少量的改进,具有较强的继承性,形成了自己固有的风格,具有操作直观易行的特点。本书论述以符号 ">" 表示进入下一级菜单或选择项,也是 ANSYS 软件默认格式。

1.3.1 ANSYS 安装

下面提供 Windows XP/Windows7 操作系统下可供参考的 ANSYS14.0 安装步骤：

1) 用虚拟光驱 Levin ISO 加载 ANSYS14.0 镜像文件，将附件中的 MAGNiTUDE 文件夹连同其中文件复制到硬盘上。

2) 双击 MAGNiTUDE 文件夹中的 AP14_Calc.exe，当询问时，键入"Y"，等生成 license.txt 文件后，按任意键结束。

3) 运行安装主程序，单击 setup.exe。

4) 弹出初始安装菜单，按照从上至下的顺序，单击"Install ANSYS, Inc. Products"，开始安装 ANSYS14.0 程序。单击"同意"选择安装目录，单击"下一步"选择 ANSYS14.0 程序的各个安装组件与模块，接下来几步是进行三维 CAD 软件关联配置，可以选择每个三维 CAD 软件的安装目录进行关联配置，如果系统没有安装 CAD 软件也可以选择"Skip（跳过）"设置，待以后需要时再进行配置。

5) 确认安装信息，单击"Next"进行下一步，开始自动安装。

6) 按提示单击"Next"后，进入"Specify the License Server Machine"设置界面，在 Hostname 1 栏中，输入计算机名，计算机名在系统属性里寻找。程序根据提供的计算机名自动配置，完成后单击"Exit"退出，完成主程序安装。

7) 回到初始菜单，单击"Install ANSYS, Inc. License Manager"，安装许可证服务器，类似主程序安装一样的配置过程。单击"Next"开始安装许可证，安装结束时弹出"ANSYS, Inc. License Wizard"对话框，单击两次"Continue"，在弹出的对话框中，选择第 2 步中生成的 license.txt 文件，然后单击两次"Continue"，经过程序最后的自动设置之后，就完成安装了。单击"Exit"退出安装程序。

安装成功，可以从"开始菜单 > 程序 > ANSYS14.0"选择启动 ANSYS、ANSYS Product Launcher 及 ANSYS Workbench 平台。

1.3.2 ANSYS 启动、用户界面及退出

ANSYS 软件有很多版本，可运行于从 PC、NT 工作站、UNIX 工作站直至巨型机的各类计算机及操作系统中，数据文件在其所有的产品系列和工作平台上均兼容。目前最新版本是 ANSYS14.0 版，也是本书所述默认版本。

第一次启动 ANSYS 软件应进行 ANSYS 产品选择、默认工作路径和文件名设定，路径为：开始 > 程序 > ANSYS 14.0 > ANSYS Product Launcher，启动后出现图 1-7 所示"14.0: ANSYS Mechanical APDL Product Launcher"对话框。进行一般结构分析时，在"Simulation Environment:"下拉列表框中选择"ANSYS"；在"License:"下拉列表框中选择"ANSYS Multiphysics"；在"Working Directory:"文本框中输入工作文件存取路径；在"Jobname:"文本框中输入文件名，如不输入则默认文件名为"file"；单击 Run 按钮运行 ANSYS。以后启动路径为：开始 > 程序 > ANSYS 14.0 > ANSYS，启动后出现两个窗口，其一为输出窗口，显示软件的文本输出，通常在其他窗口的后面，需要查看时可提到前面。其二如图 1-8 所示为 ANSYS 用户界面（GUI），主要包括以下几部分。

1. 应用菜单

应用菜单（Utility Menu）包含例如文件管理、选择、显示控制、参数设置等应用功能。该

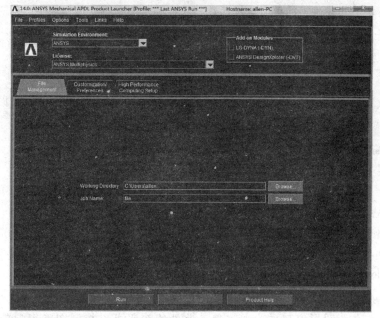

图 1-7 "14.0：ANSYS Mechanical APDL Product Launcher" 对话框

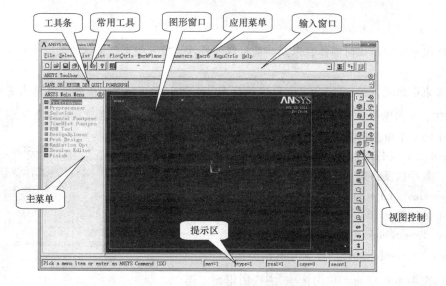

图 1-8 ANSYS 用户界面（GUI）

菜单为下拉式结构，可直接完成某一功能或弹出对话窗口，其中包含各种应用命令，例如 File（文件）、Select（选择）、List（列表）、Plot（画图）、PlotCtrls（图形控制）、WorkPlane（工作平面）、Parameters（参数控制）、Macro（宏）、MenuCtrls（菜单控制）和 Help（帮助）。

在此特别说明，ANSYS 提供三种方式可以打开帮助：①通过 Utility Menu > Help 菜单，查看各命令、单元的使用方法，以及各种问题的分析步骤和案例；②单击各步操作对话框中的 Help 按钮，可见该对话框的使用具体方法；③在输入窗口（下面述及）输入 HELP 命令对各指令的使用提供帮助。

2. 主菜单

主菜单中包括各种功能命令，包括前处理模块中使用的单元、截面、材料、结构造型、网格划分等，求解模块中的载荷、约束、求解参数和求解等，还有后处理模块中的列表显示结果、图形显示结果等。在菜单前若有"▦"符号，表示该菜单还有子菜单；在菜单前若有"✚"符号，表示单击该菜单会弹出对话框。

3. 工具条

工具条中放置最常用的功能，用户单击应用菜单 Menu Ctrls > Edit Toolbar 可以自定义工具条按钮的功能。

4. 命令行窗口

命令行窗口又称输入窗口，是键入命令的地方，对于习惯使用命令流的用户，命令行窗口经常被使用到。

5. 图形窗口

图形窗口显示当前处理的数据，包括前处理中的节点、单元等和后处理中的应力、应变分布等。ANSYS 中可以同时打开最多为 5 个图形窗口，其序号分别为 1、2、3、4、5。从应用菜单 Plot Ctrls > Window Controls > Window On or Off 可以设置图形窗口的个数。

6. 视图控制窗口

视图控制窗口位于图形窗口的右侧，单击此处的按钮可以控制图形窗口的视图角度、比例等。

7. 提示区

提示区提示下一步如何操作，以及当前材料的特性、单元类型、实体常数、坐标系统及图形窗口等信息。

操作结束退出时，在 ANSYS 主窗口中执行 Utility Menu > File > Exit 命令或单击工具栏中的 QUIT 按钮，弹出图1-9所示的"Exit from ANSYS"对话框。其中的4个单选按钮的功能如下：

① Save Geom + Loads：选择后退出时保存工作中的几何模型、载荷以及约束。

② Save Geo + Ld + Solu：选择后退出时保存模型、约束和求解的结果。

③ Save Everything：选择后保存所作的修改。

④ Quit-No Save！：选择后不保存所作的修改。

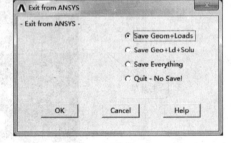

图 1-9 "Exit from ANSYS"对话框

选择所需的单选按钮，单击 OK 按钮退出。第一次进行 ANSYS 产品选择后退出时，到"14.0：ANSYS Product Launcher"对话框下，由 File > Exit 最后退出 ANSYS。

1.3.3 ANSYS 操作方式

ANSYS 有如下两种操作方式。

1. GUI 方式

GUI 由窗口、菜单、对话框和其他组件组成，只要单击按钮或在相应位置输入相应值即可完成所需的功能。

2. 命令方式

ANSYS 大约有1200多个命令，每个命令实现一个特定的功能。大多数命令都与特定的处理器（如前处理器、求解器和后处理器等）关联，并且也只能在其中使用，否则会出现警告信息。

为了使用某个功能，可使用命令方式或 GUI 方式，在帮助文件的"ANSYS 命令参考手册"中详细描述了所有 ANSYS 命令并列出与其对应的 GUI 方式，但并不是所有 ANSYS 命令都有与之对应的 GUI 方式。本书中论述以 GUI 方式为主，同时附上命令流文件。下面简要说明命令方式应注意的事项。

一个典型的命令总是由命令名、逗号和其他值构成，逗号起分隔符作用。如在一个节点上施加一个力载荷 F 的命令格式为"F, NODE, Lab, VALUE"，如要在编号为 25 的节点上施加一个 X 方向的载荷 2000，则该命令的格式为"F, 25, FX, 2000"。

在大多数情况下，用户可简化较长的命令名为其开始的 4 个字符，如 FINISH 可简化为 FINI。某些命令实际上是一个宏命令名。以"/"开始的命令，如"/PREP7"通常完成一般性的软件控制任务，如启动软件、管理文件和控制图形等。以"*"开始的命令，如"*GET"是 ANSYS 参数化设计语言中的命令。命令中的值可以是数字或字符，这取决于该命令的功能。在"ANSYS 命令参考手册"中数字一般出现在全部为大写斜体字母处，如 F 命令中的"*NODE*"和"*VALUE*"，字符一般出现在第 1 个字母为大写的斜体字母处，如 F 命令中的"*Lab*"。"/PREP7"和"/POST1"等命令只有命令名，而没有值。使用命令的规则如下：

1）进入命令后，赋值必须要与特定的位置相对应。

2）连续使用的逗号之间表示有值被省略，ANSYS 将使用默认值替代省略的值。

3）在同一行中可以输入使用符号 $ 分隔的多个命令，分隔符的使用限制可参考"ANSYS 命令参考手册"。在一行中最多可输入 640 个字符，其中包括逗号、空格、分隔符 $ 和其他特定字符。

4）对要求是整数的位置，若输入为实数，系统自动取整到最近的整数。输入整数的绝对值必须要在 0 ~ 99 999 999 之间。

5）实数范围为 +/-1.0E+60 ~ +/-1.0E-60，系统将接受整数域中的实数并将其取整到最近的整数，用户可以采用小数或指数形式输入实数。在指数形式中，E 或 D 字符表示一个指数，没有大小写之分，这个限制适用于所有平台的 ANSYS 命令。

6）在默认状态下，角度输入的数字单位是度。如果执行命令"*AFUN"，则 ANSYS 中的函数也可以使用弧度作为角度的单位。

7）不能出现在命令输入的字符值中的特殊字符如下：

! @ # $ % ^ & * ( ) _ - +
= | \ { } [ ] " ' / < > ~

8）由一个"!"（感叹号）引出的任何字符均将作为一个说明语句处理。

1.3.4 ANSYS 典型分析过程

下面以悬臂梁的受力分析为例简要说明 ANSYS 分析问题的操作步骤。

问题描述

图 1-10 所示为一个工字悬臂梁，在力 P 作用下求该梁 A 点的挠度。其中长度 L = 1m，外表面高度 H = 50mm，内侧面高度 h = 43mm，宽度 B = 35mm，中间支梁宽度 b = 32mm，作用力 P = 1000N，弹性模量 E = 2 × 10¹¹ Pa（钢材），泊松比为 0.3。

通常先执行 Utility Menu > Change Directory…，来设定工作目

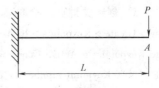

图 1-10 悬臂梁受力

录，否则默认工作目录为安装盘的根目录。该操作以后不再说明。

操作步骤

1) 定义工作文件名。执行 Utility Menu > File > Change Jobname 命令，在弹出的"Change Jobname"对话框中输入"beam"，选择"New log and error files"复选框，单击 OK 按钮。

2) 选择单元类型。拾取菜单 Main Menu > Preprocessor > Element Type > Add/Edit/Delete，弹出图 1-11 所示的"Element Types（单元类型）"对话框，单击 Add... 按钮，弹出图 1-12 所示的"Library of Element Types（单元类型库）"对话框，在左侧"Structural Mass"列表框中选择"Beam"，在右侧"3Dfinite strain"列表框中选"2 node 188"，单击 OK 按钮，返回图 1-11 所示的"Element Types（单元类型）"对话框，单击" Close "按钮。

图 1-11 "Element Types"对话框

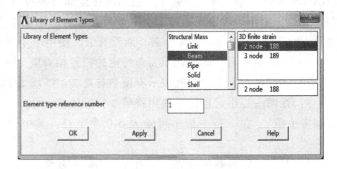

图 1-12 "Library of Element Types"对话框

3) 定义梁的横截面。拾取菜单 Main Menu > Preprocessor > Sections > Beam > Common Sections，弹出图 1-13 所示的"Beam Tool（设置横截面）"对话框，选择"Sub-Type"为"I"（横截面形状），在"W1""W2""W3""t1""t2""t3"文本框中分别输入"0.035""0.035""0.05""0.0035""0.0035""0.003"，单击 OK 按钮。

4) 定义材料属性。拾取菜单 Main Menu > Preprocessor > Material Props > Material Models，弹出图 1-14 所示的"Define Material Model Behavior（材料模型）"对话框，在右侧列表框中依次拾取"Structural > Linear > Elastic > Isotropic"选项，弹出图 1-15 所示的"Linear Isotropic Properties for Material Number 1（材料特性）"对话框，在"EX"文本框中输入"2e11"（弹性模量），在"PRXY"文本框中输入"0.3"（泊松比），单击 OK 按钮，然后关闭图 1-14 所示的"Define Material Model Behavior（材料模型）"对话框。

5) 创建关键点。拾取菜单 Main Menu > Preprocessor > Modeling > Create > Keypoints > In Active CS，弹出图 1-16 所示的"Create Keypoints in Active Coordinate System（创建关键点）"对话框，在"NPT Keypoint number"文本框中输入"1"，在"X, Y, Z Location in active CS"文本框中分别输入"0, 0, 0"，单击

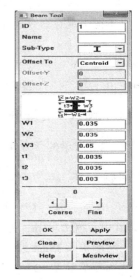

图 1-13 "Beam Tool"对话框

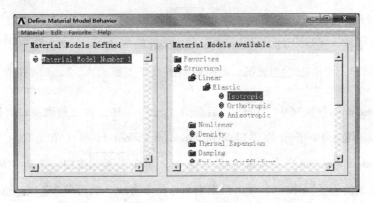

图1-14 "Define Material Model Behavior"对话框

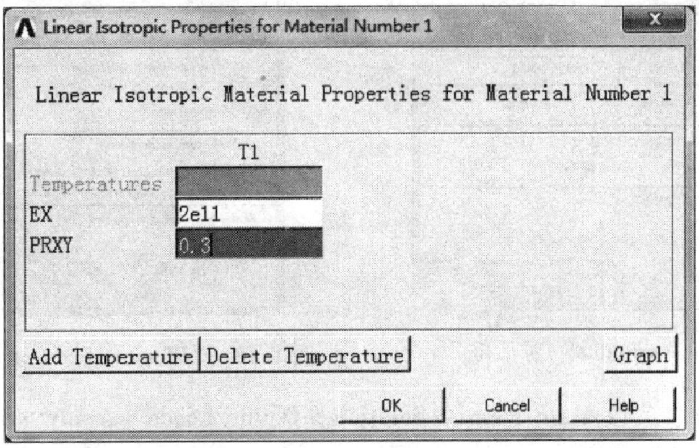

图1-15 "Linear Isotropic Properties for Material Number 1"对话框

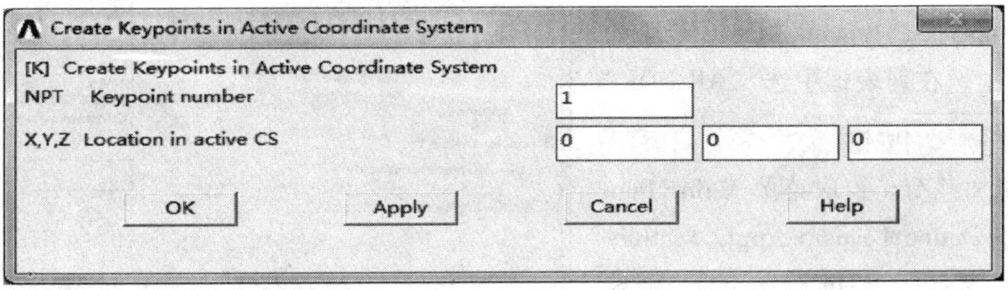

图1-16 "Create Keypoints in Active Coordinate System"对话框

Apply 按钮;再在"NPT"文本框中输入2,在"X,Y,Z Location in active CS"文本框中分别输入"1,0,0",单击 Apply 按钮;再在"NPT Keypoint number"文本框中输入3,在"X,Y,Z Location in active CS"文本框中分别输入"0.5,0.5,0",单击 OK 按钮。

6)显示关键点号。拾取菜单 Utility Menu > PlotCtrls > Numbering,在所弹出的对话框中,将 Keypoint numbers(关键点号)打开,单击 OK 按钮。

7)创建直线。拾取菜单 Main Menu > Preprocessor > Modeling > Create > Lines > Lines > Straight Line,弹出拾取窗口,拾取关键点1和2,单击 OK 按钮。

8)划分单元。拾取菜单 Main Menu > Preprocessor > Meshing > MeshTool,弹出"Mesh Tool"对话框,在"Element Attributes"下拉列表框中选择"Lines"选项,单击下拉列表框后面的

"Set"按钮,弹出拾取窗口,选择线,单击 OK 按钮,弹出图 1-17 所示的"Line Attributes(直线属性)"对话框,选择"Pick Orientation Keypoint(s)"为 Yes,单击 OK 按钮;弹出拾取窗口,选择关键点 3,单击 OK 按钮,则横截面垂直于关键点 1、2、3 所在的平面,Z 轴指向关键点 3。

单击"Size Controls"区域中"Lines"后面的"Set"按钮,弹出拾取窗口,拾取直线,单击 OK 按钮,弹出图 1-18 所示的"Element Sizes on Picked Lines(单元尺寸)"对话框,在"NDIV No. of element divisions"文本框中输入"50",单击 OK 按钮。单击"Mesh Tool"对话框中"Mesh"区域的 Mesh 按钮,弹出拾取窗口,拾取直线,然后单击 OK 按钮。

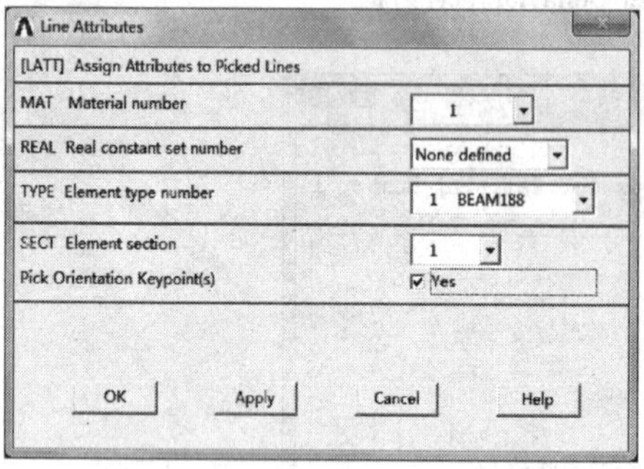

图 1-17 "Line Attributes"对话框

图 1-18 "Element Sizes on Picked Lines"对话框

9)施加约束。拾取菜单 Main Menu > Solution > Define Loads > Apply > Structual > Displacement > On Keypoints,弹出拾取窗口,拾取关键点 1,单击 OK 按钮,弹出图 1-19 所示的"Apply U, Rot on KPs(施加约束)"对话框,在列表框中选"All DOF"选项,单击 OK 按钮。

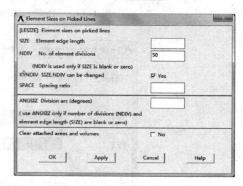

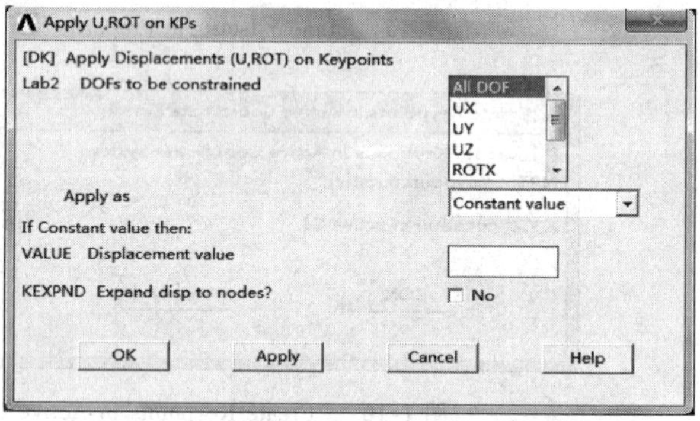

10)施加载荷。拾取菜单 Main Menu > Solution > Define Loads > Apply > Structural > Force/Moment > On Keypoints,弹出拾取窗口,拾取关键点 2,单击 OK 按钮,弹出图 1-20 所示的"Apply F/M on KPs(在关键点施加载荷)"对话框,在"Lab Direction of force/mom"下拉列表框中选择"FY"

图 1-19 "Apply U, Rot on KPs"对话框

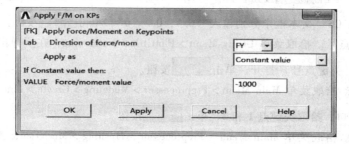

图 1-20 "Apply F/M on KPs"对话框

选项，在"VALUE Force/moment value"文本框中输入"-1000"，单击 OK 按钮。

11) 求解。拾取菜单 Main Menu > Solution > Solve > Current LS。单击"Solve Current Load Step"对话框中的 OK 按钮。当出现"Solution is done!"提示时，求解结束，即可查看结果。

12) 查看结果，显示变形。拾取菜单 Main Menu > General Postproc > Plot Results > Deformed Shape，在所弹出的对话框中，选中"Def shape only"，单击 OK 按钮，变形结果显示如图 1-21 所示。从图 1-21 中可看出，最大位移为 0.011019m，与理论结果一致。

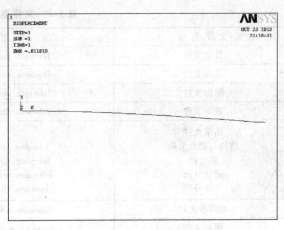

图 1-21　变形结果显示

命令流

```
/CLEAR                              LSTR, 1, 2
/FILNAME, EXAMPLE7                  LESIZE, 1, , , 50
/PREP7                              LATT, , , , , 3
ET, 1, BEAM188                      LMESH, 1
SECTYPE, 1, BEAM, I                 FINISH
SECOFFSET, CENT                     /SOLU
SECDATA, 0.035, 0.035, 0.05, 0.0035,
0.0035, 0.003                       DK, 1, ALL
                                    FK, 2, FY, -1000
MP, EX, 1, 2E11                     SOLVE
MP, NUXY, 1, 0.3                    FINISH
K, 1, 0, 0, 0                       /POST1
K, 2, 1, 0, 0                       PLDISP
K, 3, 0.5, 0.5, 0                   FINISH
```

1.3.5　ANSYS 文件管理及日志文件使用

1. 文件管理

可采用下列方法之一指定文件名。

GUI：Utility Menu > File > Change Jobname。

命令：/FILENAME。

扩展名通常是一个包含 2~4 个字符的 ANSYS 能够识别的标识符。

(1) 文件类型及其格式　文件类型及格式见表 1-2。ANSYS 的命令：/ASSIGN、*LIST、/COPY、/OUTPUT、*CREATE、/PSEARCH、/DELETE、/RENAME/、/INPUT 要求指定文件名、扩展名和路径，其中文件名最多为 32 个字符，扩展名最多为 8 个字符，路径为 64 个字符且不包含空格。在 Windows 系统中，要使用"\"表示路径中出现的斜线。

表 1-2　文件类型及格式

文件类型	文件名	文件格式
日志文件	Jobname.log	文本
错误文件	Jobname.err	文本
输出文件	Jobname.out	文本
数据文件	Jobname.db	二进制
结果文件 结构与耦合分析 热分析 磁场分析 流体分析	Jobname.rst Jobname.rth Jobname.rmg Jobname.rfl	二进制
载荷步文件	Jobname.SN	文本
图形文件	Jobname.grph	文本
单元矩阵文件	Jobname.emat	二进制

（2）文件长度　最大长度取决于系统的限制和在该系统下处理大容量文件的能力，如果超过，ANSYS 将自动分割文件。

（3）日志文件（Jobname.log）　日志文件中记录用户使用 ANSYS 的全过程。启动 ANSYS 后，该文件处于打开状态，可浏览或编辑。

2．日志文件的使用

无论在输入行输入命令，还是在 GUI 方式下执行操作，系统均将执行情况记录在两个对话日志文件和内部数据命令日志中，前者是一个文本文件，保存在用户的工作目录中；后者保存在 ANSYS 数据库（即内存）中。

（1）使用对话日志文件　启动 ANSYS，选择打开对话日志文件，每一次新的 ANSYS 对话都将以命令流形式追加到已有的 Jobname.log 文件中。该文件对从系统崩溃和灾难性的用户错误中恢复非常有用。从重新命名的日志文件的备份中，用户能够重新执行其中的每个命令，精确地生成与前面相同的数据。日志文件也可作为一种调试工具，帮助修复任何在执行中产生的错误。使用 "/Filename, 1" 命令可以重新定义一个新的日志文件。在交互运行方式下，执行下列命令列表日志文件：Utility Menu > List > Files > Log File。

（2）使用数据命令日志　用户保存数据时，将数据命令日志与其他数据信息保存在数据文件（Jobname.DB）中。使用下列命令之一可以将数据命令日志写入一个 ASCII 文件中。

GUI：Utility Menu > File > Write DB log file。

命令：LGWRITE。

可编辑这个文件，或用它作为命令输入（如优化设计中）。如果需要使用交互方式生成的命令过程，并且与用户数据对应的对话日志文件已丢失或破坏时，该日志非常有用。

如果通过多次保存与恢复操作生成了数据文件，则系统通过追加每个新的命令保持数据日志文件的连续性。因此内部数据日志并不分段，而是保持为一个整体。但 RESUME 命令不写入到数据日志中。

（3）输入命令日志文件　在交互模式下读入编辑的日志文件，可采用下列方法之一。

GUI：Utility Menu > File > Read Input Form。

命令：/INPUT。

在批处理模式下，也可将编辑的日志文件作为批处理的输入文件使用。

1.4 本章小结

本章简要地介绍了有限单元法与 ANSYS 软件的发展现状，给出有限单元法的基本思想：将物体（即连续的求解域）离散成有限个且按一定方式相互连接在一起的单元的组合，来模拟或逼近原来的物体，从而将一个连续的无限自由度问题简化为离散的有限自由度问题求解的一种数值分析法。其理论基础是加权余量法中的伽辽金法（Galerkin）和变分原理中的里兹法（Ritz）。

指出广义有限单元法包括杆系结构的矩阵分析法。后面通过矩阵分析法介绍了有限单元法的分析步骤，并引出系列概念，如节点、节点力、刚度矩阵、应力矩阵、平衡方程等。有限元方法分析的步骤分为结构离散化、单元分析和整体分析三步。

介绍了 ANSYS14.0 的安装方法。其界面主要包括应用菜单（Utility Menu）、主菜单、工具条、命令行窗口、图形窗口、视图控制窗口、提示区等窗口组成部分。以悬臂梁受力分析为例，说明 ANSYS 操作过程大体分为建立有限元模型（前处理）、施加载荷并求解（求解）、浏览计算结果（后处理）三步。ANSYS 的操作方式有 GUI 方式和命令方式两种。操作过程在日志文件中都有记录。

1.5 思考与练习

1. 概念题
1) CAE 的概念是什么？
2) 有限单元法的基本思想是什么？
3) 单元、节点概念的定义是什么？
4) 节点力与节点载荷的区别是什么？
5) 说明 ANSYS 软件日志文件的种类和作用。

2. 计算操作题
1) 给图 1-22 所示的各节点编号，写出边界条件及各单元的大域变换矩阵。
2) 如图 1-23 所示，下上两段连杆的弹性模量 $E_1 = E_2 = 3.0 \times 10^7 \text{Pa}$，截面积 $A_1 = 5.25 \text{m}^2$，$A_2 = 3.75 \text{m}^2$，长度 $l_1 = l_2 = 12 \text{m}$，向下拉力 $P = 100 \text{N}$。用矩阵分析法求 1、2、3 点的位移。

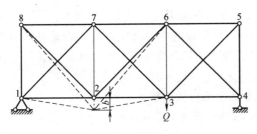

图 1-22 桁架

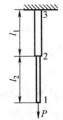

图 1-23 两段连杆

第 2 章 有限单元法基础理论

第 1 章介绍了有限单元法的基本思想及 ANSYS 分析问题的步骤。本章进一步讲述有限单元法的基础理论及其在结构静力学、动力学、结构非线性分析中的应用,这是学习使用 ANSYS 软件各操作步骤,对各种问题进行有效的处理和近似,简化求解过程,并建立有效模型的基础。

【本章重点】
- 平面问题的特点及与轴对称问题的区别。
- 刚度矩阵的求解与平衡方程的推导。
- 等参单元与等数变换。
- 结构动力学问题中质量与阻尼的处理。
- 大变形问题、塑性问题与线弹性问题有限单元法计算过程的根本区别。

2.1 结构静力学问题的有限单元法

梁结构问题比桁架复杂一些,也可用矩阵分析法(线性代数方程组)得到问题的精确解。在 ANSYS 软件中上述两类问题的建模和求解较为简单。定义单元用 ET 指令,考虑材料各种特性选不同的 Link、Beam 单元。

有限单元法把杆系结构的矩阵分析方法推广应用于连续介质:把连续介质离散化,用有限个单元的组合体代替原来的连续介质,这样一组单元只在有限个节点上相互连接,因而包含有限个自由度,可用矩阵方法进行分析。

2.1.1 平面问题有限单元法

对一些特殊情况可把空间问题近似地简化为平面问题,只需考虑平行于某个平面的位移分量、应变分量与应力分量,且这些量只是两个坐标的函数。平面问题分平面应力问题和平面应变问题两类。

设有很薄的均匀薄板,只在板边上受有平行于板面并且不沿厚度变化的面力,同时,体力也平行于板面并且不沿厚度变化,记薄板的厚度为 t,以薄板的中心面为 xy 面,以垂直于中心面的任一直线为 z 轴,由于板面上不受力,且板很薄,外力不沿厚度变化,可以认为恒有

$$\sigma_z = 0, \quad \tau_{zx} = \tau_{xz} = 0, \quad \tau_{zy} = \tau_{yz} = 0$$

不为零的应力分量为 σ_x、σ_y、τ_{xy},这种问题就称为平面应力问题。

设有无限长的柱形体,在柱面上受有平行于横截面而且不沿长度变化的面力,同时,体力也平行于横截面且不沿长度变化。以任一横截面为 xy 面,任一纵线为 z 轴,由于对称性(任一横截面都可以看作对称面),此时

$$w = 0, \quad \varepsilon_z = \gamma_{yz} = \gamma_{zx} = 0$$

不为零的应变分量为 ε_x、ε_y、γ_{xy},这种问题就称为平面应变问题。

二维连续介质,用有限单元法分析的步骤如下:

1)用虚拟的直线把原介质分割成有限个平面单元,这些直线是单元的边界,几条直线的交

点即为节点。

2）假定各单元在节点上互相铰接，节点位移是基本的未知量。

3）选择一个函数，用单元的三个节点的位移唯一地表示单元内部任一点的位移，此函数称为位移函数（位移模式）。

4）通过位移函数，用节点位移唯一地表示单元内任一点的应变；再利用广义胡克定律，用节点位移可唯一地表示单元内任一点的应力。

5）利用能量原理找到与单元内部应力状态等效的节点力，再利用单元应力与节点位移的关系，建立等效节点力与节点位移的关系。这是有限单元法求解应力问题最重要的一步。

6）将每一单元所承受的载荷，按静力等效原则移置到节点上。

7）在每一节点建立用节点位移表示的静力平衡方程，得到一个线性方程组；解出这个方程组，求出节点位移；然后可求得每个单元的应力。

1. 单元的位移模式及插值函数

由于三角形单元对复杂边界有较强的适应能力，因此很容易将一个二维域离散成有限个三角形单元。在边界上以若干段直线近似原来的曲线边界，随着单元增多，这种拟合将越精确。下面以三节点三角形单元为代表讨论平面问题的有限元格式。

设三角形单元节点编码为 i、j、m，以逆时针方向编码为正向，否则后面求出的面积 A 为负值。每个节点有两个位移分量，如图 2-1 所示，节点位移为

$$\boldsymbol{\delta}^e = (u_i \quad v_i \quad u_j \quad v_j \quad u_m \quad v_m)^T$$

节点的坐标分别为 (x_i, y_i)、(x_j, y_j)、(x_m, y_m)。

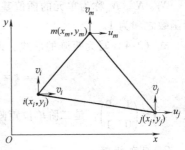

图 2-1 三节点三角形单元

在有限单元法中单元的位移模式（也称位移函数和插值函数）一般采用多项式作为近似函数，因为多项式运算简便，并且随着项数的增多，可以逼近任何一段光滑的函数曲线。多项式的选取应由低次到高次。三节点三角形单元位移模式选取一次多项式，即

$$\left. \begin{array}{l} u = \beta_1 + \beta_2 x + \beta_3 y \\ v = \beta_4 + \beta_5 x + \beta_6 y \end{array} \right\} \quad (2-1)$$

单元内的位移是坐标 x、y 的线性函数。$\beta_1 \sim \beta_6$ 是待定系数，称之为广义坐标。六个广义坐标可由单元的六个节点位移来表示。在式（2-1）中代入三角形单元各节点的坐标然后解出

$$\left. \begin{array}{l} \beta_1 = \dfrac{1}{2A}(a_i u_i + a_j u_j + a_m u_m) \\[4pt] \beta_2 = \dfrac{1}{2A}(b_i u_i + b_j u_j + b_m u_m) \\[4pt] \beta_3 = \dfrac{1}{2A}(c_i u_i + c_j u_j + c_m u_m) \\[4pt] \beta_4 = \dfrac{1}{2A}(a_i v_i + a_j v_j + a_m v_m) \\[4pt] \beta_5 = \dfrac{1}{2A}(b_i v_i + b_j v_j + b_m v_m) \\[4pt] \beta_6 = \dfrac{1}{2A}(c_i v_i + c_j v_j + c_m v_m) \end{array} \right\} \quad (2-2)$$

式中，A 为三角形的面积，即

$$A = \frac{1}{2} \begin{vmatrix} 1 & x_i & y_i \\ 1 & x_j & y_j \\ 1 & x_m & y_m \end{vmatrix}$$

$$\left. \begin{aligned} a_i &= x_j y_m - x_m y_j \\ b_i &= y_j - y_m \\ c_i &= -x_j + x_m \end{aligned} \right\} \quad (i, j, m) \tag{2-3}$$

式（2-3）中（i, j, m）表示下标轮换，如 $i \to j$, $j \to m$, $m \to i$。

将求得的广义坐标代入式（2-1），可将单元位移函数表示成节点位移的函数，即

$$\left. \begin{aligned} u &= N_i u_i + N_j u_j + N_m u_m \\ v &= N_i v_i + N_j v_j + N_m v_m \end{aligned} \right\} \tag{2-4}$$

式中

$$N_i = \frac{1}{2A}(a_i + b_i x + c_i y) \quad (i, j, m) \tag{2-5}$$

N_i、N_j、N_m 称为单元的插值基函数或形函数，它是坐标 x、y 的一次函数。单元上任一点的形函数之和为 1。

式（2-4）写为矩阵的形式，即

$$\boldsymbol{r} = \begin{pmatrix} u \\ v \end{pmatrix} = \boldsymbol{N} \boldsymbol{\delta}^e = (\boldsymbol{I} N_i \quad \boldsymbol{I} N_j \quad \boldsymbol{I} N_m) \boldsymbol{\delta}^e \tag{2-6}$$

式中，$\boldsymbol{I} = \begin{pmatrix} 1 & 0 \\ 0 & 1 \end{pmatrix}$，是二阶单位矩阵。

2. 应变矩阵

确定了单元位移后，可以很方便地利用几何方程和物理方程求得单元的应变和应力。作为平面问题，单元内具有三个应变分量 ε_x、ε_y、γ_{xy}（各符号的意义见附录 A），用矩阵表示为

$$\boldsymbol{\varepsilon} = \begin{pmatrix} \varepsilon_x \\ \varepsilon_y \\ \gamma_{xy} \end{pmatrix} = \begin{pmatrix} \dfrac{\partial u}{\partial x} \\ \dfrac{\partial v}{\partial y} \\ \dfrac{\partial u}{\partial y} + \dfrac{\partial v}{\partial x} \end{pmatrix} \tag{2-7}$$

将式（2-4）代入式（2-7）中，得到

$$\boldsymbol{\varepsilon} = \frac{1}{2A} \begin{pmatrix} b_i & 0 & b_j & 0 & b_m & 0 \\ 0 & c_i & 0 & c_j & 0 & c_m \\ c_i & b_i & c_j & b_j & c_m & b_m \end{pmatrix} \boldsymbol{\delta}^e$$

或

$$\boldsymbol{\varepsilon} = \boldsymbol{B} \boldsymbol{\delta}^e \tag{2-8}$$

式中，$\boldsymbol{B}$ 称为应变矩阵，写为分块形式，即

$$\boldsymbol{B} = (\boldsymbol{B}_i \quad \boldsymbol{B}_j \quad \boldsymbol{B}_m) \tag{2-9}$$

而其子矩阵为

$$\boldsymbol{B}_i = \frac{1}{2A} \begin{pmatrix} b_i & 0 \\ 0 & c_i \\ c_i & b_i \end{pmatrix} \quad (i, j, m)$$

三节点三角形单元的 $\boldsymbol{B}$ 是常量矩阵,所以称为常应变单元。在应变梯度较大(也即应力梯度较大)的部位,单元划分应适当密集,否则将不能反映应变的真实变化而导致较大的误差。

上述应变中包括与应力有关的应变和与应力无关的应变两部分,无关的应变 $\boldsymbol{\varepsilon}_0$ 又称为初应变,即

$$\boldsymbol{\varepsilon}_0 = \begin{pmatrix} \varepsilon_{x0} \\ \varepsilon_{y0} \\ \gamma_{xy0} \end{pmatrix}$$

$\boldsymbol{\varepsilon}_0$ 由温度变化、收缩、晶体生长等因素引起,对工程结构一般只考虑温度应变,无论线性和非线性温度,计算时可近似地采用平均温度

$$\overline{T} = \frac{T_i + T_j + T_m - 3T_{\text{ref}}}{3}$$

式中,T_i、T_j、T_m 分别为节点 i、j、m 的温度;T_{ref} 为参考温度。

对于平面应变问题,温度 $\overline{T}$ 引起的初始应变为

$$\boldsymbol{\varepsilon}_0 = \begin{pmatrix} \alpha\overline{T} \\ \alpha\overline{T} \\ 0 \end{pmatrix}$$

式中,α 为线膨胀系数。

由于温度变化在各向同性介质中不引起剪切变形,所以 $\gamma_{xy0} = 0$。以后所述问题,除非特别说明,都指各向同性介质。

对平面应力问题,温度 $\overline{T}$ 引起的初始应变为

$$\boldsymbol{\varepsilon}_0 = (1+\mu) \begin{pmatrix} \alpha\overline{T} \\ \alpha\overline{T} \\ 0 \end{pmatrix}$$

当不考虑温度的影响时,当前温度即为参考温度。以后所述问题,除非特别说明,不考虑温度影响。

3. 单元应力

根据物理方程,对平面应力问题,取应变分量

$$\left. \begin{aligned} \varepsilon_x &= \frac{\sigma_x}{E} - \frac{\mu\sigma_y}{E} \\ \varepsilon_y &= \frac{\sigma_y}{E} - \frac{\mu\sigma_x}{E} \\ \gamma_{xy} &= \frac{2(1+\mu)}{E}\tau_{xy} \end{aligned} \right\}$$

由上式解出

$$\left. \begin{aligned} \sigma_x &= \frac{E}{1-\mu^2}(\varepsilon_x + \mu\varepsilon_y) \\ \sigma_y &= \frac{E}{1-\mu^2}(\mu\varepsilon_x + \varepsilon_y) \\ \tau_{xy} &= \frac{E}{2(1+\mu)}\gamma_{xy} = \frac{E}{1-\mu^2}\frac{1-\mu}{2}\gamma_{xy} \end{aligned} \right\}$$

$$\boldsymbol{\sigma} = \begin{pmatrix} \sigma_x \\ \sigma_y \\ \tau_{xy} \end{pmatrix} = \boldsymbol{D\varepsilon} \tag{2-10}$$

式中，$\boldsymbol{D}$ 为弹性矩阵，即

$$\boldsymbol{D} = \frac{E}{1-\mu^2} \begin{pmatrix} 1 & \mu & 0 \\ \mu & 1 & 0 \\ 0 & 0 & \frac{1-\mu}{2} \end{pmatrix} \tag{2-11}$$

取决于弹性常数 E 和 μ。

将式（2-8）代入式（2-10）得

$$\boldsymbol{\sigma} = \boldsymbol{S\delta}^e \tag{2-12}$$

$$\boldsymbol{S} = \boldsymbol{DB} = (\boldsymbol{S}_i \quad \boldsymbol{S}_j \quad \boldsymbol{S}_m) \tag{2-13}$$

$$\boldsymbol{S}_i = \frac{E}{2(1-\mu^2)A} \begin{pmatrix} b_i & \mu c_i \\ \mu b_i & c_i \\ \frac{1-\mu}{2}c_i & \frac{1-\mu}{2}b_i \end{pmatrix} \quad (i,j,m)$$

式中，$\boldsymbol{S}$ 为应力矩阵，反映了单元应力与单元节点位移之间的关系。由于单元应力和应变分量为常量，所以单元边界上有应力阶越，随单元划分变密，突变将减小。

对平面应变问题，有四个应力分量：σ_x、σ_y、τ_{xy} 和 σ_z。取应变分量为

$$\left. \begin{aligned} \varepsilon_x &= \frac{1}{E}(\sigma_x - \mu\sigma_y - \mu\sigma_z) \\ \varepsilon_y &= \frac{1}{E}(\sigma_y - \mu\sigma_x - \mu\sigma_z) \\ \gamma_{xy} &= \frac{2(1+\mu)}{E}\tau_{xy} \\ \varepsilon_z &= \frac{1}{E}(\sigma_z - \mu\sigma_x - \mu\sigma_y) = 0 \end{aligned} \right\}$$

由应变分量解出 σ_x、σ_y、τ_{xy}，弹性矩阵为

$$\boldsymbol{D} = \frac{E(1-\mu)}{(1+\mu)(1-2\mu)} \begin{pmatrix} 1 & \frac{\mu}{1-\mu} & 0 \\ \frac{\mu}{1-\mu} & 1 & 0 \\ 0 & 0 & \frac{1-2\mu}{2(1-\mu)} \end{pmatrix} \tag{2-14}$$

根据物理方程可以求解各应力分量。

4. 单元刚度矩阵

单元节点力为 $\boldsymbol{F}^e$，节点虚位移为 $(\boldsymbol{\delta}^*)^e$，节点虚应变为 $(\boldsymbol{\varepsilon}^*)^e$，平面单元的厚度为 t。应用虚位移原理得

$$[(\boldsymbol{\delta}^*)^e]^T \boldsymbol{F}^e = \iint_A (\boldsymbol{\varepsilon}^*)^T \boldsymbol{\sigma} t \mathrm{d}x\mathrm{d}y = \iint_A (\boldsymbol{\varepsilon}^*)^T \boldsymbol{D\varepsilon} t \mathrm{d}x\mathrm{d}y$$

将 $\boldsymbol{\varepsilon}^* = \boldsymbol{B}(\boldsymbol{\delta}^*)^e$ 及 $\boldsymbol{\varepsilon} = \boldsymbol{B\delta}^e$ 代入上式整理得到

$$\boldsymbol{F}^e = \left(\iint_A \boldsymbol{B}^T \boldsymbol{DB} \, t\mathrm{d}x\mathrm{d}y \right) \boldsymbol{\delta}^e$$

可见单元刚度矩阵为

$$K^e = \iint_A B^T DB t \mathrm{d}x\mathrm{d}y \tag{2-15}$$

对于三节点三角形单元，面积为 A，所取为线性位移模式，单元刚度矩阵为

$$K^e = B^T StA$$

进一步表示为

$$K^e = \begin{pmatrix} K_{ii} & K_{ij} & K_{im} \\ K_{ji} & K_{jj} & K_{jm} \\ K_{mi} & K_{mj} & K_{mm} \end{pmatrix}$$

对平面应力问题有

$$K_{rs} = \frac{Et}{4(1-\mu^2)A} \begin{pmatrix} b_r b_s + \frac{1-\mu}{2} c_r c_s & \mu b_r c_s + \frac{1-\mu}{2} c_r b_s \\ \mu c_r b_s + \frac{1-\mu}{2} b_r c_s & c_r c_s + \frac{1-\mu}{2} b_r b_s \end{pmatrix} \quad (r=i,j,m; s=i,j,m) \tag{2-16}$$

单元刚度矩阵表达单元抵抗变形的能力，其元素值为单位位移所引起的节点力，与普通弹簧的刚度系数具有同样的物理本质。例如子块

$$K_{ij} = \begin{pmatrix} k_{ij}^{11} & k_{ij}^{12} \\ k_{ij}^{21} & k_{ij}^{22} \end{pmatrix}$$

式中，上标 1 表示 x 方向自由度，2 表示 y 方向自由度，后一上标代表单位位移的方向，前一上标代表单位位移引起的节点力方向。如 k_{ij}^{11} 表示 j 节点产生单位水平位移时在 i 节点引起的水平节点力分量，k_{ij}^{21} 表示 j 节点产生单位水平位移时在 i 节点引起的竖直节点力分量，其余类推。

单元刚度矩阵为对称矩阵。由于单元可有任意的刚体位移，给定的节点力不能唯一地确定节点位移，由此可知单元刚度矩阵不可求逆，具有奇异性。

5. 等效节点载荷

有限单元法分析只采用节点载荷，作用于单元上的非节点载荷都必须移置为等效节点载荷。可依照静力等效原则，即原载荷与等效节点载荷在虚位移上所做的虚功相等，求等效节点载荷。

（1）集中力的移置 设单元 ijm 内坐标为 (x, y) 的任意一点 M 受有集中载荷 $f = (f_x \ f_y)^T$，移置为等效节点载荷 $P^e = (X_i \ Y_i \ X_j \ Y_j \ X_m \ Y_m)^T$。假想单元发生了虚位移，其中，$M$ 点虚位移为 $u^* = N(\delta^*)^e$，其中 $(\delta^*)^e$ 为单元节点虚位移。按照静力等效原则有

$$[(\delta^*)^e]^T P^e = (u^*)^T f = [(\delta^*)^e]^T N^T f$$

则

$$P^e = N^T f \tag{2-17}$$

（2）体力的移置 设单元承受有分布体力，单位体积的体力记为 $q = (q_x \ q_y)^T$，其等效节点载荷为

$$P^e = \iint_A N^T q t \mathrm{d}x\mathrm{d}y \tag{2-18}$$

（3）面力的移置 设在单元的某一个边界上作用有分布的面力，单位面积上的面力为 $p = (p_x \ p_y)^T$，在此边界上取微面积 $t\mathrm{d}s$，对整个边界面积分，得到

$$P^e = \int_l N^T p t \mathrm{d}s \tag{2-19}$$

【例 2-1】 求单元在以下受力情况下的等效节点载荷：y 方向的重力为 G，图 2-2 所示 ij 边受 x 方向均布力 p，图 2-3 所示 jm 边受 x 方向线性分布力。

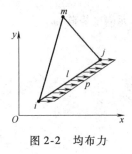

图 2-2 均布力

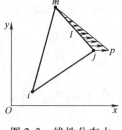

图 2-3 线性分布力

求解说明

利用上述公式求等效节点载荷。当原载荷是分布体力或面力时，进行积分运算是比较繁琐的。但在线性位移模式下，可以按照静力学中力的分解原理直接求出等效节点载荷。上述三种情况等效节点载荷分别为

$$\boldsymbol{P}^e = -\frac{G}{3}(0 \quad 1 \quad 0 \quad 1 \quad 0 \quad 1)^T$$

$$\boldsymbol{P}^e = ptl\left(\frac{1}{2} \quad 0 \quad \frac{1}{2} \quad 0 \quad 0 \quad 0\right)^T$$

$$\boldsymbol{P}^e = \frac{ptl}{2}\left(0 \quad 0 \quad \frac{2}{3} \quad 0 \quad \frac{1}{3} \quad 0\right)^T$$

6. 整体分析

结构的整体分析就是将离散后的所有单元通过节点连接成原结构物进行分析，分析过程是将所有单元的单元刚度方程组集成总体刚度方程，引进边界条件后求解整体节点位移向量。

总体刚度方程实际上就是所有节点的平衡方程，由单元刚度方程组集成总体刚度方程应满足以下两个原则：

1) 各单元在公共节点上协调地彼此连接，即在公共节点处具有相同的位移。由于基本未知量为整体节点位移向量，这一点已经得到满足。

2) 结构的各节点离散出来后应满足平衡条件，也就是说，环绕某一节点的所有单元作用于该节点的节点力之和应与该节点的节点载荷平衡。

每一节点统一使用整体节点编号（图 2-4），第 4 单元节点编号 i、j、m 统一依次改为 8、7、5。确定各单元的大域变换矩阵，如第 4 单元为

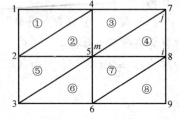

图 2-4 节点与单元编号

$$\boldsymbol{G}^4 = \begin{pmatrix} 0 & 0 & 0 & 0 & 0 & 0 & \boldsymbol{I} & 0 \\ 0 & 0 & 0 & 0 & 0 & \boldsymbol{I} & 0 & 0 \\ 0 & 0 & 0 & 0 & \boldsymbol{I} & 0 & 0 & 0 \end{pmatrix}$$

式中，$\boldsymbol{I}$ 为 2×2 阶单位矩阵。

求出各单元刚度矩阵，利用大域变换法求出结构整体刚度矩阵 $\boldsymbol{K}$，引入边界条件，得到结构的节点平衡方程为

$$\boldsymbol{K\delta} = \boldsymbol{P} \tag{2-20}$$

进而求解节点位移、单元应力和应变。

【例2-2】 如图2-5所示，一悬臂梁，自由端受合力为 P 的均布力作用，梁厚 $t = 1$，$\mu = 1/3$，求节点位移。

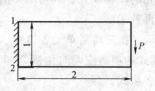
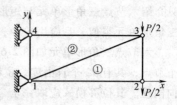

图2-5 结构与离散

求解说明

结构为平面应力问题，划分为两个三角形单元①、②，有四个节点1、2、3、4，坐标分别为 (0, 0)、(2, 0)、(2, 1)、(0, 1)。单元①、②节点顺序分别取3、1、2和1、3、4，刚度矩阵完全一样。

对单元①：$b_i = 0$，$b_j = -1$，$b_m = 1$，$c_i = 2$，$c_j = 0$，$c_m = -2$。

对单元②：$b_i = 0$，$b_j = 1$，$b_m = -1$，$c_i = -2$，$c_j = 0$，$c_m = 2$。

单元的刚度矩阵为

$$K^1 = K^2 = \frac{3E}{32}\begin{pmatrix} 4 & 0 & 0 & -2 & -4 & 2 \\ 0 & 12 & -2 & 0 & 2 & -12 \\ 0 & -2 & 3 & 0 & -3 & 2 \\ -2 & 0 & 0 & 1 & 2 & -1 \\ -4 & 2 & -3 & 2 & 7 & -4 \\ 2 & -12 & 2 & -1 & -4 & 13 \end{pmatrix}$$

利用大域变换法求出整体刚度矩阵为

$$K = \frac{3E}{32}\begin{pmatrix} 7 & 0 & -3 & 2 & 0 & -4 & -4 & 2 \\ 0 & 13 & 2 & -1 & -4 & 0 & 2 & -12 \\ -3 & 2 & 7 & -4 & -4 & 2 & 0 & 0 \\ 2 & -1 & -4 & 13 & 2 & -12 & 0 & 0 \\ 0 & -4 & -4 & 2 & 7 & 0 & -3 & 2 \\ -4 & 0 & 2 & -12 & 0 & 13 & 2 & -1 \\ -4 & 2 & 0 & 0 & -3 & 2 & 7 & -4 \\ 2 & -12 & 0 & 0 & 2 & -1 & -4 & 13 \end{pmatrix}$$

节点载荷向量为

$$P = (0 \quad 0 \quad 0 \quad -P/2 \quad 0 \quad -P/2 \quad 0 \quad 0)^T$$

位移向量为

$$\delta = (u_1 \quad v_1 \quad u_2 \quad v_2 \quad u_3 \quad v_3 \quad u_4 \quad v_4)^T$$

由结构平衡方程求得节点位移为

$$\delta = \frac{P}{E}(0 \quad 0 \quad -1.88 \quad -8.99 \quad 1.50 \quad -8.42 \quad 0 \quad 0)^T$$

7. 平面问题高次单元

如前所述，三节点三角形单元因其位移模式是线性函数，应变与应力在单元内都是常量，而弹性体实际的应力场是随坐标而变化的。因此，这种单元在各单元间边界上应力有突变，存在一定误差。为了更好地逼近实际的应变与应力状态，提高单元本身的计算精度，可以增加单元节点而采用更高阶次的位移模式，称为平面问题高次单元。如六节点三角形单元、矩形单元等。这里只介绍六节点三角形单元与矩形单元的位移模式,其他单元的位移模式和具体求解步骤与三节点三角形单元类似,且应用较少,不再赘述。

六节点三角形单元如图 2-6 所示,在三角形单元各边中点处增加一个节点,则每个单元有六个节点,共有 12 个自由度。位移模式的项数应与自由度数相当,阶次应选得对称以保证几何各向同性。其位移模式应取完全二次多项式,即

$$\left. \begin{array}{l} u = \beta_1 + \beta_2 x + \beta_3 y + \beta_4 x^2 + \beta_5 xy + \beta_6 y^2 \\ v = \beta_7 + \beta_8 x + \beta_9 y + \beta_{10} x^2 + \beta_{11} xy + \beta_{12} y^2 \end{array} \right\} \quad (2-21)$$

将节点的坐标和位移代入即可求出广义坐标。

四节点矩形单元如图 2-7 所示,共有八个自由度,取位移模式为

$$\left. \begin{array}{l} u = \beta_1 + \beta_2 x + \beta_3 y + \beta_4 xy \\ v = \beta_5 + \beta_6 x + \beta_7 y + \beta_8 xy \end{array} \right\} \quad (2-22)$$

将节点的坐标和位移代入即可求出广义坐标。

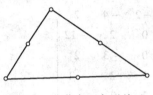
图 2-6 六节点三角形单元

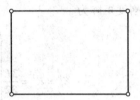
图 2-7 四节点矩形单元

2.1.2 轴对称问题有限单元法

如果弹性体的几何形状、约束条件及载荷都对称于某一轴,例如 z 轴,则所有的位移、应变及应力也对称于此轴。这种问题称为轴对称应力问题。在竖井、压力容器及机械制造中,经常遇到轴对称应力问题。用有限单元法分析轴对称问题时,须将结构离散成有限个圆环单元。圆环单元的截面常用三角形或矩形,也可以是其他形式。这种环形单元之间由圆环形铰相连,称为结圆。轴对称问题的单元虽然是圆环体,与平面问题的平板单元不同,但由于对称性,可以任取一个子午面进行分析。圆环形单元与子午面相截生成网格,可以采用平面问题有限元分析相似的方法分析。不同之处是:单元为圆环体,单元之间由结圆铰接,节点力为结圆上的均布力,单元边界为回转面。

对于轴对称问题,采用圆柱坐标 (r, θ, z) 较为方便。如果以弹性体的对称轴作为 z 轴,所有应力、应变和位移都与 θ 无关,只是 r 和 z 的函数。任一点只有两个位移分量,即沿 r 方向的径向位移 u 和沿 z 方向的轴向位移 w。由于对称,θ 方向的环向位移等于零。

在轴对称问题中,采用的单元是一些圆环。这些圆环和 rx 平面正交的截面通常取为三角形,如图 2-8 所示的 ijm(也可以取为其他形状)。各单元之间用圆环形的铰链互相连接,每一个铰与 rz 平面的交点称为节点,如 i、j、m 等。各单元在 rz 平面上形成三角形网格,类似于在平面问题中各三角形单元在 xy 平面上所形成的网格。但是在轴对称问题中,每个单元的体积都是一个圆环的体积,这点与平面问题是不同的。

假定物体的形状、约束条件及载荷都是轴对称的,这时只需分析一个截面。

1. 位移函数

取出一个环形单元的截面 ijm,如图 2-9 所示,各节点位移为

$$\boldsymbol{\delta}_i = \begin{pmatrix} u_i \\ w_i \end{pmatrix} \quad (i,j,m)$$

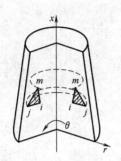

图 2-8 轴对称弹性体三角形单元

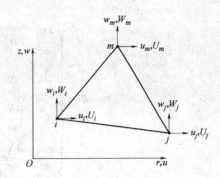

图 2-9 轴对称三角形单元节点力与节点位移

仿照平面问题，位移的类似表达式为

$$\left. \begin{array}{l} u = N_i u_i + N_j u_j + N_m u_m \\ w = N_i w_i + N_j w_j + N_m w_m \end{array} \right\} \tag{2-23}$$

式中

$$N_i = \frac{1}{2A}(a_i + b_i r + c_i z) \quad (i,j,m)$$

$$A = \frac{1}{2} \begin{vmatrix} 1 & r_i & z_i \\ 1 & r_j & z_j \\ 1 & r_m & z_m \end{vmatrix}$$

$$a_i = r_j z_m - r_m z_j, b_i = z_j - z_m, c_i = -r_j + r_m \quad (i,j,m)$$

式（2-22）写为矩阵的形式，即

$$\boldsymbol{r} = \begin{pmatrix} u \\ w \end{pmatrix} = \boldsymbol{N}\boldsymbol{\delta}^e = (\boldsymbol{I}N_i \quad \boldsymbol{I}N_j \quad \boldsymbol{I}N_m)\boldsymbol{\delta}^e \tag{2-24}$$

式中，$\boldsymbol{I} = \begin{pmatrix} 1 & 0 \\ 0 & 1 \end{pmatrix}$ 是二阶单位矩阵。

2. 单元应变

轴对称应力问题，每点具有四个应变分量，如图 2-10 所示，沿 r 方向的正应变 ε_r，称为径向正应变；沿 θ 方向的正应变 ε_θ，称为环向正应变；沿 z 方向的正应变 ε_z，称为轴向正应变；在 rz 平面中的切应变为 γ_{rz}。由于轴对称，其余两个切应变分量 $\gamma_{r\theta}$ 及 $\gamma_{\theta z}$ 都等于零。根据几何关系，可推知应变与位移之间符合下列关系

$$\boldsymbol{\varepsilon} = \begin{pmatrix} \varepsilon_r \\ \varepsilon_\theta \\ \varepsilon_z \\ \gamma_{rz} \end{pmatrix} = \begin{pmatrix} \dfrac{\partial u}{\partial r} \\ \dfrac{u}{r} \\ \dfrac{\partial w}{\partial z} \\ \dfrac{\partial w}{\partial r} + \dfrac{\partial u}{\partial z} \end{pmatrix} \tag{2-25}$$

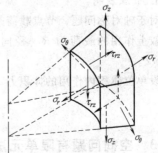

图 2-10 轴对称弹性体的应力

将位移函数式（2-23）代入式（2-24）得

$$\varepsilon = B\delta^e = (B_i \quad B_j \quad B_m)\delta^e \tag{2-26}$$

式中

$$B_i = \begin{pmatrix} \dfrac{\partial N_i}{\partial r} & 0 \\ \dfrac{N_i}{r} & 0 \\ 0 & \dfrac{\partial N_i}{\partial z} \\ \dfrac{\partial N_i}{\partial z} & \dfrac{\partial N_i}{\partial r} \end{pmatrix} = \dfrac{1}{2A} \begin{pmatrix} b_i & 0 \\ h_i & 0 \\ 0 & c_i \\ c_i & b_i \end{pmatrix}$$

$$h_i = \dfrac{a_i}{r} + b_i + c_i \dfrac{z}{r}$$

环向应变 ε_θ 中包含了坐标 r 和 z，不是常量，但其他应变分量都是常量。

3. 单元应力

在轴对称问题中，任一点具有四个应力分量，即径向正应力 σ_r、环向正应力 σ_θ、轴向正应力 σ_z 及切应力 τ_{rz}。

应力与应变之间的关系，可用矩阵写成

$$\boldsymbol{\sigma} = (\sigma_r \quad \sigma_\theta \quad \sigma_z \quad \tau_{rz})^T = \boldsymbol{D}\boldsymbol{\varepsilon} \tag{2-27}$$

式中，$\boldsymbol{D}$ 为弹性矩阵，对各向同性体有

$$D = \dfrac{E(1-\mu)}{(1+\mu)(1-2\mu)} \begin{pmatrix} 1 & \dfrac{\mu}{1-\mu} & \dfrac{\mu}{1-\mu} & 0 \\ \dfrac{\mu}{1-\mu} & 1 & \dfrac{\mu}{1-\mu} & 0 \\ \dfrac{\mu}{1-\mu} & \dfrac{\mu}{1-\mu} & 1 & 0 \\ 0 & 0 & 0 & \dfrac{1-2\mu}{2(1-\mu)} \end{pmatrix}$$

4. 单元刚度矩阵

由虚位移方程，沿着整个圆环求体积分，可得

$$\boldsymbol{K}^e = 2\pi \iint_A \boldsymbol{B}^T \boldsymbol{D} \boldsymbol{B} r \mathrm{d}r \mathrm{d}z \tag{2-28}$$

5. 节点载荷

对于轴对称问题，节点载荷是作用在整圈圆环形铰上的。例如，设节点的半径为 r，单位长度的铰上作用的载荷为 $\overline{R}$（径向）和 $\overline{Z}$（轴向），计算中采用的节点载荷应为径向 $2\pi r\overline{R}$，轴向 $2\pi r\overline{Z}$。

设单位体积内作用的体积力（重力、离心力等）为 $\boldsymbol{q} = (q_r \quad q_z)^T$，节点载荷为

$$\boldsymbol{P}_q^e = 2\pi \iint_A \boldsymbol{N}^T \boldsymbol{q}\, r\mathrm{d}r\mathrm{d}z \tag{2-29}$$

2.1.3 空间问题有限单元法

弹性力学的平面问题和轴对称问题是空间问题的特例，是在某种条件下的简易解法。在实际

工程中,有些结构由于形体复杂,难以简化为平面问题或轴对称问题,必须按空间问题求解。在空间问题中,最简单的单元是具有四个角点的四面体,如图 2-11 所示。从本节开始,先介绍常应变四面体单元,然后介绍高次四面体单元及六面体单元等。下面首先以四面体单元为例介绍空间问题的有限单元法求解步骤。

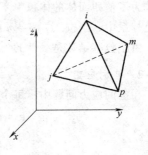

图 2-11 四面体单元

1. 位移模式

如图 2-11 所示的一个四面体单元,以四个角点 i、j、m、p 为节点,这是最早提出的,也是最简单的空间单元。

每个节点有三个位移分量

$$\boldsymbol{\delta}_i = \begin{pmatrix} u_i \\ v_i \\ w_i \end{pmatrix} \quad (i,j,m,p) \tag{2-30}$$

每个单元共有 12 个节点位移分量,表示为向量

$$\boldsymbol{\delta}^e = (\boldsymbol{\delta}_i \quad \boldsymbol{\delta}_j \quad \boldsymbol{\delta}_m \quad \boldsymbol{\delta}_p)^{\mathrm{T}} \tag{2-31}$$

假定单元内任一点的位移分量是坐标的线性函数

$$\left.\begin{aligned} u &= \beta_1 + \beta_2 x + \beta_3 y + \beta_4 z \\ v &= \beta_5 + \beta_6 x + \beta_7 y + \beta_8 z \\ w &= \beta_9 + \beta_{10} x + \beta_{11} y + \beta_{12} z \end{aligned}\right\} \tag{2-32}$$

式中,广义坐标 β_1、β_5、β_9 代表刚体移动,β_2、β_7、β_{12} 代表常量正应变,其余 6 个系数反映了常量切应变和刚体转动。

以各节点的坐标和位移代入式(2-32)中,求出各广义坐标,进而得到四面体单元上任一点的位移为

$$\boldsymbol{r} = \begin{pmatrix} u \\ v \\ w \end{pmatrix} = \boldsymbol{N}\boldsymbol{\delta}^e = (\boldsymbol{I}N_i \quad \boldsymbol{I}N_j \quad \boldsymbol{I}N_m \quad \boldsymbol{I}N_p)\boldsymbol{\delta}^e \tag{2-33}$$

式中,$\boldsymbol{I}$ 为三阶单位矩阵。形函数为

$$N_i = \frac{a_i + b_i x + c_i y + d_i z}{6V} \quad (i,j,m,p)$$

V 为四面体 $ijmp$ 的体积

$$V = \frac{1}{6} \begin{vmatrix} 1 & x_i & y_i & z_i \\ 1 & x_j & y_j & z_j \\ 1 & x_m & y_m & z_m \\ 1 & x_p & y_p & z_p \end{vmatrix} \quad (i,j,m,p)$$

$$a_i = \begin{vmatrix} x_j & y_j & z_j \\ x_m & y_m & z_m \\ x_p & y_p & z_p \end{vmatrix} \quad (i,j,m,p), \quad b_i = -\begin{vmatrix} 1 & y_j & z_j \\ 1 & y_m & z_m \\ 1 & y_p & z_p \end{vmatrix} \quad (i,j,m,p)$$

$$c_i = -\begin{vmatrix} x_j & 1 & z_j \\ x_m & 1 & z_m \\ x_p & 1 & z_p \end{vmatrix} \quad (i,j,m,p), \quad d_i = -\begin{vmatrix} x_j & y_j & 1 \\ x_m & y_m & 1 \\ x_p & y_p & 1 \end{vmatrix} \quad (i,j,m,p)$$

为了使四面体的体积 V 不为负值,单元节点的标号 i、j、m、p 必须依照一定的顺序,在右手坐标系中,当按照 $i \to j \to m$ 的方向转动时,右手螺旋应向 p 的方向前进。

由于位移函数是线性的,在相邻单元的接触面上,位移显然是连续的(单元协调)。

2. 单元应变

在空间应力问题中,每个点具有 6 个应变分量

$$\boldsymbol{\varepsilon} = (\varepsilon_x \quad \varepsilon_y \quad \varepsilon_z \quad \gamma_{xy} \quad \gamma_{yz} \quad \gamma_{zx})^T$$

$$= \left(\frac{\partial u}{\partial x} \quad \frac{\partial v}{\partial y} \quad \frac{\partial w}{\partial z} \quad \frac{\partial u}{\partial y} + \frac{\partial v}{\partial x} \quad \frac{\partial v}{\partial z} + \frac{\partial w}{\partial y} \quad \frac{\partial w}{\partial x} + \frac{\partial u}{\partial z} \right)^T \tag{2-34}$$

将(2-33)式代入式(2-34)得

$$\boldsymbol{\varepsilon} = \boldsymbol{B}\boldsymbol{\delta}^e = (\boldsymbol{B}_i \quad -\boldsymbol{B}_j \quad \boldsymbol{B}_m \quad -\boldsymbol{B}_p)\boldsymbol{\delta}^e$$

式中,应变矩阵的子阵为

$$\boldsymbol{B}_i = \frac{1}{6V} \begin{pmatrix} b_i & 0 & 0 \\ 0 & c_i & 0 \\ 0 & 0 & d_i \\ c_i & b_i & 0 \\ 0 & d_i & c_i \\ d_i & 0 & b_i \end{pmatrix} \quad (i,j,m,p)$$

由于矩阵 $\boldsymbol{B}$ 中的元素都是常量,单元应变分量也都是常量。

3. 单元应力

单元应力可用节点位移表示为

$$\boldsymbol{\sigma} = (\sigma_x \quad \sigma_y \quad \sigma_z \quad \tau_{xy} \quad \tau_{yz} \quad \tau_{zx})\boldsymbol{\delta}^e = \boldsymbol{S}\boldsymbol{\delta}^e \tag{2-35}$$

式中,应力矩阵 $\boldsymbol{S} = \boldsymbol{DB}$,弹性矩阵 $\boldsymbol{D}$ 为

$$\boldsymbol{D} = \frac{E(1-\mu)}{(1+\mu)(1-2\mu)} \begin{pmatrix} 1 & \frac{\mu}{1-\mu} & \frac{\mu}{1-\mu} & 0 & 0 & 0 \\ & 1 & \frac{\mu}{1-\mu} & 0 & 0 & 0 \\ & & 1 & 0 & 0 & 0 \\ & & & \frac{1-2\mu}{2(1-\mu)} & 0 & 0 \\ & 对 & 称 & & \frac{1-2\mu}{2(1-\mu)} & 0 \\ & & & & & \frac{1-2\mu}{2(1-\mu)} \end{pmatrix}$$

由于应变是常量,应力也是常量。

4. 单元刚度矩阵

由虚位移原理,可以得到单元刚度矩阵

$$\boldsymbol{K}^e = \boldsymbol{B}^T \boldsymbol{D} \boldsymbol{B} \, V \tag{2-36}$$

5. 节点载荷

通过与平面问题中同样地推导得到类似的节点载荷计算公式。

1)集中力 $\boldsymbol{f} = (f_x \quad f_y \quad f_z)^T$ 的移置为

$$P^e = N^T f \quad (2-37)$$

2) 体力 $q = (q_x \quad q_y \quad q_z)^T$ 的移置为

$$P^e = \iiint N^T q \, dV \quad (2-38)$$

3) 面力 $p = (p_x \quad p_y \quad p_z)^T$ 的移置为

$$P^e = \iint N^T p \, dA \quad (2-39)$$

以上是普遍适用的计算式。

6. 高次四面体单元及六面体单元

实际工程结构中的应力场往往是随着坐标而急剧变化的，常应变四面体单元中的应力分量都是常量，难以适应急剧变化的应力场，为了保证必要的计算精度，必须采用密集的计算网格，这样一来，节点数量将很多，方程组十分庞大。如果采用高次位移模式，单元中的应力是变化的，就可以用较少的单元和较少的自由度得到要求的计算精度，从而降低方程组的规模。当然，高次单元的刚度矩阵比较复杂，形成刚度矩阵要花费较多的计算时间。但在保持同样计算精度的条件下，采用高次单元，在总的计算时间上还是省的。10 节点四面体单元、8 节点六面体单元如图 2-12 和图 2-13 所示，还有 20 节点四面体单元、20 节点六面体单元等。其计算分析步骤同前述类似。

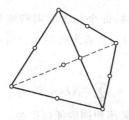
图 2-12 10 节点四面体单元

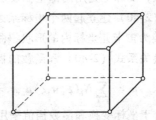
图 2-13 8 节点六面体单元

2.1.4 等参数有限单元法

单元插值函数的方次随单元节点数目增加而增加，其代数精确度也随之提高，用它们构造有限元模型时，用较少的单元就能获得较高精度的解答。但前面给出的高精度单元的几何形状很规则，对复杂边界的适应性差，不能期望用较少的形状规则的单元来离散复杂几何形状的结构。那么，能否构造出本身形状任意、边界适应性强的高精度单元呢？构造这样的单元存在两个方面的困难：一是难以构造出满足连续性条件的单元插值函数，二是单元分析中出现的积分难以确定积分限。于是希望另辟蹊径，利用形状规则的高次单元通过某种演化来实现这一目标。

数学上，可以通过解析函数给出变换关系，将一个坐标系下形状复杂的几何边界映射到另一个坐标系下，生成形状简单的几何边界，反过来也一样。那么，将满足收敛条件的形状规则的高精度单元作为基本单元，定义于局部坐标系（取自然坐标系），通过坐标变换映射到总体坐标系（取笛卡儿坐标系）中生成几何边界任意的单元，作为实际单元，只要变换使实际单元与基本单元之间的点一一对应，即满足坐标变换的相容性，实际单元同样满足收敛条件。这样构造的单元具有双重特性：作为实际单元，其几何特性、受力情况、力学性能都来自真实结构，充分反映了它的属性；作为基本单元，其形状规则，便于计算与分析。

有限单元法中最普遍采用的变换方法是等参数变换，即坐标变换和单元内的场函数采用相同数目的节点参数及相同的插值函数。等参数变换的单元称之为等参数单元。借助于等参数单元可以对于一般的任意几何形状的工程问题和物理问题方便地进行有限元离散,因此,等参数单元的提出为有限单元法成为现代工程实际领域最有效的数值分析方法迈出了极为重要的一步。

由于等参数变换的采用使等参数单元的各种特性矩阵计算在规则域内进行,因此不管各积分形式的矩阵中的被积函数如何复杂,都可以方便地采用标准化的数值积分方法计算,从而使各类不同工程实际问题的有限元分析纳入了统一的通用化程序的轨道,现在的有限元分析大多采用等参数单元。

1. 等参数变换

为将局部坐标中几何形状规则的单元转换成总体坐标中几何形状复杂的单元,整体坐标(x, y, z)与局部坐标(ξ, η, ζ)之间使用坐标变换

$$\begin{Bmatrix} x \\ y \\ z \end{Bmatrix} = f\begin{bmatrix} \xi \\ \eta \\ \zeta \end{bmatrix}$$

为建立前面所述的变换,最方便的方法是将坐标变换式也表示成插值函数的形式

$$x = \sum_{i=1}^{n} N_i(\xi,\eta,\zeta)x_i, \quad y = \sum_{i=1}^{n} N_i(\xi,\eta,\zeta)y_i, \quad z = \sum_{i=1}^{n} N_i(\xi,\eta,\zeta)z_i \tag{2-40}$$

式中,n是用以进行坐标变换的单元节点数;x_i、y_i、z_i是这些节点在总体坐标内的坐标值;N_i也称为形状函数,实际上是用局部坐标表示的插值基函数。

通过式(2-40)建立起两个坐标系之间的变换,从而将局部坐标内的形状规则的单元(基本单元)变换为笛卡儿坐标内的形状扭曲的单元(实际单元),前者为母单元,后者为子单元。

坐标变换关系式(2-40)和函数的插值表示式

$$u = \sum_{i=1}^{n} N_i(\xi,\eta,\zeta)u_i, \quad v = \sum_{i=1}^{n} N_i(\xi,\eta,\zeta)v_i, \quad w = \sum_{i=1}^{n} N_i(\xi,\eta,\zeta)w_i \tag{2-41}$$

是相同的,由于坐标变换和函数插值采用相同的节点,并且采用相同的插值函数,故称这种变换为等参数变换。各种单元的插值函数可查阅有关资料。图2-14所示的等参数变换为

$$x = \frac{x_1}{4}(1-\xi)(1-\eta) + \frac{x_2}{4}(1+\xi)(1-\eta) + \frac{x_3}{4}(1-\xi)(1+\eta) + \frac{x_4}{4}(1+\xi)(1+\eta)$$

$$y = \frac{y_1}{4}(1-\xi)(1-\eta) + \frac{y_2}{4}(1+\xi)(1-\eta) + \frac{y_3}{4}(1-\xi)(1+\eta) + \frac{y_4}{4}(1+\xi)(1+\eta)$$

2. 单元矩阵的变换

有限元分析中,为建立求解方程,需要进行各个单元体积内和面积上的积分,来描述在x、y、z坐标系下出现的物理量,它们的一般形式可表示为

$$\iiint_{V_e} G(x,y,z)\mathrm{d}x\mathrm{d}y\mathrm{d}z \tag{2-42}$$

$$\iint_{S_e} g(x,y,z)\mathrm{d}S \tag{2-43}$$

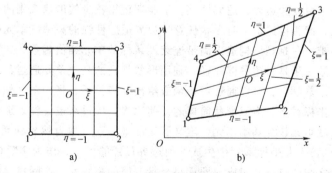

图2-14 二维线性单元的变换
a) 母单元 b) 子单元

但实际单元是由局部坐标下的基本单元映射生成的,位移模式(2-41)是局部坐标的函数,单元列式的推导是在局部坐标ξ、η、ζ下进行的。由于从坐标变换式(2-40)不能获得$\xi = \xi(x,y,z)$、$\eta = \eta(x,y,z)$、$\zeta = \zeta(x,y,z)$

的显式，$G(x,y,z)$ 与 $g(x,y,z)$ 作为 x、y、z 的函数也就只能是某种隐含的关系，不存在显式表达，所以只能在局部坐标 ξ、η、ζ 下完成前面的积分。为此需要建立两个坐标系内体积微元、面积微元之间的变换关系。而被积函数 G 和 g 中还常包含着对于总体坐标 x、y、z 的导数，因此还要建立两个坐标系内导数之间的变换关系。

1) 导数之间的变换关系。按照通常的偏微分规则，函数 N_i 对 ξ、η、ζ 的偏导数可表示成

$$\begin{pmatrix} \dfrac{\partial N_i}{\partial \xi} \\ \dfrac{\partial N_i}{\partial \eta} \\ \dfrac{\partial N_i}{\partial \zeta} \end{pmatrix} = \begin{pmatrix} \dfrac{\partial x}{\partial \xi} & \dfrac{\partial y}{\partial \xi} & \dfrac{\partial z}{\partial \xi} \\ \dfrac{\partial x}{\partial \eta} & \dfrac{\partial y}{\partial \eta} & \dfrac{\partial z}{\partial \eta} \\ \dfrac{\partial x}{\partial \zeta} & \dfrac{\partial y}{\partial \zeta} & \dfrac{\partial z}{\partial \zeta} \end{pmatrix} \begin{pmatrix} \dfrac{\partial N_i}{\partial x} \\ \dfrac{\partial N_i}{\partial y} \\ \dfrac{\partial N_i}{\partial z} \end{pmatrix} = \boldsymbol{J} \begin{pmatrix} \dfrac{\partial N_i}{\partial x} \\ \dfrac{\partial N_i}{\partial y} \\ \dfrac{\partial N_i}{\partial z} \end{pmatrix} \tag{2-44}$$

式中，$\boldsymbol{J}$ 称为雅可比（Jacobi）矩阵，可记作 $\partial(x,y,z)/\partial(\xi,\eta,\zeta)$，利用式（2-40），$\boldsymbol{J}$ 可以显式地表示为局部坐标的函数

$$\begin{aligned} \boldsymbol{J} = \dfrac{\partial(x,y,z)}{\partial(\xi,\eta,\zeta)} &= \begin{pmatrix} \sum\limits_{i=1}^{n} \dfrac{\partial N_i}{\partial \xi} x_i & \sum\limits_{i=1}^{n} \dfrac{\partial N_i}{\partial \xi} y_i & \sum\limits_{i=1}^{n} \dfrac{\partial N_i}{\partial \xi} z_i \\ \sum\limits_{i=1}^{n} \dfrac{\partial N_i}{\partial \eta} x_i & \sum\limits_{i=1}^{n} \dfrac{\partial N_i}{\partial \eta} y_i & \sum\limits_{i=1}^{n} \dfrac{\partial N_i}{\partial \eta} z_i \\ \sum\limits_{i=1}^{n} \dfrac{\partial N_i}{\partial \zeta} x_i & \sum\limits_{i=1}^{n} \dfrac{\partial N_i}{\partial \zeta} y_i & \sum\limits_{i=1}^{n} \dfrac{\partial N_i}{\partial \zeta} z_i \end{pmatrix} \\ &= \begin{pmatrix} \dfrac{\partial N_1}{\partial \xi} & \dfrac{\partial N_2}{\partial \xi} & \cdots & \dfrac{\partial N_n}{\partial \xi} \\ \dfrac{\partial N_1}{\partial \eta} & \dfrac{\partial N_2}{\partial \eta} & \cdots & \dfrac{\partial N_n}{\partial \eta} \\ \dfrac{\partial N_1}{\partial \zeta} & \dfrac{\partial N_2}{\partial \zeta} & \cdots & \dfrac{\partial N_n}{\partial \zeta} \end{pmatrix} \begin{pmatrix} x_1 & y_1 & z_1 \\ x_2 & y_2 & z_2 \\ \vdots & \vdots & \vdots \\ x_m & y_m & z_m \end{pmatrix} \end{aligned}$$

这样一来，N_i 对于 x、y、z 的偏导数可用局部坐标显式地表示为

$$\begin{pmatrix} \dfrac{\partial N_i}{\partial x} \\ \dfrac{\partial N_i}{\partial y} \\ \dfrac{\partial N_i}{\partial z} \end{pmatrix} = \boldsymbol{J}^{-1} \begin{pmatrix} \dfrac{\partial N_i}{\partial \xi} \\ \dfrac{\partial N_i}{\partial \eta} \\ \dfrac{\partial N_i}{\partial \zeta} \end{pmatrix} \tag{2-45}$$

其中，$\boldsymbol{J}^{-1}$ 是 $\boldsymbol{J}$ 的逆矩阵。

2) 体积微元、面积微元的变换。$\mathrm{d}\xi$、$\mathrm{d}\eta$、$\mathrm{d}\zeta$ 在笛卡儿坐标系内所形成的体积微元是

$$\mathrm{d}V = \mathrm{d}\boldsymbol{\xi} \cdot (\mathrm{d}\boldsymbol{\eta} \times \mathrm{d}\boldsymbol{\zeta}) \tag{2-46}$$

而

$$\left. \begin{aligned} \mathrm{d}\boldsymbol{\xi} &= \dfrac{\partial x}{\partial \xi} \mathrm{d}\xi \, \boldsymbol{i} + \dfrac{\partial y}{\partial \xi} \mathrm{d}\xi \, \boldsymbol{j} + \dfrac{\partial z}{\partial \xi} \mathrm{d}\xi \, \boldsymbol{k} \\ \mathrm{d}\boldsymbol{\eta} &= \dfrac{\partial x}{\partial \xi} \mathrm{d}\eta \, \boldsymbol{i} + \dfrac{\partial y}{\partial \xi} \mathrm{d}\eta \, \boldsymbol{j} + \dfrac{\partial z}{\partial \xi} \mathrm{d}\eta \, \boldsymbol{k} \\ \mathrm{d}\boldsymbol{\zeta} &= \dfrac{\partial x}{\partial \xi} \mathrm{d}\zeta \, \boldsymbol{i} + \dfrac{\partial y}{\partial \xi} \mathrm{d}\zeta \, \boldsymbol{j} + \dfrac{\partial z}{\partial \xi} \mathrm{d}\zeta \, \boldsymbol{k} \end{aligned} \right\} \tag{2-47}$$

式中，$\boldsymbol{i}$、$\boldsymbol{j}$ 和 $\boldsymbol{k}$ 是笛卡儿坐标 x、y 和 z 方向的单位向量。将式（2-47）代入式（2-46），得到

$$dV = \begin{vmatrix} \dfrac{\partial x}{\partial \xi} & \dfrac{\partial y}{\partial \xi} & \dfrac{\partial z}{\partial \xi} \\ \dfrac{\partial x}{\partial \eta} & \dfrac{\partial y}{\partial \eta} & \dfrac{\partial z}{\partial \eta} \\ \dfrac{\partial x}{\partial \zeta} & \dfrac{\partial y}{\partial \zeta} & \dfrac{\partial z}{\partial \zeta} \end{vmatrix} d\xi d\eta d\zeta = |\boldsymbol{J}| d\xi d\eta d\zeta \tag{2-48}$$

对于二维情况，以上各式将相应蜕化，这时 Jacobi 矩阵是

$$\boldsymbol{J} = \dfrac{\partial(x,y)}{\partial(\xi,\eta)} = \begin{pmatrix} \sum_{i=1}^{n}\dfrac{\partial N_i}{\partial \xi}x_i & \sum_{i=1}^{n}\dfrac{\partial N_i}{\partial \xi}y_i \\ \sum_{i=1}^{n}\dfrac{\partial N_i}{\partial \eta}x_i & \sum_{i=1}^{n}\dfrac{\partial N_i}{\partial \eta}y_i \end{pmatrix} = \begin{pmatrix} \dfrac{\partial N_1}{\partial \xi} & \dfrac{\partial N_2}{\partial \xi} & \cdots & \dfrac{\partial N_n}{\partial \xi} \\ \dfrac{\partial N_1}{\partial \eta} & \dfrac{\partial N_2}{\partial \eta} & \cdots & \dfrac{\partial N_n}{\partial \eta} \end{pmatrix} \begin{pmatrix} x_1 & y_1 \\ x_2 & y_2 \\ \vdots & \vdots \\ x_n & y_n \end{pmatrix} \tag{2-49}$$

两个坐标之间的偏导数关系为

$$\begin{pmatrix} \dfrac{\partial N_i}{\partial x} \\ \dfrac{\partial N_i}{\partial y} \end{pmatrix} = \boldsymbol{J}^{-1} \begin{pmatrix} \dfrac{\partial N_i}{\partial \xi} \\ \dfrac{\partial N_i}{\partial \eta} \end{pmatrix} \tag{2-50}$$

$d\xi$ 和 $d\eta$ 在笛卡儿坐标内形成的面积微元是

$$dA = |\boldsymbol{J}| d\xi d\eta \tag{2-51}$$

在 $\xi = c$ 的曲线上，$d\eta$ 在笛卡儿坐标内的线段微元的长度是

$$ds = \sqrt{\left[\left(\dfrac{\partial x}{\partial \eta}\right)^2 + \left(\dfrac{\partial y}{\partial \eta}\right)^2\right]} d\eta \tag{2-52}$$

2.1.5 单元与整体分析

1. 能量原理

有限单元法的核心是建立单元刚度矩阵，有了单元刚度矩阵，加以适当组合，可以得到平衡方程组，剩下的就是一些代数运算了。在弹性力学平面问题计算中，人们是用直观方法建立单元刚度矩阵的，其优点是易于理解，并便于初学者建立清晰的力学概念。但这种直观方法也是有缺点的：一方面，对于比较复杂的单元，依靠它建立单元刚度矩阵是有困难的；另一方面，它也不能给出关于收敛性的证明。把能量原理应用于有限单元法，就可以克服这些缺点。能量原理为建立有限单元法基本公式提供了强有力的工具。在各种能量原理中，虚位移原理和最小势能原理应用最为方便，因而得到了广泛的采用。

（1）虚位移原理 所谓虚位移可以是任何无限小的位移，它在结构内部必须是连续的，在结构的边界上必须满足运动学边界条件。例如，对于悬臂梁来说，在固定端处，虚位移及其斜率必须等于零。

考虑如图 2-15 所示的物体，它受到外力 F_1、F_2、… 的作用，即

$$\boldsymbol{F} = (F_1 \quad F_2 \quad F_3 \cdots)^T$$

在这些外力作用下，物体的应力为

$$\boldsymbol{\sigma} = (\sigma_x \quad \sigma_y \quad \sigma_z \quad \tau_{xy} \quad \tau_{yz} \quad \tau_{zx})^T$$

现在假设物体发生了虚位移，在外力作用处与各个外力相应方向的虚位移为

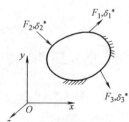

图 2-15 固体的边界条件

$$\boldsymbol{\delta}^* = (\delta_1^* \quad \delta_2^* \quad \delta_3^* \quad \cdots)^{\mathrm{T}}$$

上述虚位移所产生的虚应变为

$$\boldsymbol{\varepsilon}^* = (\varepsilon_x^* \quad \varepsilon_y^* \quad \varepsilon_z^* \quad \gamma_{xy}^* \quad \gamma_{yz}^* \quad \gamma_{zx}^*)^{\mathrm{T}}$$

在产生虚位移时，外力已作用于物体，而且在虚位移过程中，外力保持不变。因此，外力在虚位移上所做的虚功是

$$\delta V = (\boldsymbol{\delta}^*)^{\mathrm{T}} \boldsymbol{F} \tag{2-53}$$

整个物体的虚应变能为

$$\delta U = \iiint (\boldsymbol{\varepsilon}^*)^{\mathrm{T}} \boldsymbol{\sigma} \mathrm{d}x \mathrm{d}y \mathrm{d}z \tag{2-54}$$

虚位移原理表明，如果在虚位移发生之前，物体处于平衡状态，那么在虚位移发生时，外力所做虚功等于物体的虚应变能，即

$$\delta V = \delta U \tag{2-55}$$

虚位移原理不但适用于线性材料，也适用于非线性材料。

（2）最小势能原理 物体的势能 Π_p 定义为物体的应变能 U 与外力势 V 之差，即

$$\Pi_p = U - V \tag{2-56}$$

式中，应变能 U 为

$$U = \iiint \boldsymbol{\sigma}^{\mathrm{T}} \mathrm{d}\boldsymbol{\varepsilon} \mathrm{d}x \mathrm{d}y \mathrm{d}z = \iiint \boldsymbol{\varepsilon}^{\mathrm{T}} \boldsymbol{D} \mathrm{d}\boldsymbol{\varepsilon} \mathrm{d}x \mathrm{d}y \mathrm{d}z = \frac{1}{2} \iiint \boldsymbol{\varepsilon}^{\mathrm{T}} \boldsymbol{D} \boldsymbol{\varepsilon} \mathrm{d}x \mathrm{d}y \mathrm{d}z$$

外力势为

$$V = \boldsymbol{F}^{\mathrm{T}} \boldsymbol{\delta} + \iiint \boldsymbol{r}^{\mathrm{T}} \boldsymbol{q} \mathrm{d}x \mathrm{d}y \mathrm{d}z + \int_{S_\sigma} \boldsymbol{r}_b^{\mathrm{T}} \overline{\boldsymbol{p}} \mathrm{d}s$$

式中，右端第 1 项为集中力 $\boldsymbol{F}$ 的势；第 2 项为体积力 $\boldsymbol{q}$ 的势；第 3 项为面力 $\overline{\boldsymbol{p}}$ 的势；S_σ 为面力作用的表面；$\boldsymbol{r}_b$ 为表面 S_σ 上的位移。

最小势能原理可叙述如下：在所有满足边界条件的协调（连续）位移中，那些满足平衡条件的位移使物体势能取驻值，即

$$\delta \Pi_p = \delta U - \delta V = 0 \tag{2-57}$$

对于线性弹性体，势能取最小值。

最小势能原理可以用虚位移原理证明。

2. 用能量原理求单元刚度矩阵和节点载荷

利用最小势能原理，可以求出单元刚度矩阵及节点载荷。对空间问题，设一个单元在各节点上作用着节点力 $\boldsymbol{F}^e$，单元节点位移为 $\boldsymbol{\delta}^e$，单元应变为 $\boldsymbol{\varepsilon} = \boldsymbol{B} \boldsymbol{\delta}^e$，物体应变能为

$$U = \frac{1}{2} (\boldsymbol{\delta}^e)^{\mathrm{T}} \left(\iiint \boldsymbol{B}^{\mathrm{T}} \boldsymbol{D} \boldsymbol{B} \mathrm{d}x \mathrm{d}y \mathrm{d}z \right) \boldsymbol{\delta}^e$$

即

$$U = \frac{1}{2} (\boldsymbol{\delta}^e)^{\mathrm{T}} \boldsymbol{K}^e \boldsymbol{\delta}^e$$

式中，$\boldsymbol{K}^e$ 为单元刚度矩阵

$$\boldsymbol{K}^e = \iiint \boldsymbol{B}^{\mathrm{T}} \boldsymbol{D} \boldsymbol{B} \mathrm{d}x \mathrm{d}y \mathrm{d}z \tag{2-58}$$

单元节点力的外力势为

$$V = (\boldsymbol{\delta}^e)^{\mathrm{T}} \boldsymbol{F}^e$$

则单元的势能为

$$\Pi_p = \frac{1}{2}(\pmb{\delta}^e)^T \pmb{K}^e \pmb{\delta}^e - (\pmb{\delta}^e)^T \pmb{F}^e$$

根据最小势能原理，$\delta \Pi_p = 0$，所以有

$$\frac{\delta \Pi_p}{\partial \pmb{\delta}^e} = 0$$

则节点力为

$$\pmb{F}^e = \pmb{K}^e \pmb{\delta}^e \tag{2-59}$$

从物理上考虑，应变能必须是正量，而节点位移又是任意的，所以单元刚度矩阵是正定的。由此可以推断势能的二阶变分是非负的。既然势能的一阶变分等于零，二阶变分又非负，从而可以断定势能取最小值。

把 $\pmb{r} = \pmb{N}\pmb{\delta}^e$ 代入外力势的表达式中，得到体力 $\pmb{q}$ 与面力 $\bar{\pmb{p}}$ 的势为

$$V = (\pmb{\delta}^e)^T \iiint \pmb{N}^T \pmb{q} \, dx dy dz + (\pmb{\delta}^e)^T \int_S \pmb{N}^T \bar{\pmb{p}} \, ds$$

所以单元的势能为

$$\Pi_p = U - V = \frac{1}{2}(\pmb{\delta}^e)^T \pmb{K} \pmb{\delta}^e - (\pmb{\delta}^e)^T \iiint \pmb{N}^T \pmb{q} \, dx dy dz - (\pmb{\delta}^e)^T \int_S \pmb{N}^T \bar{\pmb{p}} \, ds$$

根据最小势能原理得到

$$\pmb{K} \pmb{\delta}^e = \pmb{P}_q^e + \pmb{P}_p^e$$

$$\pmb{P}_q^e = \iiint \pmb{N}^T \pmb{q} \, dx dy dz \tag{2-60}$$

$$\pmb{P}_p^e = \int_S \pmb{N}^T \bar{\pmb{p}} \, ds \tag{2-61}$$

以上各式与按虚位移原理推得的结论一致。

3. 用能量原理求总体平衡方程

结构整体刚度矩阵为 $\pmb{K}$，节点位移为 $\pmb{\delta}$，结构内能为

$$U = \frac{1}{2} \pmb{\delta}^T \pmb{K} \pmb{\delta} \tag{2-62}$$

$\pmb{P}$ 为作用在节点上的载荷，载荷的势为

$$V = \pmb{\delta}^T \pmb{P} \tag{2-63}$$

结构的势能为

$$\Pi_p = U - V = \frac{1}{2} \pmb{\delta}^T \pmb{K} \pmb{\delta} - \pmb{\delta}^T \pmb{P}$$

由最小势能原理，势能取驻值，即

$$\frac{\partial \Pi_p}{\partial \pmb{\delta}} = 0$$

则得到

$$\pmb{K} \pmb{\delta} = \pmb{P} \tag{2-64}$$

该方程与由节点平衡方程得到的方程组一致，但结构复杂时或采用高次单元时，利用最小势能原理建立方程组无特殊困难。

2.2 结构动力学问题有限单元法

动力学问题在国民经济和科学技术的发展中有着广泛的应用领域。最经常遇到的是结构动力

学问题，它有两类研究对象。一类是在运动状态下工作的机械或结构，例如，高速旋转的电机、汽轮机、离心压缩机，往复运动的内燃机、冲压机床，以及高速运行的车辆、飞行器等，它们承受着本身惯性及与周围介质或结构相互作用的动力载荷。如何保证它们运行的平稳性及结构的安全性，是极为重要的研究课题。另一类是承受动力载荷作用的工程结构，例如，建于地面的高层建筑和厂房，石化厂的反应塔和管道，核电站的安全壳和热交换器，近海工程的海洋石油平台等，它们可能承受强风、水流、地震以及波浪等各种动力载荷的作用。这些结构的破裂、倾覆和垮塌等破坏事故的发生，将给人民的生命财产造成巨大的损失。正确分析和设计这类结构，在理论和实际上也都是具有意义的课题。

动力学研究的另一重要领域是波在介质中的传播问题。它是研究短暂作用于介质边界或内部的载荷所引起的位移和速度的变化，如何在介质中向周围传播，以及在界面上如何反射、折射等的规律。它的研究在结构的抗震设计、人工地震勘探、无损检测等领域都有广泛的应用背景，因此也是近 20 多年一直受到工程和科技界密切关注的课题。

现在应用有限单元法和高速电子计算机，已经可以比较正确地进行各种复杂结构的动力计算，本节将阐明如何应用有限单元法进行动力分析。

2.2.1 运动方程

结构离散化以后，在运动状态中各节点的动力平衡方程如下

$$F_i + F_d + P(t) = F_e \tag{2-65}$$

式中，F_i、F_d、$P(t)$ 分别为惯性力、阻尼力和动力载荷，均为向量；F_e 为弹性力。

弹性力向量可用节点位移 δ 和刚度矩阵 K 表示如下

$$F_e = K\delta$$

式中，刚度矩阵 K 的元素 K_{ij} 为节点 j 的单位位移在节点 i 引起的弹性力。

根据达朗贝尔原理，可利用质量矩阵 M 和节点加速度 $\dfrac{\partial^2 \delta}{\partial t^2}$ 表示惯性力如下

$$F_i = -M \dfrac{\partial^2 \delta}{\partial t^2}$$

式中，质量矩阵的元素 M_{ij} 为节点 j 的单位加速度在节点 i 引起的惯性力。

设结构具有粘滞阻尼，可用阻尼矩阵 C 和节点速度 $\dfrac{\partial \delta}{\partial t}$ 表示阻尼力如下

$$F_d = -C \dfrac{\partial \delta}{\partial t}$$

式中，阻尼矩阵的元素 C_{ij} 为节点 j 的单位速度在节点 i 引起的阻尼力。

将各力代入式 (2-65)，得到运动方程如下

$$M \dfrac{\partial^2 \delta}{\partial t^2} + C \dfrac{\partial \delta}{\partial t} + K\delta = P(t) \tag{2-66}$$

记

$$\dot{\delta} = \dfrac{\partial \delta}{\partial t}, \ddot{\delta} = \dfrac{\partial^2 \delta}{\partial t^2}$$

则运动方程可写成

$$M\ddot{\delta} + C\dot{\delta} + K\delta = P(t) \tag{2-67}$$

在地震时，设地面加速度为 a，结构相对于地面的加速度为 $\ddot{\delta}$，结构各节点的实际加速度等

于 $a+\ddot{\delta}$，在计算惯性力时需用它代替式（2-67）中的 $\ddot{\delta}$。至于弹性力和阻尼力，则分别取决于结构的应变和应变速率，即取决于位移 δ 和速度 $\dot{\delta}$，与地面加速度无关。

2.2.2 质量矩阵

下面用 m 表示单元质量矩阵，M 表示整体质量矩阵。求出单元质量矩阵后，进行适当的组合即可得到整体质量矩阵。组合方法与由单元刚度矩阵求整体刚度矩阵时相似。

在动力计算中可采用两种质量矩阵，即协调质量矩阵和集中质量矩阵。

1. 协调质量矩阵

从运动的结构中取出一个微小部分，根据达朗贝尔原理，在它的单位体积上作用的惯性力为

$$p_i = -\rho \frac{\partial^2 r}{\partial t^2}$$

式中，ρ 为材料的密度。

在对结构进行离散化以后，取出一个单元，并采用如下形式的位移函数

$$r = N \delta^e$$

则

$$p_i = -\rho N \frac{\partial^2 \delta^e}{\partial t^2}$$

再利用载荷移置的一般公式求得作用于单元节点上的惯性力为

$$F_i^e = \iiint N^T p_i dV = -\iiint N^T \rho N dV \frac{\partial^2 \delta^e}{\partial t^2}$$

即

$$F_i^e = -m \ddot{\delta}^e$$

可见，单元质量矩阵为

$$m = \iiint N^T \rho N dV \tag{2-68}$$

如此计算单元质量矩阵，单元的动能和位能是互相协调的，因此称为协调质量矩阵。

2. 集中质量矩阵

假定单元的质量集中在它的节点上，质量的平移和转动可同样处理。这样得到的质量矩阵是对角线矩阵。

单元集中质量矩阵定义如下

$$m = \iiint \rho \varphi^T \varphi dV \tag{2-69}$$

式中 φ 为函数 φ_i 的矩阵，φ_i 在分配给节点 i 的区域内取 1，在区域外取 0。

由于分配给各节点的区域不能交错，所以由式（2-69）计算的质量矩阵是对角线矩阵。

3. 平面等应变三角形单元集中质量矩阵与协调质量矩阵

设单元自重为 W，将它三等分，分配给每一节点，得到单元集中质量矩阵如下

$$m = \frac{W}{3g} \begin{pmatrix} 1 & 0 & 0 & 0 & 0 & 0 \\ 0 & 1 & 0 & 0 & 0 & 0 \\ 0 & 0 & 1 & 0 & 0 & 0 \\ 0 & 0 & 0 & 1 & 0 & 0 \\ 0 & 0 & 0 & 0 & 1 & 0 \\ 0 & 0 & 0 & 0 & 0 & 1 \end{pmatrix} \tag{2-70}$$

单元协调质量矩阵为

$$m = \frac{W}{3g} \begin{pmatrix} \frac{1}{2} & 0 & \frac{1}{4} & 0 & \frac{1}{4} & 0 \\ 0 & \frac{1}{2} & 0 & \frac{1}{4} & 0 & \frac{1}{4} \\ \frac{1}{4} & 0 & \frac{1}{2} & 0 & \frac{1}{4} & 0 \\ 0 & \frac{1}{4} & 0 & \frac{1}{2} & 0 & \frac{1}{4} \\ \frac{1}{4} & 0 & \frac{1}{4} & 0 & \frac{1}{2} & 0 \\ 0 & \frac{1}{4} & 0 & \frac{1}{4} & 0 & \frac{1}{2} \end{pmatrix} \quad (2\text{-}71)$$

在单元数目相同的条件下，两种质量矩阵给出的计算精度是相差不多的。集中质量矩阵不但本身易于计算，而且由于它是对角线矩阵，可使动力计算简化很多。对于某些问题，如梁、板、壳等，由于可省去转动惯性项，运动方程的自由度数量可显著减少。当采用高次单元时，推导集中质量矩阵是困难的。另外，只要离散化时保持了单元之间的连续性，由协调质量矩阵算得的频率代表结构真实自振频率的上限。

2.2.3 阻尼矩阵

如前所述，结构的质量矩阵 M 和刚度矩阵 K 是由单元质量矩阵 m 和单元刚度矩阵 K^e 经过集合而建立起来的。相对来说，阻尼问题比较复杂，结构的阻尼矩阵 C 不是由单元阻尼矩阵经过集合而得到的，而是根据已有的实测资料，由振动过程中结构整体的能量消耗来决定阻尼矩阵的近似值。

1. 单自由度体系的阻尼

单自由度体系的自由振动方程为

$$m\ddot{\delta} + c\dot{\delta} + k\delta = 0 \quad (2\text{-}72)$$

式中，m 为质量；c 为阻尼系数；k 为刚度系数；δ 为变位。

式 (2-72) 两边除以 m 后得到

$$\ddot{\delta} + 2\zeta\omega\dot{\delta} + \omega^2\delta = 0$$

式中，$\omega = \sqrt{k/m}$；$\zeta = c/(2m\omega)$，ζ 称为阻尼比；ω 为体系的自振频率（角频率）。

设初始条件为：当 $t = 0$ 时，$\delta = \delta_0$，$\dot{\delta} = v_0$，符合这些初始条件的解为

$$\delta = \exp(-\zeta\omega t)\left(\delta_0 \cos\omega_d t + \frac{v_0 + \zeta\omega\delta_0}{\omega_d}\sin\omega_d t\right)$$

$$\omega_d = \omega\sqrt{1-\zeta^2}$$

体系的自振频率为 ω_d，其振幅随着时间而逐渐衰减。

根据实测资料，大多数结构的阻尼比都是很小的数，较多为 $\zeta = 0.01 \sim 0.10$，一般都小于 0.20。可见，阻尼对自振频率的影响是很小的，通常可取 $\omega_d = \omega$。

2. 多自由度体系的阻尼

如果假定阻尼力正比于质点运动速度，从运动的结构中取出一微小部分，在它的单位体积上

作用的阻尼力为

$$p_d = -\alpha\rho \frac{\partial}{\partial t}r = -\alpha\rho N \dot{\boldsymbol{\delta}}^e$$

式中，α 为比例常数；ρ 为材料密度；N 为形函数。

利用载荷移置的一般公式求得作用于单元 e 的节点上的阻尼力如下

$$F_d^e = \int N^T p_d dV = -\alpha \int N^T \rho N dV \dot{\boldsymbol{\delta}}^e$$

即

$$F_d^e = -C\dot{\boldsymbol{\delta}}^e$$

而

$$C = \alpha \int N^T \rho N dV = \alpha m \tag{2-73}$$

可见，此时单元阻尼矩阵正比于单元质量矩阵。如果假定阻尼力正比于应变速度，则阻尼应力可表示为

$$\boldsymbol{\sigma}_d = -\beta D \frac{\partial \boldsymbol{\varepsilon}}{\partial t} = \beta D B \dot{\boldsymbol{\delta}}^e$$

所以作用于单元 e 的节点上的阻尼力为

$$F_d^e = \int B^T \boldsymbol{\sigma}_d dV = -\beta \int B^T DB dV \dot{\boldsymbol{\delta}}^e = -C\dot{\boldsymbol{\delta}}^e$$

式中

$$C = \beta \int B^T DB dV \dot{\boldsymbol{\delta}}^e = \beta K^e \tag{2-74}$$

可见，此时单元阻尼矩阵正比于单元刚度矩阵 K^e。

前面已经说过，通常是根据实测资料，由振动过程中结构整体的能量消耗来决定阻尼的近似值，因此不是计算单元阻尼矩阵，而是直接计算结构的整体阻尼矩阵 C。一般采用如下的线性关系，并称为瑞利（Rayleigh）阻尼，即

$$C = \alpha M + \beta K \tag{2-75}$$

式中，系数 α 和 β 根据实测资料决定。

现在说明如何计算 α 和 β。设 $\boldsymbol{\phi}_i$ 和 $\boldsymbol{\phi}_j$ 为两个振型。对式（2-75）的两边先后乘以 $\boldsymbol{\varphi}_i$，再前乘以 $\boldsymbol{\varphi}_j^T$ 得到

$$\boldsymbol{\varphi}_j^T C \boldsymbol{\varphi}_i = \alpha \boldsymbol{\varphi}_j^T M \boldsymbol{\varphi}_i + \beta \boldsymbol{\varphi}_j^T K \boldsymbol{\varphi}_i \tag{2-76}$$

根据振型正交性，再由式（2-76）得到

$$\boldsymbol{\varphi}_j^T C \boldsymbol{\varphi}_i = 0 \qquad (i \neq j)$$

$$\boldsymbol{\varphi}_j^T C \boldsymbol{\varphi}_i = (\alpha + \beta \omega_j^2) m_{pj} \qquad (i = j)$$

其中

$$m_{pj} = \boldsymbol{\varphi}_j^T M \boldsymbol{\varphi}_j$$

令

$$\alpha + \beta \omega_j^2 = 2\zeta_j \omega_j \tag{2-77}$$

则

$$\boldsymbol{\varphi}_j^T C \boldsymbol{\varphi}_j = 2\zeta_j \omega_j m_{pj}$$

由式（2-77）得到

$$\zeta_j = \frac{\alpha}{2\omega_j} + \frac{\beta\omega_j}{2}$$

实测两个阻尼比即可求解 α 与 β。

结构动力学方程主要采用振型叠加法和直接积分法。前者用到振型正交条件，但不同的振型之间不能解耦时（在结构与地基的相互作用问题中，地基的阻尼往往大于结构本身的阻尼，对于结构和地基应分别给以不同的 α 与 β 值），应采用直接积分法求解。

2.2.4 结构自振频率与振型

在式 (2-67) 中，令 $P(t)=0$，得到自由振动方程。在实际工程中，阻尼对结构自振频率和振型的影响不大，因此可进一步忽略阻尼力，得到无阻尼自由振动的运动方程

$$\boldsymbol{K\delta} + \boldsymbol{M\ddot{\delta}} = 0 \tag{2-78}$$

设结构作下述简谐运动

$$\boldsymbol{\delta} = \boldsymbol{\varphi}\cos\omega t \tag{2-79}$$

把式 (2-79) 代入式 (2-78)，可得到齐次方程

$$(\boldsymbol{K} - \omega^2\boldsymbol{M})\boldsymbol{\varphi} = 0 \tag{2-80}$$

在自由振动时，结构中各节点的振幅 $\boldsymbol{\varphi}$ 不全为零，所以结构自振频率方程为

$$|\boldsymbol{K} - \omega^2\boldsymbol{M}| = 0 \tag{2-81}$$

结构的刚度矩阵 $\boldsymbol{K}$ 和质量矩阵 $\boldsymbol{M}$ 都是 n 阶方阵，其中 n 是节点自由度的数目，所以式 (2-81) 是关于 ω^2 的 n 次代数方程，由此可求出结构的自振频率

$$\omega_1 \leqslant \omega_2 \leqslant \omega_3 \leqslant \ldots \leqslant \omega_n$$

对于每个自振频率，由式 (2-80) 可确定一组各节点的振幅值 $\boldsymbol{\varphi}_i = (\phi_{i1}\ \ \phi_{i2}\ \ \cdots\ \ \phi_{in})^T$，它们互相之间应保持固定的比值，但绝对值可任意变化，它们构成一个向量，称为特征向量，在工程上通常称为结构的振型。

因为在每个振型中，各节点的振幅是相对的，其绝对值可取任意数值。在实际工作中，常用以下两种方法之一来决定振型的具体数值。

1. 规准化振型

取 $\boldsymbol{\varphi}_i$ 的某一项，例如取第 n 项为 1，即 $\phi_{in}=1$，于是

$$\boldsymbol{\varphi}_i = (\phi_{i1}\ \ \phi_{i2}\ \ \cdots\ \ 1)^T \tag{2-82}$$

这样的振型称为规准化振型。

2. 正则化振型

选取 ϕ_{ij} 的数值，使

$$\boldsymbol{\varphi}_i^T \boldsymbol{M} \boldsymbol{\varphi}_i = 1 \tag{2-83}$$

这样的振型称为正则化振型。

设已求得一振型 $\overline{\boldsymbol{\varphi}}_i = (\overline{\phi}_{i1}\ \ \overline{\phi}_{i2}\ \ \cdots\ \ \overline{\phi}_{in})^T$，如令

$$\phi_{ji} = \overline{\phi}_{ij}/\overline{\phi}_{in} \tag{2-84}$$

则得到的 $\boldsymbol{\varphi}_i = (\phi_{i1}\ \ \phi_{i2}\ \ \cdots\ \ \phi_{in})^T$ 为规准化振型。如令

$$\phi_{ji} = \overline{\phi}_{ij}/c \tag{2-85}$$

$$c = (\overline{\boldsymbol{\varphi}}_i^T \boldsymbol{M} \overline{\boldsymbol{\varphi}}_i)^{1/2}$$

则得到的 $\boldsymbol{\varphi}_i = (\phi_{i1}\ \ \phi_{i2}\ \ \cdots\ \ \phi_{in})^T$ 为正则化振型。

令
$$m_{pi} = \boldsymbol{\varphi}_i^T \boldsymbol{M} \boldsymbol{\varphi}_i \qquad (2\text{-}86)$$

当 M 为集中质量矩阵时，则

$$m_{pi} = (\phi_{i1} \quad \phi_{i2} \quad \cdots \quad \phi_{in}) \begin{pmatrix} m_1 & 0 & \cdots & 0 \\ 0 & m_2 & \cdots & 0 \\ \cdots & \cdots & \cdots & \cdots \\ 0 & 0 & \cdots & m_n \end{pmatrix} \begin{pmatrix} \phi_{i1} \\ \phi_{i2} \\ \vdots \\ \phi_{in} \end{pmatrix} = \sum_{s=1}^{2} m_s \phi_{is}^2$$

当 $\boldsymbol{\varphi}_i$ 为正则化振型时，有
$$m_{pi} = 1$$

令
$$k_{pi} = \boldsymbol{\varphi}_i^T \boldsymbol{K} \boldsymbol{\varphi}_i = \boldsymbol{\varphi}_i^T \omega_i^2 \boldsymbol{M} \boldsymbol{\varphi}_i = \omega_i^2 m_{pi} \qquad (2\text{-}87)$$

式中，m_{pi} 和 k_{pi} 分别称为第 i 阶振型相应的广义质量和广义刚度。

由式（2-87）得
$$\omega_i = \sqrt{k_{pi}/m_{pi}} \qquad (2\text{-}88)$$

【例 2-3】 求解 $\boldsymbol{K}\boldsymbol{\varphi} = \omega^2 \boldsymbol{M}\boldsymbol{\varphi}$ 的振型，其中

$$\boldsymbol{K} = \begin{pmatrix} 2 & -1 & 0 \\ -1 & 4 & -1 \\ 0 & -1 & 2 \end{pmatrix}, \boldsymbol{M} = \begin{pmatrix} 2 & -1 & 0 \\ -1 & 4 & -1 \\ 0 & -1 & 2 \end{pmatrix}$$

求解说明

频率方程为

$$|\boldsymbol{K} - \omega^2 \boldsymbol{M}| = \begin{vmatrix} 2 - 0.5\omega^2 & -1 & 0 \\ -1 & 4 - \omega^2 & -1 \\ 0 & -1 & 2 - 0.5\omega^2 \end{vmatrix} = 0$$

求得三个自振频率为
$$\omega_1^2 = 2, \omega_2^2 = 4, \omega_3^2 = 6$$

将 $\omega_1^2 = 2$ 代入式（2-80）中，得到第 1 振型必须满足的方程组如下
$$\phi_{11} - \phi_{12} + 0 = 0, -\phi_{11} + 2\phi_{12} - \phi_{13} = 0, \phi_{11} - \phi_{12} + \phi_{13} = 0$$

联立前两个方程解出
$$\phi_{11} = \phi_{13}, \phi_{12} = \phi_{13}$$

取 $\phi_{13} = 1$，得到规准化的第 1 振型为
$$\boldsymbol{\varphi}_1 = (1 \quad 1 \quad 1)^T$$

用同样的方法得到第 2、3 振型为
$$\boldsymbol{\varphi}_2 = (-1 \quad 0 \quad 1)^T$$
$$\boldsymbol{\varphi}_3 = (1 \quad -1 \quad 1)^T$$

由式（2-85）得到正则化振型如下
$$\boldsymbol{\varphi}_1 = (1/\sqrt{2} \quad 1/\sqrt{2} \quad 1/\sqrt{2})^T$$
$$\boldsymbol{\varphi}_2 = (-1 \quad 0 \quad 1)^T$$
$$\boldsymbol{\varphi}_3 = (1/\sqrt{2} \quad -1/\sqrt{2} \quad 1/\sqrt{2})^T$$

2.2.5 振型叠加法求解结构的受迫振动

目前，常用的求解结构受迫振动的方法有两种，即振型叠加法和直接积分法。

用振型 φ_i 的线性叠加来表示处于运动状态中的结构位移向量

$$\boldsymbol{\delta} = \boldsymbol{\varphi}_1\eta_1(t) + \boldsymbol{\varphi}_2\eta_2(t) + \cdots + \boldsymbol{\varphi}_n\eta_n(t) = \sum_{i=1}^{n} \boldsymbol{\varphi}_i\eta_i(t) \tag{2-89}$$

用 $\boldsymbol{\varphi}_j^T \boldsymbol{M}$ 前乘式（2-89）的两边，由于振型的正交性，等式右边的 n 项中只剩下 $i=j$ 这一项，即

$$\boldsymbol{\varphi}_j^T \boldsymbol{M} \boldsymbol{\delta} = \eta_j(t) \boldsymbol{\varphi}_j^T \boldsymbol{M} \boldsymbol{\varphi}_j = m_{pj}\eta_j(t)$$

由此得到

$$\eta_i(t) = \frac{\boldsymbol{\varphi}_i^T \boldsymbol{M} \boldsymbol{\delta}}{m_{pi}}$$

η_i 和 $\dot{\eta}_i$ 的初始值可表示为

$$\eta_i(0) = \frac{\boldsymbol{\varphi}_i^T \boldsymbol{M} \boldsymbol{\delta}(0)}{m_{pi}}$$

$$\dot{\eta}_i(0) = \frac{\boldsymbol{\varphi}_i^T \boldsymbol{M} \dot{\boldsymbol{\delta}}(0)}{m_{pi}}$$

现在考虑下列运动方程的求解

$$\boldsymbol{M}\ddot{\boldsymbol{\delta}} + \boldsymbol{C}\dot{\boldsymbol{\delta}} + \boldsymbol{K}\boldsymbol{\delta} = \boldsymbol{P}(t) \tag{2-90}$$

把式（2-89）代入式（2-90），得到

$$\boldsymbol{M}\sum_{i=1}^{n}\boldsymbol{\varphi}_i\ddot{\eta}_i + \boldsymbol{C}\sum_{i=1}^{n}\boldsymbol{\varphi}_i\dot{\eta}_i + \boldsymbol{K}\sum_{i=1}^{n}\boldsymbol{\varphi}_i\eta_i = \boldsymbol{P}(t) \tag{2-91}$$

对式（2-91）两边前乘以 $\boldsymbol{\varphi}_j^T$，并令 $\boldsymbol{C} = \alpha\boldsymbol{M} + \beta\boldsymbol{K}$，得到

$$\sum_{i=1}^{n}\boldsymbol{\varphi}_j^T\boldsymbol{M}\boldsymbol{\varphi}_i\ddot{\eta}_i + \sum_{i=1}^{n}\boldsymbol{\varphi}_j^T(\alpha\boldsymbol{M} + \beta\boldsymbol{K})\boldsymbol{\varphi}_i\dot{\eta}_i + \sum_{i=1}^{n}\boldsymbol{\varphi}_j^T\boldsymbol{K}\boldsymbol{\varphi}_i\eta_i = \boldsymbol{\varphi}_j^T\boldsymbol{P}(t)$$

由于振型的正交性，得到

$$m_{pi}\ddot{\eta}_i + (\alpha + \beta\omega_i^2)m_{pi}\dot{\eta}_i + \omega_i^2 m_{pi}\eta_i = \boldsymbol{\varphi}_j^T\boldsymbol{P}(t) \tag{2-92}$$

由于 $\alpha + \beta\omega_i^2 = 2\zeta_i\omega_i$，式（2-90）进一步化为

$$\ddot{\eta}_i + 2\zeta_i\omega_i\dot{\eta}_i + \omega_i^2\eta_i = \frac{1}{m_{pi}}\boldsymbol{\varphi}_i^T\boldsymbol{P}(t) \quad (i = 1,2,3\cdots,n) \tag{2-93}$$

这是二阶常微分方程，这样的方程共有 n 个，它们是互相独立的。式（2-93）在形式上与单自由度体系的运动方程相同。其解答可用数值积分方法计算，也可用 Duhamel 积分计算如下

$$\eta_i(t) = \frac{1}{\omega_{di}m_{pi}}\int_0^t P^*(\tau)\,\mathrm{e}^{-\zeta_i\omega_i(t-\tau)}\sin\omega_{di}(t-\tau)\mathrm{d}\tau +$$

$$\mathrm{e}^{-\zeta_i\omega_i t}\left\{\eta_i(0)\cos\omega_{di}t + \frac{\dot{\eta}_i(0) + \zeta_i\omega_i\eta_i(0)}{\omega_{di}}\sin\omega_{di}t\right\} \tag{2-94}$$

式中

$$\omega_d = \omega_i\sqrt{1-\zeta_i^2}$$

$$P^*(t) = \boldsymbol{\varphi}_i^T\boldsymbol{P}(t)$$

把 $\eta_i(t)$ 代入式（2-89），即得到所需解答。在用有限单元法进行结构动力分析时，自由度数目 n 可以达到几百甚至几千，但由于高阶振型对结构动力反应的影响一般都很小，通常只要计算一部分低阶振型就够了。例如，对于地震载荷，一般只要计算前面 5~20 个振型。对于爆炸和冲击载荷，就需要取更多的振型，有时需取出多达 $2n/3$ 个振型进行计算，而对于振动激发的

动力反应，有时只有一部分中间的振型起作用。

运动方程式（2-67）是二阶常微分方程组，可用数值积分方法直接求解。应用于动力问题的直接积分方法很多，有线性加速度方法、Wilson方法、Newmark方法等，在此不赘述。

2.3 结构非线性有限单元法

固体力学问题，从本质上讲是非线性的，线性假设仅是实际问题中的一种简化。在分析线性弹性体系时，假设节点位移无限小；材料的应力与应变关系满足胡克定律；加载时边界条件的性质保持不变。如果不满足上述条件之一的，就称为非线性问题。

通常把非线性问题分成两大类：几何非线性和材料非线性，但ANSYS也能处理施工或加工过程中结构变化的非线性。如果体系的非线性是由于材料的应力与应变关系的非线性引起的，则称为材料非线性，如铝材和许多高分子材料。如果结构的位移使体系的受力状态发生了显著变化，以致不能采用线性体系的分析方法时则称为几何非线性。几何非线性又可分为以下情况：①大位移小应变问题，如高层建筑、大跨度钢架结构的结构分析大多属于此类问题；②大位移大应变问题，如金属的压力加工问题；③结构的变位引起外载荷大小、方向或边界支承条件的变化等问题。ANSYS用单元死活来处理施工非线性。

用有限单元法分析非线性问题时仍由分析线性问题的三个基本步骤组成，但需要反复迭代。

1. 单元分析

和线性问题相比较，非线性问题的基本不同之处在于，单元刚度矩阵的形成有所差别。当仅为材料非线性问题时，则应使用材料的非线性本构关系；当仅为几何非线性问题时，在计算应变—位移矩阵 B 时，应考虑位移的高阶导数项的效应。同时，对于所有积分，应计及单元体的变化。对于同时兼有几何非线性和材料非线性的两种非线性问题时，则应考虑这两种非线性的耦合效应。

2. 整体组集

单元刚度矩阵集成为整体刚度矩阵，整体刚度方程的建立及约束处理，大体上与线性体系问题相同，只是通常将整体刚度方程写成增量形式。

3. 非线性方程组的求解

非线性问题求解方法大体上可分为：增量法、迭代法和混合法，它与线性方程组的求解有很大差别。

本节主要讨论材料塑性问题和几何大变形小应变问题。

2.3.1 塑性力学问题

在固体力学问题中，当应变比较小时，应力应变关系是线弹性的；当应变比较大时，应力应变关系往往不再是线弹性的，这类问题属于塑性力学范畴。有限单元法在这方面的应用是很成功的。

1. 单向受力的应力-应变关系

根据金属材料的拉伸试验，受力超过屈服极限以后，材料又恢复了抵抗变形的能力，必须增加载荷，才能继续产生变形，这种现象称为材料的强化（或硬化）。载荷达到最高点时的应力，称为强度极限。

为便于研究，在试验资料的基础上，常抽象为一些简化的模型，如图2-16所示。

2. 应力张量的分解与应力不变量

在外力作用下，物体内与应力所对应的应变通常分为体积变形和形状变形两部分，这两种变形的变化规律是不同的，对金属而言，在各向均匀压力（或称静水压力）作用下，体积变形是弹性的，不产生塑性变形。为了研究塑性变形必须把各向均匀的压力分离出来，对应的张量作如下分解

$$\begin{pmatrix} \sigma_x & \tau_{xy} & \tau_{xz} \\ \tau_{yx} & \sigma_y & \tau_{yz} \\ \tau_{zx} & \tau_{zy} & \sigma_z \end{pmatrix} = \begin{pmatrix} \sigma_m & 0 & 0 \\ 0 & \sigma_m & 0 \\ 0 & 0 & \sigma_m \end{pmatrix} + \begin{pmatrix} \sigma_x - \sigma_m & \tau_{xy} & \tau_{xz} \\ \tau_{yx} & \sigma_y - \sigma_m & \tau_{yz} \\ \tau_{zx} & \tau_{zy} & \sigma_z - \sigma_m \end{pmatrix}$$

(2-95)

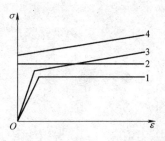

图 2-16　几种材料简化模型
1—理想弹塑性模型
2—理想刚塑性模型
3—线性强化弹塑性模型
4—线性强化刚塑性模型

$$\sigma_m = \frac{1}{3}(\sigma_x + \sigma_y + \sigma_z) \qquad (2\text{-}96)$$

式（2-95）右边第 1 项称为应力球张量；第 2 项称为应力偏张量，以 s_{ij} 表示为

$$s_{ij} = \begin{pmatrix} s_x & s_{xy} & s_{xz} \\ s_{yx} & s_y & s_{yz} \\ s_{zx} & s_{zy} & s_z \end{pmatrix} \qquad (2\text{-}97)$$

对于金属来说，进入塑性状态后，其体积变形仍是弹性的，它由应力球张量引起；而与形状改变有关的塑性变形则是由应力偏量引起的。

由弹性力学可知，任一点的主应力 σ_i 决定于下列方程

$$\sigma_i^3 - I_1 \sigma_i^2 - I_2 \sigma_i - I_3 = 0 \qquad (2\text{-}98)$$

当坐标轴的方向改变时，应力张量的分量均将改变，但主应力的值不变。因此，式（2-98）中系数 I_1、I_2、I_3 的值与坐标轴的取向无关，称为应力张量的 3 个不变量，其中

$$\left. \begin{aligned} I_1 &= \sigma_x + \sigma_y + \sigma_z \\ I_2 &= -(\sigma_x \sigma_y + \sigma_y \sigma_z + \sigma_z \sigma_x) + \tau_{xy}^2 + \tau_{yz}^2 + \tau_{zx}^2 \\ I_3 &= \sigma_x \sigma_y \sigma_z + 2\tau_{xy}\tau_{yz}\tau_{zx} - \sigma_x \tau_{yz}^2 - \sigma_y \tau_{zx}^2 - \sigma_z \tau_{xy}^2 \end{aligned} \right\} \qquad (2\text{-}99)$$

同样，应力偏张量也有 3 个不变量，即

$$\left. \begin{aligned} J_1 &= s_x + s_y + s_z \\ J_2 &= -(s_x s_y + s_y s_z + s_z s_x) + s_{xy}^2 + s_{yz}^2 + s_{zx}^2 \\ J_3 &= s_x s_y s_z + 2s_{xy}s_{yz}s_{zx} - s_x s_{yz}^2 - s_y s_{zx}^2 - s_z s_{xy}^2 \end{aligned} \right\} \qquad (2\text{-}100)$$

下面研究等斜面上的应力。等斜面是其法线与 3 个主应力方向成等角的平面，这样的平面共有 8 个，所以也称为八面体的面。八面体面上的正应力为

$$\sigma_8 = \sigma_m \qquad (2\text{-}101)$$

八面体面上的切应力为

$$\tau_8 = \sqrt{\frac{2}{3} J_2} \qquad (2\text{-}102)$$

3. 应变张量的分解与应变不变量

在小变形的条件下，位移与应变的关系如下

$$\varepsilon_x = \frac{\partial u}{\partial x}, \quad \gamma_{xy} = \frac{\partial u}{\partial y} + \frac{\partial v}{\partial x}$$

$$\varepsilon_y = \frac{\partial v}{\partial y}, \quad \gamma_{yz} = \frac{\partial v}{\partial z} + \frac{\partial w}{\partial y}$$

$$\varepsilon_z = \frac{\partial w}{\partial z}, \quad \gamma_{zx} = \frac{\partial w}{\partial x} + \frac{\partial u}{\partial z}$$

如令

$$\varepsilon_{xy} = \frac{1}{2}\gamma_{xy}, \quad \varepsilon_{yz} = \frac{1}{2}\gamma_{yz}, \quad \varepsilon_{zx} = \frac{1}{2}\gamma_{zx}$$

且有

$$\varepsilon_{xy} = \varepsilon_{yx}, \quad \varepsilon_{yz} = \varepsilon_{zy}, \quad \varepsilon_{zx} = \varepsilon_{xz}$$

与应力张量相似,应变张量也可分解为应变球张量与应变偏张量,即

$$\begin{pmatrix} \varepsilon_x & \varepsilon_{xy} & \varepsilon_{xz} \\ \varepsilon_{xy} & \varepsilon_y & \varepsilon_{yz} \\ \varepsilon_{xz} & \varepsilon_{yz} & \varepsilon_z \end{pmatrix} = \begin{pmatrix} \varepsilon_m & 0 & 0 \\ 0 & \varepsilon_m & 0 \\ 0 & 0 & \varepsilon_m \end{pmatrix} + \begin{bmatrix} \varepsilon_x - \varepsilon_m & \frac{1}{2}\gamma_{xy} & \frac{1}{2}\gamma_{xz} \\ \frac{1}{2}\gamma_{xy} & \varepsilon_y - \varepsilon_m & \frac{1}{2}\gamma_{yz} \\ \frac{1}{2}\gamma_{xz} & \frac{1}{2}\gamma_{yz} & \varepsilon_z - \varepsilon_m \end{bmatrix} \tag{2-103}$$

式中,$\varepsilon_m = (\varepsilon_x + \varepsilon_y + \varepsilon_z)/3$,为平均应变。

式(2-103)右边第1项为应变球张量;第2项为应变偏张量,以 e_{ij} 表示,即

$$e_{ij} = \begin{pmatrix} e_x & e_{xy} & e_{xz} \\ e_{xy} & e_y & e_{yz} \\ e_{xz} & e_{yz} & e_z \end{pmatrix} = \begin{pmatrix} \varepsilon_x - \varepsilon_m & \frac{1}{2}\gamma_{xy} & \frac{1}{2}\gamma_{xz} \\ \frac{1}{2}\gamma_{xy} & \varepsilon_y - \varepsilon_m & \frac{1}{2}\gamma_{yz} \\ \frac{1}{2}\gamma_{xz} & \frac{1}{2}\gamma_{yz} & \varepsilon_z - \varepsilon_m \end{pmatrix} \tag{2-104}$$

应变球张量具有各方向相同的正应变,它代表体积的改变。应变球张量的3个正应变之和为零,说明它没有体积变形,只反映形状的改变。

应变偏张量的3个不变量分别以 J_1'、J_2'、J_3' 表示如下

$$\left. \begin{aligned} J_1' &= e_x + e_y + e_z = 0 \\ J_2' &= \frac{1}{6}[(e_x - e_y)^2 + (e_y - e_z)^2 + (e_z - e_x)^2 + 6(e_{xy}^2 + e_{yz}^2 + e_{zx}^2)] \\ J_3' &= e_x e_y e_z + 2e_{xy}e_{yz}e_{zx} - e_x e_{yz}^2 - e_y e_{zx}^2 - e_z e_{xy}^2 \end{aligned} \right\} \tag{2-105}$$

4. 屈服准则

单向受力时,以理想弹塑性模型为例,当应力小于屈服极限 σ_s 时,材料处于弹性状态。当应力达到 σ_s 时,材料即进入塑性状态。因此,$\sigma = \sigma_s$ 就是单向受力时的屈服条件。

在复杂应力状态下,物体内某一点开始产生塑性变形时,应力也必须满足一定的条件,它就是复杂应力状态下的屈服条件。一般说来,它应是6个应力分量的函数,可表示如下

$$F(\sigma_x, \sigma_y, \sigma_z, \tau_{xy}, \tau_{yz}, \tau_{zx}) = C \tag{2-106}$$

式中,F 为屈服函数;C 为与材料有关的常数。

把某点的6个应力分量代入式(2-106)中,如果 $F < C$,表明该点处于弹性状态;如果 $F = C$,则表明该点处于塑性状态。

考虑的材料是各向同性的,坐标方向的改变对屈服条件没有影响,因此可用主应力表示为

$$F(\sigma_1, \sigma_2, \sigma_3) = C \tag{2-107}$$

也可用应力张量不变量 I_1、I_2、I_3，或应力偏量不变量 J_1、J_2、J_3 来表示。

一类材料，如岩石、土体、混凝土等，其屈服条件受到静水应力的影响，一般表示如下

$$F(I_1, J_2, J_3) = C \tag{2-108}$$

另一类材料，如金属，其屈服条件不受静水应力的影响，可表示为

$$F(J_2, J_3) = C$$

屈服条件常称为屈服准则。

1) 特雷斯卡（Tresca）屈服准则 1864 年特雷斯卡提出：当最大切应力 τ_{max} 达到某一定值 k 时，材料就发生屈服，此条件可表示为

$$[(\sigma_1 - \sigma_2)^2 - 4k^2][(\sigma_2 - \sigma_3)^2 - 4k^2][(\sigma_3 - \sigma_1)^2 - 4k^2] = 0 \tag{2-109}$$

式（2-109）也可用应力偏量不变量表示为

$$F = 4J_2^3 - 27J_3^2 - 36k^2J_2^2 + 96k^4J_2 - 64k^6 = 0 \tag{2-110}$$

Tresca 屈服面如图 2-17 所示。

上面的常数 k 是由单向拉伸试验确定的，所以 $k = \sigma_s/2$。如果常数 k 是由纯剪试验确定的，则 $k = \tau_s$，其中 τ_s 为纯剪时的屈服极限。按照 Tresca 屈服条件，材料的剪切屈服极限与拉伸屈服极限之间存在如下关系

$$\tau_s = \sigma_s/2 \tag{2-111}$$

Tresca 屈服条件是主应力的线性函数，应用比较方便，它与金属材料的试验资料也基本吻合。但它忽略了中间主应力的影响，且屈服线上有角点，给数学处理带来了一定困难，这是其不足之处。

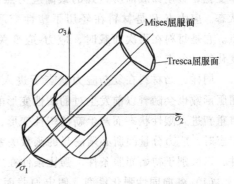

图 2-17 Tresca 和 Mises 屈服面

2) 米塞斯（Mises）屈服准则 由米塞斯于 1913 年提出的屈服条件，在偏量平面 π 上的屈服线是 Tresca 六边形的外接圆。主应力空间中过原点并与坐标轴成等角的直线为静水应力轴。过原点并与静水应力轴垂直的平面为 π 平面。与 π 平面平行的平面为偏量平面。如图 2-17 所示，Mises 屈服面在偏量平面上是一个六边形的外接圆，在坐标轴平面上是椭圆。其表达式为

$$J_2 = \frac{1}{3}\sigma_s^2 = k^2 \tag{2-112}$$

它表明，只要应力偏量的第二不变量达到某一定值时，材料就屈服。σ_s 是单向拉伸时的屈服极限。

在纯剪切的情况下

$$J_2 = \tau_{xy}^2 = \tau_s^2 = k^2 \tag{2-113}$$

可见按照 Mises 屈服条件，材料的剪切屈服极限 τ_s 与拉伸屈服极限 σ_s 之间的关系为

$$\tau_s = \sigma_s/\sqrt{3} \tag{2-114}$$

Mises 屈服准则弥补了 Tresca 屈服准则的不足，更接近试验结果。Mises 屈服准则对金属材料比较吻合。

3) 德鲁克-普拉格（Drucker-Prager）屈服准则 对基层、垫层和土地基等弹塑性体积较大的变形材料，莫尔-库仑（Mohr-Coulomb）的强度理论为最早提出的屈服准则，理论表达式为

$$\tau_s = C - \sigma_s \tan\varphi \tag{2-115}$$

式中，C 为材料粘聚力；φ 为内摩擦角；τ_s 为破坏面上的切应力；σ_s 为破坏面上的正应力。

考虑到莫尔-库仑准则在 π 平面上是等边不等角六边形,具有角偶性,当应力落在屈服面尖点上会导致其导数的方向不定。德鲁克-普拉格(Drucker-Prager)于1952年对莫尔-库仑屈服准则加以修正表述为

$$F = \alpha I_1 - \sqrt{J_2} + K = 0 \tag{2-116}$$

式中,$\alpha = \sin\varphi / \sqrt{3(3 + \sin^2\varphi)}$;$K = \sqrt{3} C\cos\varphi / \sqrt{3 + \sin^2\varphi}$;$I_1$ 为第一应力状态不变量;J_2 为第二应力偏量状态不变量。

在土基、路面等的形变中采用德鲁克-普拉格准则是比较简明的。

还有许多其他屈服准则,在此不赘述。

5. 强化条件

如图 2-18 所示,在单向受力时,当材料中应力超过初始屈服点 A 而进入塑性状态后卸载,此后再加载,应力-应变关系将仍按弹性规律变化,直至卸载前所达到的最高应力点 B,然后材料再次进入塑性状态。应力点 B 是材料在经历了塑性变形后的新屈服点,称为强化点。它是材料在再次加载时,应力-应变关系按弹性还是按塑性规律变化的区分点。

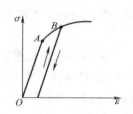

图 2-18 单向受力时材料的强化

同样,当材料在复杂应力状态下进入塑性后卸载,然后再加载,屈服函数也会随着以前发生过的塑性变形的历史而有所改变。当应力分量满足某一关系时,材料将重新进入塑性状态而产生新的塑性变形,这种现象称为强化。材料在初始屈服以后再进入塑性状态时,应力分量间所必须满足的函数关系,称为强化条件或加载条件,有时也称为后继屈服条件,以区别于初始屈服条件。强化条件在应力空间中的图形称为强化面或加载面。

(1)各向同性强化模型 假定加载面在应力空间中的形状及中心位置保持不变,随着强化程度的增加,由初始屈服面在形状上作相似的扩大。加载面仅由其曾经达到过的最大应力点所决定,与加载历史无关,如图 2-19a 所示,强化条件可表示为

$$F(\sigma_{ij}) - k(\varepsilon^p) = 0 \tag{2-117}$$

式中,$k(\varepsilon^p)$ 为有效塑性应变 ε^p 的函数。

(2)随动强化模型 假定在塑性变形过程中,屈服曲面的形状和大小都不改变,只是在应力空间中作刚性平移,如图 2-19b 所示。设在应力空间中,屈服面内部中心的坐标用 α_{ij} 表示,它在初始屈服时等于零,于是,随动强化模型的加载曲面可表示为

$$F(\sigma_{ij} - \alpha_{ij}) - k = 0 \tag{2-118}$$

显然,$F(\alpha_{ij}) - k = 0$ 为初始屈服曲面,产生塑性变形以后,加载面随着 α_{ij} 而移动,α_{ij} 称为移动张量。

(3)混合强化模型 把各向同性强化模型和随动强化模型加以组合,得到混合强化模型,如图 2-19c 所示。它假定在塑性变形过程中,加载曲面不但作刚性平移,还同时在各个方向作均匀扩大。加载曲面可表示为

$$F(\sigma_{ij} - \alpha_{ij}) - k(\varepsilon^p) = 0 \tag{2-119}$$

式中,α_{ij} 为屈服面中心的移动;k 为硬化参数,是有效塑性应变 ε^p 的函数。

在以上几种强化模型中,各向同性强化模型使用最为广泛。这一方面是由于它便于进行数学处理;另一方面,如果在加载过程中应力方向(或各应力分量的比值)变化不大,采用各向同性强化模型的计算结果与实际情况也比较符合。随动强化模型可以考虑材料的包兴格(Bauschinger)效应,在循环加载或可能出现反向屈服的问题中,需要采用这种模型。

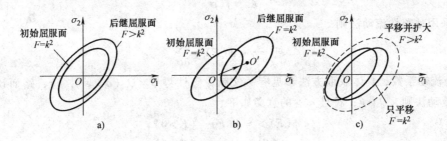

图 2-19 强化模型
a) 各向同性强化 b) 随动强化 c) 混合强化

6. 加载与卸载准则

材料达到屈服状态以后,加载和卸载时的应力应变规律不同。单向受力时,只有一个应力分量,由这个应力分量的增加或减小,就可判断是加载还是卸载。对于复杂应力状态,六个应力分量中,各分量可增可减,为了判断是加载还是减载,就需要一个准则。

(1) 理想塑性材料的加载和卸载 理想塑性材料不发生强化,加载条件和屈服条件相同,应力点不可能位于屈服面外。当应力点保持在屈服面上时,称为加载,因为这时塑性变形可以增长。设屈服条件为 $F(\sigma_{ij})=0$。当应力达到屈服状态时,$F(\sigma_{ij})=0$,对于应力增量 $d\sigma_{ij}$,如果 $dF = F(\sigma_{ij}+d\sigma_{ij}) - F(\sigma_{ij}) = 0$,表示新的应力点仍保持在屈服面上,属于加载。反之,如果 $dF = F(\sigma_{ij}+d\sigma_{ij}) - F(\sigma_{ij}) < 0$,表示应力点从屈服面上退回到屈服面内,属于卸载。因此,理想塑性材料的加载和卸载准则可表示为

$$\left. \begin{array}{ll} F(\sigma_{ij}) < 0 & （弹性状态） \\ F(\sigma_{ij}) = 0, dF = 0 & （加载） \\ F(\sigma_{ij}) = 0, dF < 0 & （卸载） \end{array} \right\} \quad (2\text{-}120)$$

(2) 强化材料的加载和卸载 强化材料的加载面可以扩大,因此只有当 $d\sigma$ 指向面外时才是加载。当 $d\sigma$ 沿着加载面变化时,加载面并不改变,只表示一点的应力状态从一个塑性状态过渡到另一个塑性状态,但不引起新的塑性变形,这种变化过程称为中性变载。$d\sigma$ 指向加载面内时为卸载。强化材料的加载和卸载准则可表示为

$$\left. \begin{array}{ll} F(\sigma_{ij}) = 0, dF > 0 & （加载） \\ F(\sigma_{ij}) = 0, dF = 0 & （中性变载） \\ F(\sigma_{ij}) = 0, dF < 0 & （卸载） \end{array} \right\} \quad (2\text{-}121)$$

7. 粘弹塑性路面有限元计算分析与步骤

下面以沥青路面为例加以说明。

在载荷作用下,路面总应变速率 $\dot{\varepsilon}$ 分为弹性应变速率 $\dot{\varepsilon}^e$ 和粘塑性应变速率 $\dot{\varepsilon}^{vp}$,即

$$\dot{\varepsilon} = \dot{\varepsilon}^e + \dot{\varepsilon}^{vp} \quad (2\text{-}122)$$

则应力速率计算公式为

$$\dot{\sigma} = D\dot{\varepsilon}^e \quad (2\text{-}123)$$

开始产生塑性变形的屈服条件表示为

$$F(\sigma, \varepsilon^{vp}) - F_0 = 0 \quad (2\text{-}124)$$

式中,F_0 为屈服准则下限,一般取 $F_0 = 0$。

路面粘塑性应变速率的数值,与当时的应力状态有关

$$\dot{\varepsilon}^{vp} = f(\sigma) \tag{2-125}$$

广泛采用粘塑性流动法则

$$\dot{\varepsilon}^{vp} = \gamma <\phi(F)> \frac{\partial Q}{\partial \sigma} \tag{2-126}$$

式中，γ 为流动系数，具体获取方法参见有关文献；塑性势 $Q = Q(\sigma, \varepsilon^{vp}, k)$，路面计算中采用相关联流动法则，$Q = F$；符号 $<>$ 的意义如下

$$\left.\begin{array}{l} <\phi(F)> = \phi(F) \quad (F>0) \\ <\phi(F)> = 0 \quad (F \leq 0) \end{array}\right\}$$

路面简单计算中取 $\varphi(F) = F$。

由式（2-126）得到当前应力状态下的粘塑性应变率。

把路面响应分析计算时间长度 t 划分为一系列时段，在 $\Delta t_n = t_{n+1} - t_n$ 内产生的粘塑性应变增量计算公式为

$$\Delta \varepsilon_n^{vp} = \varepsilon^{vp}(t_{n+1}) - \varepsilon^{vp}(t_n) = \Delta t_n [(1-s)\dot{\varepsilon}_n^{vp} + s\dot{\varepsilon}_{n+1}^{vp}] \tag{2-127}$$

式中，取 $s = 0$，为前向差分法，是显式解法；取 $s = 1$，为后向差分法，是隐式解法；取 $s = 1/2$，为中点差分法。

把 $\dot{\varepsilon}^{vp}$ 按泰勒展开，忽略高阶项，得到

$$\dot{\varepsilon}_{n+1}^{vp} = \dot{\varepsilon}_n^{vp} + H_n \Delta \sigma_n \tag{2-128}$$

式中，$H_n = \frac{\partial \dot{\varepsilon}^{vp}}{\partial \sigma}|_{t=t_n}$；$\Delta \sigma_n$ 为应力增量，未知。

把式（2-128）代入式（2-127），得到

$$\Delta \varepsilon_n^{vp} = \dot{\varepsilon}_n^{vp} \Delta t_n + C_n \Delta \sigma_n \tag{2-129}$$

式中，$C_n = s \Delta t_n H_n$。

在时间 $\Delta t_n = t_{n+1} - t_n$ 内产生的应力增量为

$$\Delta \sigma_n = D \varepsilon_n^e = D(\Delta \varepsilon_n - \Delta \varepsilon_n^{vp}) \tag{2-130}$$

把 $\Delta \varepsilon_n = B \Delta \delta_n$ 代入式（2-130），得到

$$\Delta \sigma_n = D(B \Delta \delta_n - \Delta \varepsilon_n^{vp}) \tag{2-131}$$

将式（2-129）代入式（2-131），得到

$$\Delta \sigma_n = D(B \Delta \delta_n - \dot{\varepsilon}_n^{vp} \Delta t_n - C_n \Delta \sigma_n)$$

整理为

$$\Delta \sigma_n = \overline{D}_n (B \Delta \delta_n - \dot{\varepsilon}_n^{vp} \Delta t_n) \tag{2-132}$$

式中

$$\overline{D}_n = (I + DC_n)^{-1} D = (D^{-1} + C_n)^{-1}$$

在 Δt_n 时间内的平衡条件为

$$\int B^T \Delta \sigma_n dV = \Delta P_n \tag{2-133}$$

式中，dV 为体积微元。

将式（2-132）代入式（2-133），得到平衡方程组

$$K_n \Delta \delta_n = \Delta P_n + \Delta P_n^{vp} \tag{2-134}$$

式中

$$K_n = \int B^T \overline{D}_n B dV$$

$$\Delta P_n^{vp} = \int B^T \overline{D}_n \dot{\varepsilon}_n^{vp} \Delta t_n dV$$

式中，K_n 为第 n 步迭代计算的刚度矩阵；ΔP_n^{vp} 为粘塑性应变增量引起的等效载荷增量；ΔP_n 为外载荷增量。

由式（2-128）解出位移增量 $\Delta \delta_n$，代入式（2-132）求得应力增量 $\Delta \sigma_n$，从而有

$$\delta_{n+1} = \delta_n + \Delta \delta_n \tag{2-135}$$

$$\sigma_{n+1} = \sigma_n + \Delta \sigma_n \tag{2-136}$$

再矫正粘塑性应变增量，由式（2-129）可知

$$\Delta \varepsilon_n^{vp} = \Delta \varepsilon_n - D^{-1} \Delta \sigma_n = B \Delta \delta_n - D^{-1} \Delta \sigma_n \tag{2-137}$$

从而得到代表永久变形的真实的粘塑性应变

$$\varepsilon_{n+1}^{vp} = \varepsilon_n^{vp} + \Delta \varepsilon_n^{vp} \tag{2-138}$$

粘弹塑性应变速率 $\dot{\varepsilon}_n^{vp}$ 是由式（2-125）计算的，当各积分点的粘塑性应变速率均等于零时，表示变形已经稳定，可以停止计算。

在任意时刻 t，应力状态都应满足平衡方程

$$\int B^T \sigma dV - P = 0 \tag{2-139}$$

由于线性化带来的误差，算得的应力 σ_{n+1} 不一定满足上述平衡条件，而且这种误差是会累积的。为了避免误差的累积，可用式（2-140）计算失衡力，即

$$\psi_{n+1} = \int B^T \sigma_{n+1} dV - P_{n+1} \tag{2-140}$$

然后在下一步计算时，把上述失衡量合并到载荷增量中去。

时间步的限制如下

$$\left. \begin{array}{ll} \text{Mises 材料} & \Delta t \leq \dfrac{4(1+\mu)F_0}{3\gamma E} \\ \text{Mohr-Coulomb 材料} & \Delta t \leq \dfrac{4(1+\mu)(1-2\mu)F_0}{\gamma(1-2\mu+\sin^2\phi)E} \end{array} \right\} \tag{2-141}$$

对每一时间步 Δt 计算步骤如下：

第 1 步：已知 δ_n、σ_n、ε_n、ε_n^{vp}、H_n，计算下列各量

$$C_n = s \Delta t_n H_n$$

$$\overline{D}_n = (D^{-1} + C_n)^{-1}$$

$$K_n = \int B^T \overline{D}_n B dV$$

$$\dot{\varepsilon}^{vp} = \gamma \langle \phi(F) \rangle \left. \frac{\partial Q}{\partial \sigma} \right|_{t=t_n}$$

$$\Delta P_n^{vp} = \int B^T \overline{D}_n \dot{\varepsilon}_n^{vp} \Delta t_n dV$$

$$\psi_n = \int B^T \sigma_n dV$$

第 2 步：求解位移增量 $\Delta \delta_n$，即

$$\Delta \delta_n = K_n^{-1} (\Delta P_n + \Delta P_n^{vp} + \psi_n)$$

计算 $\Delta \sigma_n$、δ_{n+1}、σ_{n+1} 如下

$$\Delta \sigma_n = \overline{D}_n (B \Delta \delta_n - \dot{\varepsilon}_n^{vp} \Delta t_n)$$

$$\delta_{n+1} = \delta_n + \Delta \delta_n$$

第3步：计算 $\dot{\varepsilon}_{n+1}^{vp}$，即

$$\dot{\varepsilon}_{n+1}^{vp} = \gamma <\phi(F)> \frac{\partial Q}{\partial \boldsymbol{\sigma}}\bigg|_{t=t_{n+1}}$$

$$\boldsymbol{\sigma}_{n+1} = \boldsymbol{\sigma}_n + \Delta\boldsymbol{\sigma}_n$$

第4步：检查各积分点的粘塑性应变速率 $\dot{\varepsilon}_{n+1}^{vp}$，如果其数值均已接近零，停止计算，否则转至第1步。

2.3.2 大位移问题

在大多数的大位移问题中，尽管位移很大，结构的应变仍然不大，属于大位移小应变问题，材料的应力-应变关系仍是线性的，只是应变-位移关系是非线性的，即所谓几何非线性。如果不但位移-应变关系是非线性的，而且应力-应变关系也是非线性的，那么即是双重非线性（材料非线性和几何非线性）问题。

首先，用虚位移原理建立有限元平衡方程组。用列阵 $\boldsymbol{\psi}$ 表示每个节点广义内力和广义外力矢量的和，根据虚位移原理，外力因虚位移所做的功等于结构因虚应变而产生的应变能，所以有

$$d\boldsymbol{\delta}^T \boldsymbol{\psi} = \int d\boldsymbol{\varepsilon}^T \boldsymbol{\sigma} dV - d\boldsymbol{\delta}^T \boldsymbol{P} = 0$$

式中，$d\boldsymbol{\delta}$ 为虚位移；$d\boldsymbol{\varepsilon}$ 为虚应变；$\boldsymbol{P}$ 为载荷列阵。

再用应变的增量形式写出位移和应变的关系

$$d\boldsymbol{\varepsilon} = \overline{\boldsymbol{B}} d\boldsymbol{\delta} \tag{2-142}$$

利用式（2-142）消去 $d\boldsymbol{\delta}^T$，得到非线性问题的平衡方程组如下

$$\boldsymbol{\psi}(\boldsymbol{\delta}) = \int \overline{\boldsymbol{B}}^T \boldsymbol{\sigma} dV - \boldsymbol{P} = 0 \tag{2-143}$$

不论是大位移问题还是小位移问题，式（2-143）都是适用的。

在大位移情况下，应变-位移关系是非线性的，矩阵 $\overline{\boldsymbol{B}}$ 是 $\boldsymbol{\delta}$ 的函数。为了运算方便起见，可以写成

$$\overline{\boldsymbol{B}} = \boldsymbol{B}_0 + \boldsymbol{B}_L \tag{2-144}$$

式中，$\boldsymbol{B}_0$ 为线性应变分析的矩阵项，与 $\boldsymbol{\delta}$ 无关；$\boldsymbol{B}_L$ 为由非线性变形引起的，与 $\boldsymbol{\delta}$ 有关，通常 $\boldsymbol{B}_L$ 是 $\boldsymbol{\delta}$ 的线性函数。

在大多数情况下，尽管位移很大，结构的应变并不大，应力-应变关系还是线性弹性关系，因此有

$$\boldsymbol{\sigma} = \boldsymbol{D}\boldsymbol{\varepsilon} \tag{2-145}$$

式中，$\boldsymbol{D}$ 为材料的弹性矩阵。

如果应变比较大，已属于非线性应力-应变关系，则属于弹塑性问题。

通常用牛顿-拉夫逊方法求解式（2-143），因此，需建立 $d\boldsymbol{\sigma}$ 和 $d\boldsymbol{\psi}$ 之间的关系，由式（2-144）取 $\boldsymbol{\psi}$ 的微分，得到

$$d\boldsymbol{\psi} = \int d\overline{\boldsymbol{B}}^T \boldsymbol{\sigma} dV + \int \overline{\boldsymbol{B}}^T d\boldsymbol{\sigma} dV \tag{2-146}$$

又

$$d\boldsymbol{\sigma} = \boldsymbol{D} d\boldsymbol{\varepsilon} = \overline{\boldsymbol{D}\boldsymbol{B}} d\boldsymbol{\delta}$$
$$d\overline{\boldsymbol{B}} = d\boldsymbol{B}_L$$

代入式（2-146），得到

$$d\boldsymbol{\psi} = \int d\overline{\boldsymbol{B}}^T \boldsymbol{\sigma} dV + \overline{\boldsymbol{K}} d\boldsymbol{\delta} \tag{2-147}$$

式中

$$\overline{K} = \int \overline{B}^T D \overline{B} dV = \int (B_0 + B_L)^T D(B_0 + B_L) dV = K_0 + K_L \tag{2-148}$$

$$K_0 = \int B_0^T D B_0 dV \tag{2-149}$$

$$K_L = \int (B_0^T D B_L + B_L^T D B_L + B_L^T D B_0) dV \tag{2-150}$$

式中，K_0 为小位移的线性刚度矩阵；K_L 为初始位移矩阵或大位移矩阵。

式（2-147）右边第 1 项可写成如下形式

$$\int d\overline{B}^T \sigma dV = K_\sigma d\delta \tag{2-151}$$

式中，K_σ 为关于应力 σ 的对称矩阵，称为初应力矩阵或几何刚度矩阵。

于是，式（2-147）可以写成

$$d\psi = (K_0 + K_\sigma + K_L) d\delta = K_T d\delta \tag{2-152}$$

其中，$K_T = K_0 + K_\sigma + K_L$，为切线刚度矩阵。

2.4 本章小结

有限单元法分析的步骤一般为：①网格划分；②选择一种协调的位移模式表示单元任一点的位移，求出广义坐标和形函数；③求出应变矩阵、应力矩阵、单元刚度矩阵、整体刚度矩阵，其中刚度矩阵的求解最为关键；④利用能量原理求出等效节点载荷，列出总体平衡方程，求出节点位移；⑤进行其他量的分析。

平面问题分平面应力问题和平面应变问题两类。有限元分析中的有关量只是两个坐标的函数。平面应力问题一般指很薄的均匀薄板，只在板边上受有平行于板面并且不沿厚度变化的面力，同时，体力也平行于板面并且不沿厚度变化，不为零的应力分量为薄板平面内的应力。平面应变问题一般指厚板外缘或较长柱形体的柱面上受有平行于横截面而且不沿长度变化的面力，同时，体力也平行于横截面且不沿长度变化。不为零的应变分量为截面内的应变。

轴对称问题同平面问题的根本区别在于前者单元为圆环，后者为平板；前者节点力和载荷对整个圆周进行考虑，后者只考虑板边受力。

为了减少单元数量，提高单元与实际边界的逼近程度，提高计算精度，减小计算量，对一般由直线或平面围成的母单元进行等参数变换得到等参单元。这样构造的单元具有双重特性：作为实际单元，其几何特性、受力情况、力学性能都来自真实结构，充分反映了它的属性；作为基本单元，其形状规则，便于计算与分析。

虚位移原理和最小势能原理是单元分析和整体分析的理论基础。虚位移原理表明，如果在虚位移发生之前，物体处于平衡状态，那么在虚位移发生时，外力所做虚功等于物体的虚应变能。虚位移原理不但适用于线性材料，也适用于非线性材料。最小势能原理指在所有满足边界条件的协调（连续）位移中，那些满足平衡条件的位移使物体势能取驻值。对于线性弹性体，势能取最小值。最小势能原理是变分原理在材料力学中的应用，即里兹（Ritz）法，是有限单元法的核心理论基础之一。

动力学问题要考虑结构的质量和阻尼。质量矩阵有协调质量矩阵和集中质量矩阵两种，复杂的结构采用前者。通常是根据实测资料，由振动过程中结构整体的能量消耗来决定阻尼的近似值,因此不是计算单元阻尼矩阵,而是直接计算结构的整体阻尼矩阵,一般采用瑞利(Rayleigh)阻尼,与质量矩阵和刚度矩阵呈线性关系。对于每个自振频率,可确定一组各节点的振幅值,它们互相之间应保持固定的比值,但绝对值可任意变化,它们构成一个向量,称为特征向量,即振型。常用的求解结构受迫振动的方法有振型叠加法和直接积分法。

对结构非线性问题的有限单元法,是许多子步的反复迭代,每个子步的具体过程同结构线性问题的有限单元法:单元分析、整体组集、非线性方程组的求解。本书主要针对塑性和大位移问题有限单元法进行了阐述。材料的塑性主要采用理想弹塑性模型、理想刚塑性模型、线性强化弹塑性模型、线性强化刚塑性模型等几种简化模型;常用的屈服准则有特雷斯卡屈服准则、米塞斯屈服准则、德鲁克-普拉格屈服准则等几种;强化模型有各向同性强化模型、随动强化模型和混合强化模型三种。以沥青路面为例说明了粘弹塑性材料结构的有限单元法。大变形问题的重点在切线刚度矩阵的求解,其由线性刚度矩阵、初始位移矩阵(或大位移矩阵)和初应力矩阵(或几何刚度矩阵)三部分组成。

2.5 思考与练习

1. 概念题

1)平面应力问题与平面应变问题的区别是什么?
2)轴对称问题有什么特征?它和平面问题的主要区别是什么?
3)什么是等参数单元?
4)介绍虚位移原理和最小势能原理。
5)什么是结构的振型?
6)说明几种材料简化模型的特点。
7)说明强化、强化条件、强化面(加载面)的定义是什么?

2. 计算操作题

1)轴对称问题中三角形单元 ijm 面积为 A,平均半径为 r,密度为 ρ,求重力在节点产生的节点载荷。

2)如图 2-20 所示的直角三角形单元,设泊松比 $\mu = 1/4$,弹性模量为 E,厚度为 t,求形函数矩阵 N、应变矩阵 B、应力矩阵 S 与单元刚度矩阵 K^e。

3)正方形薄板的受力与约束如图 2-21 所示,划分为两个三角形单元,泊松比 $\mu = 1/4$,板厚为 t,求各节点的位移与应力。

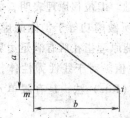

图 2-20 直角三角形单元

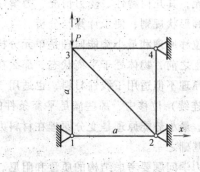

图 2-21 正方形薄板

4）两个轴对称等边直角三角形单元，形状、大小、方位都相同，位置如图 2-22 所示，弹性模量为 E，泊松比 $\mu = 0.15$，试分别计算它们的单元刚度矩阵。

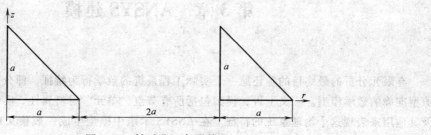

图 2-22 轴对称三角形单元

第3章 ANSYS 建模

有限元分析的最终目的是还原一个实际工程系统的数学行为特征，即分析必须针对一个物理原型准确的数学模型。广义上讲，模型包括所有节点、单元、材料属性、实常数、边界条件，以及其他用来表现这个物理系统的特征。在 ANSYS 术语中模型生成一般狭义地指用节点和单元表示的空间体域及与实际系统连接的生成过程。本书讨论的模型生成指模型的节点和单元的几何造型、材料属性、实常数及网格划分。

【本章重点】
- 生成模型的步骤。
- 坐标系和工作平面的使用。
- 复杂实体的造型方法。
- 自底向上（自下而上）建模和自顶向下（自上而下）建模操作。

3.1 建模基础

在 ANSYS 前处理模块，通过灵活使用自顶而下或自底而上两种建模方法，能完成非常复杂的实体造型，然后进行网格划分。也可以简单地从其他 CAD 软件读入早已创建好的实体模型。

3.1.1 模型生成

ANSYS 本身提供了强大的实体几何建模功能，可以像一般的 CAD 软件一样创建几何模型，也可以输入在计算机辅助设计（CAD）系统创建的模型。生成模型的典型步骤如下：

1) 确定分析目标及模型的基本形式，选择合适的单元类型并考虑如何建立适当的网格密度。
2) 进入前处理（PREP7）。
3) 建立工作平面。
4) 激活适当的坐标系。
5) 用自底向上或自顶向下的方法生成实体。
6) 用布尔运算或编号控制适当地连接各个独立的实体模型域。
7) 生成单元属性表（单元类型、实常数、材料属性和单元坐标系），设置单元属性指针。
8) 设置网格划分控制以建立需要的网格密度。若需用自动网格划分功能，应退出前处理后激活自适应网格划分。
9) 通过划分实体模型的网格生成节点和单元。
10) 在生成节点和单元后定义面与面的接触单元、自由度耦合及约束方程等。
11) 保存模型数据为 Jobname.DB。
12) 退出前处理。

3.1.2 坐标系统

ANSYS 有以下几种类型的坐标系统。

1. 全局坐标系

用户定义一个节点或关键点时，系统默认为全局笛卡儿坐标系。全局坐标系即绝对坐标参考系，包括笛卡儿坐标系、柱坐标系及球坐标系，它们都遵从右手准则。在全局坐标系中，用户可在空间用坐标定位几何项（如节点和关键点等）。

2. 局部坐标系

可以通过下列方式建立各种局部坐标系。

1）在全局笛卡儿坐标系中确立局部坐标系。

GUI：Utility Menu > Work Plane > Local Coordinate Systems > Create Local CS > At Specified Loc。

命令：LOCAL。

2）在已存在的节点上建立局部坐标系。

GUI：Utility Menu > Work Plane > Local Coordinate Systems > Create Local CS > By 3 Nodes。

命令：CS。

3）在已经存在的关键点上建立局部坐标系。

GUI：Utility Menu > Work Plane > Local Coordinate Systems > Create Local CS > By 3 Keypoints。

命令：CSKP。

4）在目前的工作平面的中心原点建立局部坐标系。

GUI：Utility Menu > Work Plane > Local Coordinate Systems > Create Local CS > At WP Origin。

命令：CSWPLA。

5）在当前活动坐标系中建立局部坐标系（无对应的 GUI 命令）。

命令：CLOCAL。

确定的局部坐标系成为当前活动坐标系。建立一个局部坐标系后，其 CS 识别值一定被赋值为 11 或更大的一个数值。可以通过执行以下命令删除局部坐标系。

GUI：Utility Menu > Work Plane > Local Coordinate Systems > Delete Local CS。

命令：CSDELE。

还可以通过执行以下命令查看全局或局部坐标系的状态。

GUI：Utility Menu > List > Other > Local Coord Sys。

命令：CSLIST。

在局部坐标系中，用户也可在空间用坐标定位几何项（如节点和关键点等）。

3. 活动坐标系

某个时刻只有一个坐标系起作用，称为活动坐标系。默认模式下笛卡儿坐标系为活动坐标系，用户定义的一个新的局部坐标系自动成为活动坐标系。如果需要激活全局坐标系或某个局部坐标系时，则通过执行如下命令。

GUI：Utility Menu > Work Plane > Change Active CS to > Global Cartesian。

　　 Utility Menu > Work Plane > Change Active CS to > Global Cylindrical。

　　 Utility Menu > Work Plane > Change Active CS to > Global Spherical。

　　 Utility Menu > Work Plane > Change Active CS to > Specified Coord Sys。

　　 Utility Menu > Work Plane > Change Active CS to > Working Plane。

命令：CSYS。

4. 显示坐标系

决定列出和显示几何项的坐标系，称为显示坐标系。可以通过执行以下命令改变显示坐标系统。

  GUI：Utility Menu > Work Plane > Change Display CS to > Global Cartesian。
     Utility Menu > Work Plane > Change Display CS to > Global Cylindrical。
     Utility Menu > Work Plane > Change Display CS to > Global Spherical。
     Utility Menu > Work Plane > Change Display CS to > Specified Coord Sys。
  命令：DSYS。

  改变显示坐标系将影响图形显示，除非要求特殊的图形显示；否则必须在执行任何图形显示命令（如 NPLOT 或 EPLOT 等）前重新设置显示坐标系为全局笛卡儿坐标系。

5. 节点坐标系

  全局或局部坐标系确定几何项的位置，节点坐标系确定各节点的自由度方向及节点计算结果的定位。每个节点都有其自己的节点坐标系，默认方式下，其平行于全局笛卡儿坐标系（忽略定义节点所在的活动坐标系）。可以通过下列方法在任一节点旋转节点坐标系直到满足所需的方位。

  1）旋转节点坐标系到当前活动坐标系。
  GUI：Main Menu > Preprocessor > Modeling > Create > Nodes > Rotate Node CS > To Active CS。
     Main Menu > Preprocessor > Modeling > Move/Modify > Rotate Node CS > To Active CS。
  命令：NROTAT。

  2）通过命令 N 在生成一个节点时定义旋转角或通过命令 NMODIF 指定旋转角。
  GUI：Main Menu > Preprocessor > Modeling > Create > Nodes > In Active CS。
  命令：N。
  GUI：Main Menu > Preprocessor > Modeling > Create > Nodes > Rotate Node CS > By Angles。
     Main Menu > Preprocessor > Modeling > Move/Modify > Rotate Node CS > By Angles。
  命令：NMODIF。

  3）通过方向余弦分量旋转坐标系。
  GUI：Main Menu > Preprocessor > Modeling > Create > Nodes > Rotate Node CS > By Vectors。
     Main Menu > Preprocessor > Modeling > Move/Modify > Rotate Node CS > By Vectors。
  命令：NANG。

  还可以通过执行以下命令列出节点坐标系的旋转角（相对于全局笛卡儿坐标系）。
  GUI：Utility Menu > List > Nodes。
     Utility Menu > List > Picked Entities > Nodes。
  命令：NLIST。

6. 单元坐标系

  单元坐标系用来定位材料特性及单元计算结果数据，每个单元施加的载荷及计算结果（如应力、应变等）方向满足右手准则。大多数的单元坐标系默认方位都符合下列模式：

  1）线单元的 X 轴指向通常为从节点 I 到节点 J。
  2）壳单元的 X 轴指向为节点 I 到节点 J，Z 轴指向为壳单元表面的法向（满足右手准则），Y 轴指向垂直 XZ 平面。
  3）对于 2D 和 3D 实体单元，单元坐标系通常平行于全局笛卡儿坐标系。

  多种单元类型有关键点选项（KEYOPTS），允许用户改变默认的单元坐标系的方位。对于面或体单元，也可通过执行以下命令改变单元坐标系的方位。

GUI：Main Menu > Preprocessor > Meshing > Mesh Attributes > Default Attribs。

Main Menu > Preprocessor > Modeling > Create > Elements > Elem Attributes。

命令：ESYS。

如果同时指定 KEYOPTS 和 ESYS，则忽略 ESYS。

7. 结果坐标系

结果坐标系用来转换节点或单元的计算结果数据到一个特殊的坐标系中，以进行显示或一般的后处理操作。结果数据为求解过程中计算的数据，包括位移、梯度、应力和应变等。这些数据保存在数据库和结果文件中，坐标系为节点或单元坐标系。结果数据通常转换为活动结果坐标系（默认方式为全局笛卡儿坐标系）显示、列表和单元表格数据的保存（ETABLE 命令）。

可以改变当前结果坐标系为其他坐标系（如全局或局部坐标系），或求解过程中使用的坐标系（节点或单元坐标系）。如果在后续过程中显示和操作这些结果数据，则结果坐标系首先被转换。可以通过执行以下命令改变结果坐标系。

GUI：Main Menu > General Postproc > Options for Output。

命令：RSYS。

3.1.3 工作平面

光标在屏幕上是一个点，在空间实际上代表一条直线。为了用光标拾取一个点，必须要有一个假想的平面与该直线相交，这样才能唯一地确定空间中的一个点，该平面即为工作平面。由于光标在平面上可任意移动，因此工作平面如同在上面写字的平板一样。

工作平面是一个无限大的平面，也有原点、2D 坐标系、捕捉增量和显示栅格。在同一时刻只能定义一个工作平面（即定义一个新的工作平面时删除已有工作平面），工作平面与坐标系无关，是独立的，如工作平面与激活的坐标系可以有不同的原点和旋转方向。

进入 ANSYS 后，系统有一个默认的工作平面，即总体笛卡儿坐标系（也称为直角坐标系）的 XY 平面，工作平面的 WX、WY 轴分别取为总体笛卡儿坐标系的 X 轴与 Y 轴。

1. 使用工作平面

用户可以通过下列 5 种方法之一定义一个新的工作平面。

1）由 3 点定义一个工作平面，命令如下：

GUI：Utility Menu > Work Plane > Align WP with > XYZ Locations。

命令：WPLANE。

2）由 3 个节点定义一个工作平面，命令如下：

GUI：Utility Menu > Work Plane > Align WP with > Nodes。

命令：NWPLAN。

3）由 3 个关键点定义一个工作平面，命令如下：

GUI：Utility Menu > Work Plane > Align WP with > Keypoints。

命令：KWPLAN。

4）由经过一指定线上的点与视平面定义一个工作平面，命令如下：

GUI：Utility Menu > Work Plane > Align WP with > Plane Normal to Line。

命令：LWPLAN。

5）通过现有坐标系的 XY 平面来定义工作平面，命令如下：

GUI：Utility Menu > Work Plane > Align WP with > Active Coord Sys。

Uility Menu > Work Plane > Align WP with > Global Cartesian。
Utility Menu > Work Plane > Align WP with > Specified Coord Sys。

命令：WPCSYS。

显示工作平面及其状态的命令为：

GUI：Utility Menu > Work Plane > Display Working Plane。

命令：WPSTYL。

获得工作平面状态（即位置、方向和增量）的命令为：

GUI：Utility Menu > List > Status > Working Plane。

命令：STAT。

2. 移动工作平面

用户可以利用下列 4 种方法之一来平移工作平面到一个新的原点。

1）移动工作平面原点到关键点位置，命令如下：

GUI：Utility Menu > Work Plane > Offset WP to > Keypoints。

命令：KWPAVE。

2）移动工作平面原点到节点位置，命令如下：

GUI：Utility Menu > Work Plane > Offset WP to > Nodes。

命令：NWPAVE。

3）移动工作平面原点到指定点位置，命令如下：

GUI：Utility Menu > Work Plane > Offset WP to > Global Origin。
Utility Menu > Work Plane > Offset WP to > Origin of Active CS。
Utility Menu > Work Plane > Offset WP to > XYZ Locations。

命令：WPAVE。

4）平移工作平面一定的增量，命令如下：

GUI：Utility Menu > Work Plane > Offset WP by Increments。

命令：WPOFFS。

3. 旋转工作平面

在平面内同时旋转工作平面的 X 和 R 坐标轴或旋转整个工作平面到新的位置（如果不清楚旋转角度，可以重新定义一个新的工作平面更简单）。旋转工作平面的命令如下：

GUI：Utility Menu > Work Plane > Offset WP by Increments。

命令：WPROTA。

4. 增强工作平面

用 WPSTYL 命令或 GUI 方法可增强工作平面的功能，使其具有捕捉增量、显示栅格、恢复容差和坐标类型功能。然后可迫使用户坐标系随工作平面移动，命令如下：

GUI：Utility Menu > Work Plane > Change Active CS to > Global Cartesian。
Utility Menu > Work Plane > Change Active CS to > Global Cylindrical。
Utility Menu > Work Plane > Change Active CS to > Global Spherical。
Utility Menu > Work Plane > Change Active CS to > Specified Coordinate Sys。
Utility Menu > Work Plane > Change Active CS to > Working Plane。
Utility Menu > Work Plane > Offset WP to > Global Origin。

命令：CSYS。

3.1.4 实体模型

有自底向上建模和自顶向下建模两种方法。

1. 自底向上（自下而上）建模

首先定义关键点，然后利用关键点定义较高级的实体图元（即线、面和体）。同时，自底向上构造的有限元模型在当前激活的坐标系内定义。点、线、面和体间的关系为顶点为关键点、边为线、表面为面，而整个物体内部为体。这些图元的层次关系是最高级的图元体以面为边界，面以线为边界，线以关键点为端点。

2. 自顶向下（自上而下）建模

生成一种体素时，ANSYS 自动生成所有从属于该体素的较低级图元，这种开始就从较高级的实体图元构造模型的方法即为自顶向下的建模方法。

自底向上和自顶向下的建模技术可自由组合，因此对同一个模型，不同用户的建模过程可能不同。注意几何体素在工作平面内创建，自底向上方法在当前激活的坐标系中建模。

3.1.5 有限元模型

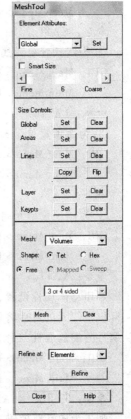

有限元模型的主要要素是节点、单元、实常数、材料的属性、边界条件和载荷，该模型由简单的单元组成，单元间通过节点连接并承受一定的载荷。节点的自由度个数与所求解的物理模型有关。单元分为点单元、线单元、面单元和体单元。建立实体模型后，定义单元属性（单元类型、实常数和材料属性）及网格控制（控制网格密度），然后生成网格，为施加边界条件、载荷和求解作好准备。

1. 划分网格的工具栏

执行下列命令打开图 3-1 所示的划分网格工具栏。

GUI：Main Menu > Preprocessor > Meshing > Mesh Tool。

使用该工具栏中可执行的操作包括控制 Smart Size 水平、设置单元尺寸控制和单元形状、指定网格划分类型（自由或映射）、对实体模型图元划分网格，以及清除和细化网格等。

2. 单元属性

单元属性指划分网格前需要指定的分析对象的特征，主要包括如下 3 个方面。

（1）单元类型（Element Type） ANSYS 单元库中有 100 多种单元类型，要根据分析问题的物理性质选择单元，单元一旦选定，则分析问题的物理环境随之确定。定义单元类型的命令如下：

GUI：Main Menu > Preprocessor > Element Type > Add/Edit/Delete。

命令：ET。

图 3-1　划分网格工具栏

（2）实常数（Real Constants） 实常数指某一单元的补充几何特征，如壳单元的厚度、梁的横截面积和惯性矩等，设置实常数的命令如下：

GUI：Main Menu > Preprocessor > Real Constants。

命令：R。

(3) 材料属性（Material Attributes） 在所有分析中都要输入材料属性，材料属性根据分析问题的物理环境不同而不同。如在结构分析中必须输入材料的弹性模量及泊松比，在热分析中必须输入热导率等。如果在分析中要考虑重力和惯性力，则必须要输入材料的密度等。定义材料属性的命令如下：

GUI：Main Menu > Preprocessor > Material Props > Material Models。

命令：MP 和 TB。

为方便用户输入材料属性，ANSYS 定义了 100 多种材料模型，只要按照模型格式输入相关数据即可。由于除磁场分析外，在输入数据时用户不需要指示 ANSYS 所用单位，因此要注意单位，确保所有输入值的单位保持统一。单位影响输入的实体模型尺寸、材料属性、实常数及载荷等。

生成节点和单元网格前，用户必须定义合适的单元属性。建立属性表后即可通过指向表中合适的项目为模型的不同部分分配单元属性，方法如下：

① 为关键点预置单元属性，命令如下：

GUI：Main Menu > Preprocessor > Meshing > Mesh Attributes > All Keypoints。
　　　Main Menu > Preprocessor > Meshing > Mesh Attributes > Picked KPs。

命令：KATT。

② 为线预置单元属性，命令如下：

GUI：Main Menu > Preprocessor > Meshing > Mesh Attributes > All Lines。
　　　Main Menu > Preprocessor > Meshing > Mesh Attributes > Picked Lines。

命令：LATT。

③ 为面预置单元属性，命令如下：

GUI：Main Menu > Preprocessor > Meshing > Mesh Attributes > All Areas。
　　　Main Menu > Preprocessor > Meshing > Mesh Attributes > Picked Areas。

命令：AATT。

④ 为体预置单元属性，命令如下：

GUI：Main Menu > Preprocessor > Meshing > Mesh Attributes > All Volumes。
　　　Main Menu > Preprocessor > Meshing > Mesh Attributes > Picked Volumes。

命令：VATT。

利用总体属性设置，在生成模型时系统将从列表中给实体模型和单元分配属性，直接分配给实际模型图元的属性将取代默认的属性。清除实体模型图元的节点和单元时，也删除任何通过默认属性分配的属性，命令如下：

GUI：Main Menu > Preprocessor > Meshing > Mesh Attributes > Default Attribs。
　　　Main Menu > Preprocessor > Modeling > Create > Elements > Elem Attributes。

命令：TYPE、REAL、MAT、ESYS 和 SECNUM。

如果为属性赋值错误或将模型从一个分析环境转换到另一个分析环境，需要修改定义的单元属性，方法如下：用网格清除命令清除网格，然后用与属性相关的命令，诸如 TYPE 或 REAL 等命令重新设置。如果网格本身是可接受的，则不要使用这种方法。选择要修改的单元后重新设置属性，命令如下：

GUI：Main Menu > Preprocessor > Modeling > Move/Modify > Element > Modify Attrib。

命令：EMODIF。

上述命令不影响相应的实体模型属性，但也不显示任何警告信息，所以必须小心，否则会产生一些意想不到的结果。修改在属性表中的图元属性，但必须要在网格划分后和进入 SOLUTION 前。如果 REAL 和 MAT 设置中包含不能修改的项目，则显示一个警告。

3. 划分密度

网格划分密度过于粗糙，结果可能包含严重的错误；过于细致，将花费过多的计算时间，浪费计算机资源，而且可能导致不能运行，因此在生成模型前应考虑网格密度问题。为合理划分有限元分析中的网格，可求助以下技术：

1）利用自适应网格划分产生可满足能量误差估计准确的网格（只适用于线性结构静力或稳态热问题，可接受的误差水平依据用户的分析要求），自适应网格划分需要实体建模。

2）与先前独立得出的试验分析或已知解析解相比较，对已知和算得结果偏差过大处进行网格细化。对所有四面体组成的面或体网格可用 NREFINE、EREFINE、KREFINE、LREFINE 和 AREFINE 或 Main Menu > Preprocessor > Meshing > Modify Mesh > Refine At 命令进行局部网格细化。

3）执行一个认为是合理网格划分的初始分析，然后在危险区域利用两倍多网格重新分析并比较结果。如果近似，则网格足够；否则应继续细化网格。

4）如果细化网格测试显示只有模型的一部分需要更细的网格，可以对模型进行子建模以放大危险区域。

4. 划分方法

（1）自由网格划分　自由网格划分无单元形状限制，网格也不遵循任何模式，适合于复杂形状的面和体网格划分。自由网格划分生成的单元尺寸依赖于 DESIZE、ESIZE、KESIZE 和 LESIZE 的当前设置，如果 Smart Size 打开，则由 SMARTSIZE 及 ESIZE、KESIZE 和 LESIZE 决定。所有的网格划分均由 Main Menu > Preprocessor > Meshing > MeshTool 或 Main Menu > Preprocessor > Meshing > Size Cntrls 命令生成。

（2）映射网格划分　映射网格划分要求面或体形状规则，即必须要满足一定准则，并且生成的单元尺寸依赖于当前 DESIZE、ESIZE、KESIZE、LESIZE 和 AESIZE 的设置。

1）面接受映射网格划分时，必须满足下列条件：

① 面必须是 3 条边或 4 条边。

② 面的对边必须划分为相同数目的单元。

③ 面如有 3 条边，则划分的单元必须为偶数且各边单元数相等。

④ 网格划分必须设置为映射网格，结果得到全部四边形单元或三角形单元的映射网格，依赖于当前单元类型和单元形状的设置。

⑤ 如果需要生成映射三角形网格，则默认为以系统所用模式生成三角形单元网格。

2）将体映射网格划分为六面体时必须要满足下列条件：

① 该体的外形应为块状（即有 6 个面）、楔形或棱柱（5 个面）或四面体。

② 体的对边必须划分相同的单元数或分割符合过渡网格形式适合于六面体网格划分。

③ 如果体是棱柱或四面体，三角形面上的单元分割数必须是偶数。

组成体的面数超过上述条件限制时，需减少面数以进行映射网格划分，可以对面进行加或连接操作。如果连接面有边界线，则线必须连接在一起，必须连接面后连接线。

（3）体扫掠　可从一界面网格扫掠贯穿整个体（该体必须存在且未划分网格）生成体单元。如果源面网格由四边形网格组成，则生成六面体单元；如果面由三角形网格组成，则生成楔形单元；如果面由三角形和四边形单元组成，则体由楔形和六面体单元共同填充。扫掠的网格与体密切相关,结果为体扫掠网格。

3.2 建立复杂有限元模型

ANSYS 软件虽然本身具有建模功能,但它的功能还不够强大,因此,设置了与多种 CAD 软件如 Pro/E、UG、AutoCAD 等的数据交换接口。通过这个接口,可以把模型直接传入 ANSYS 中,然后进行网格划分、加载求解等过程,此种方法适用于一些复杂的三维实体模型,在 ANSYS 软件中不容易构建成功的情况下。下面以实例说明用 UG 和 Pro/E 建构 ANSYS 复杂模型的方法。

UG 是美国 EDS 公司开发的著名的 3D 产品开发软件,由于其强大的功能,已逐渐成为当今世界最为流行的 CAD/CAM/CAE 软件之一,广泛应用于通用机械、模具、家电、汽车及航空航天领域。UG 下的模型传入 ANSYS 的方法为:在 UG 下对复杂对象建模,导出为 ".prt" 文件,然后从 ANSYS 文件菜单中导入。

Pro/E 是美国 PTC 公司开发的大型 CAD/CAE/CAM 软件,它具有强大的建模功能,尤其是对一些曲面较复杂的模型。下面介绍怎样将 Pro/E 的模型传入 ANSYS 中。

1. 第一种方法

将在 Pro/E 中画好的模型导出为 IGES 格式,即 File > Export > Model,选择 IGES,从 ANSYS 中导入 IGES 格式,即 Import > IGES。选择刚刚保存好的 IGES 文件打开即把 Pro/E 模型调入了 ANSYS,然后进行网格划分,就得到了 ANSYS 有限元模型。

2. 第二种方法

首先要把两种软件连接起来,一般来说,Pro/E 和 ANSYS Workbench 的连接操作过程如下:

1)在同机的同一操作系统下安装 Pro/E 和 ANSYS 两种软件。

2)保证上述两种软件的版本兼容,Pro/E 的版本不得高于同期的 ANSYS 的版本。执行开始 > 程序 > ANSYS14.0 > Utilities > CAD Configuration Manager 14.0,出现 "ANSYS CAD Configuration Manager 14.0" 对话框,如图 3-2 所示,单击 "CAD Selection" 标签,然后选中 "Workbench and ANSYS Geometry Interfaces" 复选框,在该标签页右面选中 "Creo Parametric(Pro/Engineer)" 复选框中的 "Workbench Associative Interface" 单选按钮,如图 3-3 所示;单击 "Creo Parametric" 标签,给出 "Creo Parametric Installation Location" 和 "Creo Parametric Start Command",选择 Creo Parametric 的安装目录,如图 3-4 所示,单击 "CAD Configuration" 标签,然后单击 "Configure Selected CAD Interfaces" 按钮,如图 3-5 所示关联与配置到此完成。

3)运行 Pro/E 并进行 config.pro 配置,见表 3-1。创建一个新零件,在菜单栏下出现 "ANSYS 14.0" 菜单,此时单击 "Workbench" 菜单,Pro/E 会自动开启 ANSYS Workbench 程序。

4)在 ANSYS Workbench 中会自动把该 ".prt" 文件调入。

表 3-1 config.pro 配置

名 称	值	名 称	值
fem_ansys_annotations	Yes	fem_which_ansys_solver	Frontal
fem_ansys_grouping	Yes	fem_ansys_annotations	Yes
fem_default_solver	Ansys	pro_ansys_path	路径名

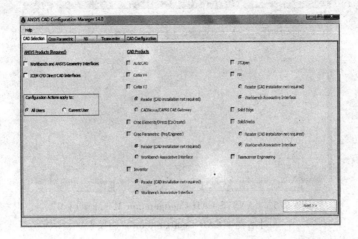

图 3-2 "ANSYS CAD Configuration Manager 14.0" 对话框

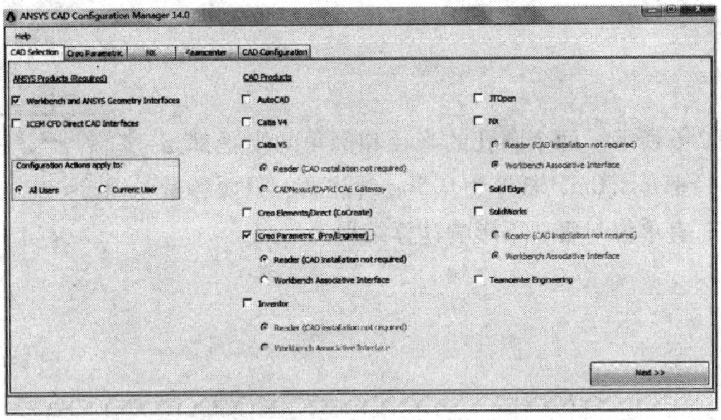

图 3-3 "ANSYS CAD Configuration Manager 14.0" 对话框 "CAD Selection" 选项卡

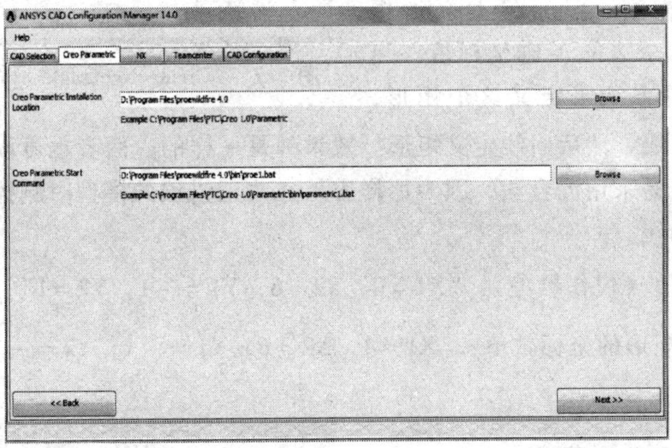

图 3-4 "ANSYS CAD Configuration Manager 14.0" 对话框 "Creo Parametric" 选项卡

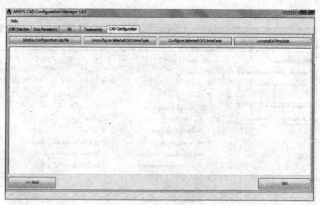

图 3-5 "ANSYS CAD Configuration Manager 14.0"
对话框 "CAD Configuration" 选项卡

3.3 连接板建模实例

问题描述

连接板模型如图 3-6 所示。两个圆孔的半径和倒角的半径都是 0.4m，两个半圆的半径都是 1.0m，板厚为 0.5m。（注意：只要各量采用统一的单位制度，有单位与否，不影响计算结果。）

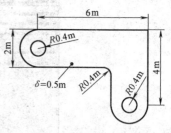

图 3-6 连接板模型

操作步骤

1. 创建矩形

1) 执行 Main Menu > Preprocessor > Modeling > Create > Areas > Rectangle > By Dimensions 命令，弹出 "Create Rectangle by Dimensions" 对话框，如图 3-7 所示。

其中，X1、X2 是矩形相对于原点坐标左右两个边的 X 轴坐标值，Y1、Y2 是矩形相对于原点坐标上下两个边的 Y 轴坐标值。当然，也可以通过别的方法来定义这个矩形，

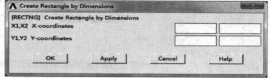

图 3-7 "Create Rectangle by Dimensions" 对话框

例如先创建关键点、线，然后由线定义矩形。效果都是一样的，两者也可以混合起来建模。建议不到万不得已不要轻易采用混合法，因为那样容易在改正错误的模型时删掉线、面，但是没有删掉线上的点或面上的线。

2) 输入如下数值（仅作参考）："X1 = 0，X2 = 6，Y1 = -1，Y2 = 1"，单击 Apply 按钮。

3) 输入第二个矩形的坐标数值："X1 = 4，X2 = 6，Y1 = -1，Y2 = -3"，单击 OK 按钮关闭该对话框。

2. 改变画法，重画该图形

1) 执行 Utility Menu > Plot Ctrls > Numbering 命令，弹出 "Plot Numbering Controls" 对话框，如图 3-8 所示。

2) 选中 "Area numbers" 后的 "On" 复选框。在 "[/REPLOT] Replot upon OK/Apply?" 下拉列表框中选择 "Replot" 选项,这样 ANSYS 就会自动区分开两个矩形,分别标上不同的颜色并重新画出图形。

3) 保存图形。单击 "ANSYS Toolbar" 工具条(图 3-9)中的 SAVE_DB 按钮。将上述图形保存在 "file.db" 中。建议用 Utility Menu > File > Save as 存为 "connectingplate.db" 文件。

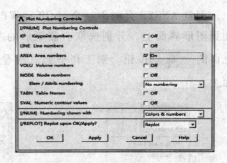

图 3-8 "Plot Numbering Controls" 对话框

图 3-9 "ANSYS Toolbar" 工具条

3. 将工作平面转换到极坐标下,创建半圆

1) 执行 Utility Menu > Plot Ctrls > Pan-Zoom-Rotate 命令。单击有小点的按钮(该按钮的功能是按比例缩小,另一个有大圆点的按钮则是放大功能),将图形缩小,关闭该对话框。或单击图形窗口右边的 🔍 与 🔍 图标调整其大小,或单击其他按钮调整其位置或视角。

2) 执行 Utility Menu > Work Plane > Display Working Plane 命令。需要指出的是,单击该条命令之后,并不会弹出任何窗口,用户所能看到的只是该条命令前面有一个被选中的符号而已。但是执行该命令之后,ANSYS 就会向用户展示工作平面坐标系(Working Plane,它是一个 2D 作图平面,主要用于实体模型的定向和定位)。

3) 执行 Utility Menu > Work Plane > WP Settings 命令。在 Cartesian(笛卡儿坐标)和 Polar(极坐标)中间选择 Polar 作为工作平面,显而易见,这只是为了更方便地创建圆孔,并没有其他含义。

同样在 Grid only、Grid and Triad 和 Triad only 之中选择 Grid and Triad。其中,Grid 是栅格之意,通过展示栅格,用户可以看到工作平面的方向,Triad 是用来确定工作平面的坐标原点,它总是处于原点并随着工作平面的移动而移动。这里选择 Grid and Triad 则是同时使用这两个功能。在 Snap Increment 中设置 "0.05",单击 OK 按钮关闭该对话框。Snap Increment 命令只有在 Enable Snap 激活的情况下才能使用。用户如果想知道关于该选项的具体的说明,直接单击菜单下面的 Help 按钮,获得在线帮助。

"WP Settings" 对话框中的各选项如图 3-10 所示。

4) 执行 Main Menu > Preprocessor > Modeling > Create > Areas > Circle > Solid Circle 命令,创建圆心为 (0,0),半径为 1 的圆。可以用键盘输入,也可以用鼠标移动得到。"Solid Circular Area" 对话框如图 3-11 所示。

5) 单击 OK 按钮关闭该对话框,单击 "ANSYS Toolbar" 上的 SAVE_DB 图标存盘。

4. 创建第二个半圆

1) 执行 Utility Menu > Work Plane > Offset WP to > Keypoints 命令。将鼠标分别移动到第二个矩形的左右两端,选作关键点。单击 OK 按钮离开该对话框。这一步是将原来的工作平面转换一下,其中 "Offset WP to Keypoints" 的含义是将原来工作平面的原点转换到由 "Keypoints" 决定的原点上。执行这一步之后,可以看到原来的 "ANSYS Input" 对话框发生了变化。而且 ANSYS 会弹出一个"Offset WP to Keypoints"对话框，如图 3-12 所示。这时将鼠标移动到图形界面上，分别选取右侧矩形的左右两个点作为关键点（Keypoints）。然后单击图 3-12 上面的 OK 按钮，则工作平面（极坐标）移动到了以所取关键点连线的中点为原点的平面上。

图 3-10　"WP Settings（工作平面设置）"对话框

图 3-11　"Solid Circular Area"对话框

图 3-12　"Offset WP to Keypoints"对话框

2）执行 Main Menu > Preprocessor > Modeling > Create > Areas > Circle > Solid Circle 命令，创建圆心为（0，0），半径为 1 的圆。可以用键盘输入，也可以用鼠标移动得到。单击 OK 关闭该对话框，单击"ANSYS Toolbar"上的 SAVE_DB 图标存盘。

5. 将面积和在一起

执行 Main Menu > Preprocessor > Modeling > Operate > Booleans > Add > Areas 命令，单击 Pick All 按钮将面积和在一起。在上述操作下程序弹出"Add Areas"对话框，如图 3-13 所示。单击 Pick All 按钮之后，图形界面上的图形就融合在一起。

6. 创建补丁面积，并把它们和在一起

1）执行 Utility Menu > Plot Ctrls > Numbering 命令，弹出"Line Numbering"对话框。单击

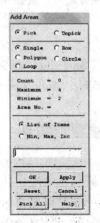
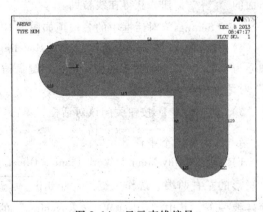

图 3-13　"Add Areas"对话框

图 3-14　显示直线编号

OK 按钮关闭该对话框，如图 3-14 所示。该命令只是让 ANSYS 将图形中的线加以编号，方便以后的操作。

2）执行 Utility Menu > Work Plane > Display Working Plane 命令，用来关闭展示工作平面。

3）执行 Main Menu > Preprocessor > Modeling > Create > Lines > Line Fillet 命令，弹出"Line Fillet"对话框，单击选择 L17 和 L8，便出现图 3-15 所示的"Line Fillet"对话框，将 L17 和 L8 两条线的标号 17、8 输入，并设置半径为"0.4"，单击 OK 按钮关闭该对话框。

图 3-15 "Line Fillet"对话框

4）执行 Utility Menu > Plot > Lines 命令，再执行 Utility Menu > PlotCtrls > Pan Zoom Rotate 命令，单击 Zoom 按钮（该命令用于放大所选择的图元），将鼠标移到要打补丁的区域，按住鼠标左键不放，移动鼠标并再次单击，得到放大的三条线图形，如图 3-16 所示。

5）执行 Main Menu > Preprocessor > Modeling > Create > Areas > Arbitrary > By Lines 命令，用鼠标选择 L1、L4、L5 三条线，单击 OK 按钮关闭对话框。单击"Pan-Zoom-Rotate"上的 Fit 按钮，并关闭对话框。

6）执行 Utility Menu > Plot > Areas 命令，并存盘。

7）执行 Main Menu > Preprocessor > Modeling > Operate > Booleans > Add > Areas 命令，选择 Pick All 按钮，单击 OK 按钮关闭对话框并进行存盘。进行布尔加运算后的结果如图 3-17 所示。

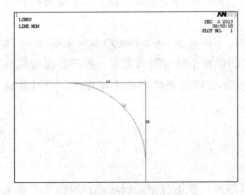

图 3-16 放大的三条线图形

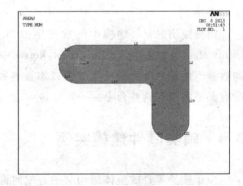

图 3-17 进行布尔加运算后的结果

7. 创建两个小圆孔

1）执行 Utility Menu > Work Plane > Display Working Plane 命令，再执行 Main Menu > Preprocessor > Modeling > Create > Areas > Circle > Solid Circle 命令，与上面所提到的方法相同，创建一个圆心在 (0, 0)，半径为 0.4 的小圆孔。所得图形如图 3-18 所示。

2）执行 Utility Menu > Work Plane > Offset WP to > Global Origin 命令，再执行 Main Menu > Preprocessor > Modeling > Create > Areas > Circle > Solid Circle 命令，创建另一个圆心在 (0, 0)，半径为 0.4 的小圆孔，并关闭对话框。所得图形如图 3-19 所示。

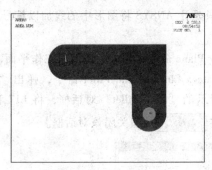
图 3-18 绘制 1 个实心圆

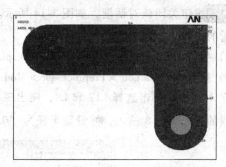
图 3-19 绘制 2 个实心圆

3）执行 Utility Menu > Work Plane > Display Working Plane 命令，再执行 Utility Menu > Plot > Replot 命令。

8. 从支架中减去两个小圆孔，保存文件

执行 Main Menu > Preprocessor > Modeling > Operate > Subtract > Areas 命令，选取支架为基体（base area from which to subtract），单击 Apply 按钮；选取两个小圆孔作为被减去部分（areas to be subtracted），单击 OK 按钮。所得模型图如图 3-20 所示。单击 SAVE_DB 按钮保存文件。

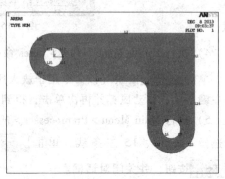
图 3-20 模型图

至此为止，经过 8 个步骤（主要是创建矩形，创建圆孔，创建补丁面积，将所有面积和在一起，创建两个小圆孔并从支架中减去两个小圆孔）建立起来了连接板几何模型，而且在这些步骤中间也顺便介绍了一些其他菜单的使用，如改变画法、重画所建图形以及将工作平面转换到极坐标下等。

需要说明的是，建模中经常使用 Utility Menu > Plot、Utility Menu > Plot Ctrls > Numbering 和 Utility Menu > Plot Ctrls > Pan-Zoom-Rotate 中的有关操作，使整个过程更为直观，但不会改变模型的数据，读者可随意或反复试验以掌握各种技巧。ANSYS 程序的菜单命令无比庞大，不可能也没有必要将所有这些命令一一加以说明。

3.4 轴类零件建模实例

由于轴类零件的整体结构与中心线对称，某些局部结构可能不与中心线对称，但在大多数情况下也与某个截面对称，所以可以考虑下列两种不同的建模方法。

1）用自顶向下的建模方法，即直接采用 3D 体素建模。

2）用自底向上的建模方法，即利用基本面素，采用绕中心线旋转面素或采用面素沿法向拉伸等。

问题描述

图 3-21 所示为某产品上的一根轴，下面将采用不同方法建立其几何实体模型。该轴为加工和安装设置了多个凹槽和凸台，在建模过程中可根据分析问题的性质取舍。特别是纯粹为加工方

便而设置的凹槽和凸台在分析过程中完全可以不考虑。

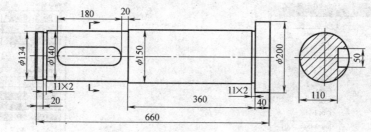

图 3-21　轴零件的 2D 平面示意图

3.4.1　自底向上建模

据轴的对称性，本节利用面体素中的矩形形成一个平面，而后用这个平面绕其中心线进行旋转而生成轴体。

操作步骤

1. 定义工作文件名和工作标题

1）定义工作文件名：执行 Utility Menu > File > Change Jobname 命令，弹出图 3-22 所示的 "Change Jobname" 对话框。输入 "SHAFT1" 并选中 "New log and error files?" 后的 "Yes" 复选框，单击 OK 按钮。

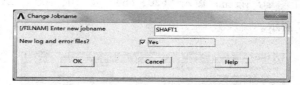

图 3-22　"Change Jobname" 对话框

2）定义工作标题：执行 Utility Menu > File > Change Title 命令，弹出图 3-23 所示的 "Change Title" 对话框。输入 "The Shaft Model"，单击 OK 按钮。

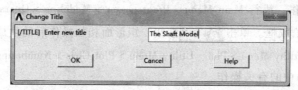

图 3-23　"Change Title" 对话框

3）重新显示：执行 Utility Menu > Plot > Replot 命令。

2. 显示工作平面

1）显示工作平面：执行 Utility Menu > Work Plane > Display Working Plane 命令。

2）关闭三角坐标符号：执行 Utility Menu > Plot Ctrls > Window Controls > Window Options 命令，弹出图 3-24 所示的 "Window Options" 对话框。在 "Location of triad" 下拉列表框中选择 "Not Shown" 选项，单击 OK 按钮。

3）显示工作平面移动和旋转工具栏：执行 Utility Menu > Work Plane > Offset WP by Increments

命令，显示图 3-25 所示的"Offset WP"工具栏，即工作平面移动和旋转工具栏。

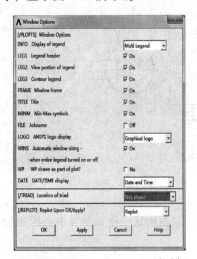

图 3-24 "Window Option" 对话框

图 3-25 "Offset WP" 工具栏

3. 利用矩形面素生成面

1) 生成矩形面：执行 Main Menu > Preprocessor > Modeling > Create > Areas > Rectangle > By Dimensions 命令，弹出图 3-26 所示的 "Create Rectangle by Dimensions" 对话框。在 "X-coordinates" 和 "Y-coordinates" 文本框中分别输入 "0，260" 及 "0，70"，单击 Apply 按钮；输入 "260，620" 及 "0，75"，单击 Apply 按钮；输入 "620，660" 及 "0，100"，单击 OK 按钮，矩形面的生成结果如图 3-27 所示。

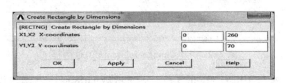

图 3-26 "Create Rectangle by Dimensions" 对话框

2) 矩形面相加操作：执行 Main Menu > Preprocessor > Modeling > Operate > Booleans > Add > Areas 命令，弹出一个拾取框。单击 Pick All 按钮，矩形面相加操作后的生成结果如图 3-28 所示。此时读者可随意试验 Utility Menu > Plot、Utility Menu > Plot Ctrls > Numbering 和 Utility Menu > Plot Ctrls > Pan-Zoom-Rotate 中的有关操作。

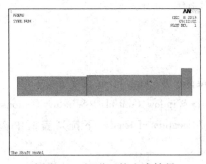

图 3-27 矩形面的生成结果

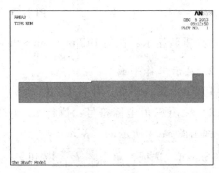

图 3-28 矩形面相加操作后的生成结果

4. 由面绕轴线生成体

1) 面绕轴线操作：执行 Main Menu > Preprocessor > Modeling > Operate > Extrude > Areas > About Axis 命令，弹出一个拾取框。单击 Pick All 按钮，出现第 2 个拾取轴心线两端点的拾取框。分别拾取编号为 1 和 10 的关键点，单击 OK 按钮，弹出图 3-29 所示的"Sweep Areas about Axis"对话框，单击 OK 按钮。

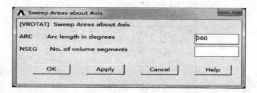

图 3-29 "Sweep Areas about Axis"对话框

2) 显示旋转缩放工具栏：执行 Utility Menu > PlotCtrls > Pan-Zoom-Rotate 命令，弹出图 3-30 所示的"Pan-Zoom-Rotate"工具栏。单击 Iso 按钮，最后生成的实体模型如图 3-31 所示。

3) 保存文件：执行 Utility Menu > File > Save As 命令，弹出"Save As"对话框。在"Save Database to"下拉列表框中输入文件名"Shaft_ Volu. DB"，单击 OK 按钮。将到目前为止的工作存到文件"Shaft_ Volu"中，以后仍然对文件"SHAFTl"操作。

图 3-30 "Pan-Zoom-Rotate"工具栏

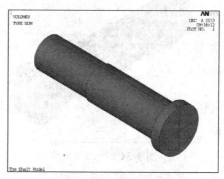

图 3-31 最后生成的实体模型

5. 生成键槽

1) 移动工作平面：在"Offset WP"工具栏中的"X, Y, Z Offset"文本框中输入"85, 0, 40"，按回车键确认。

2) 生成一个圆柱体：执行 Main Menu > Preprocessor > Modeling > Create > Volumes > Cylinder > Solid Cylinder 命令，弹出图 3-32 所示的"Solid Cylinder"对话框。在"Radius"和"Depth"文本框中分别输入"25"及"50"，单击 OK 按钮。

3) 生成一个块：执行 Main Menu > Preprocessor > Modeling > Create > Volumes > Block > By Dimensions 命令，弹出"Create Block by Dimensions"对话框，如图 3-33 所示，在其中输入数据。

4) 移动工作平面：在"Offset WP"工具栏的"X, Y, Z Offset"文本框中输入"130, 0, 0"，按回车键确认。

5) 生成第 2 个圆柱体：操作和生成第 1 个圆柱体一样，生成的实体如图 3-34 所示。

6) 进行减操作：执行 Main Menu > Preprocessor > Modeling > Operate > Booleans > Subtract > Volumes 命令，弹出第 1 个拾取框。拾取编号为 V1 和 V2 的体素，单击 OK 按钮，弹出第 2 个拾取框。分别拾取编号为 V5、V6 和 V7 的体素，单击 OK 按钮。

76 有限元基础理论与 ANSYS14.0 应用

图 3-32 "Solid Cylinder" 对话框

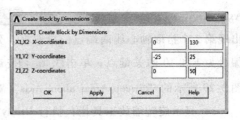

图 3-33 "Create Block by Dimensions" 对话框

7) 体相加操作：执行 Main Menu > Preprocessor > Modeling > Operate > Booleans > Add > Volumes 命令，弹出一个拾取框。单击 Pick All 按钮。

8) 刷新显示：执行 Utility Menu > Plot > Replot 命令，生成结果如图 3-35 所示。

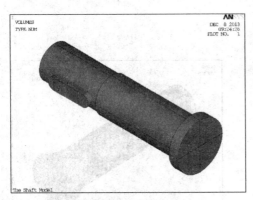

图 3-34 生成的实体

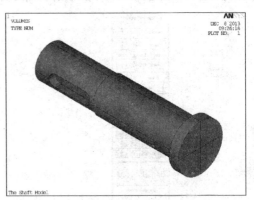

图 3-35 生成结果

6. 生成有限元模型

轴类零件在生成有限元模型时，由于其结构的特殊性，要采用六面体单元相对难一些，最简单的方法是采用四面体单元。选择哪种四面体单元，则要根据分析问题的性质确定。

由于本节介绍操作过程，因此选择 SOLID92 单元作为例子进行说明。

1) 选择单元类型：执行 Main Menu > Preprocessor > Element Type > Add/Edit/Delete 命令，弹出图 3-36 所示的 "Element Types" 对话框。

2) 单击 Add... 按钮，弹出图 3-37 所示的 "Library of Element Types" 对话框。

图 3-36 "Element Types" 对话框

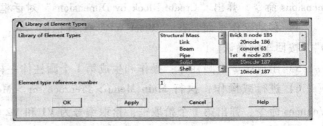

图 3-37 "Library of Element Types" 对话框

3）选择"Structural Solid"和"Tet 10node 187"选项，单击 OK 按钮返回"Element Types"对话框。单击 Close 按钮，完成单元类型的选择。

4）设置单元尺寸：执行 Main Menu > Preprocessor > Meshing > Size Cntrls > Manual Size > Global > Size 命令，弹出图 3-38 所示的"Global Element Sizes"对话框。在"Element edge length"文本框中输入"20"，单击 OK 按钮。

5）采用自由网格划分方式生成有限元网格：执行 Main Menu > Preprocessor > Meshing > Mesh > Volumes > Free 命令，弹出一个拾取框。单击 Pick All 按钮，生成的网格如图 3-39 所示。

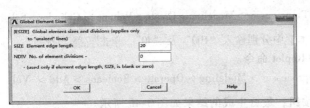
图 3-38 "Global Element Sizes"对话框

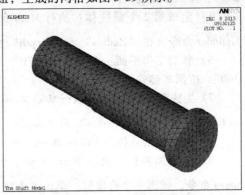
图 3-39 生成的网格

6）保存有限元模型数据件：执行 Utility Menu > File > Save As 命令，弹出"Save As"对话框。在"Save Database To"下拉列表框中输入文件名"T2-1.DB"，单击 OK 按钮。

3.4.2 自顶向下建模

根据轴的形状为圆柱类，因此在自顶向下建模的过程中要利用 ANSYS 中的体素，即圆柱。通过移动工作平面和生成体素相结合来生成轴零件模型，操作步骤如下：

1. 定义工作文件名和工作标题

1）定义工作文件名：执行 Utility Menu > File > Change Jobname 命令，在弹出的"Change Jobname"对话框中输入"SHAFT2"并选中"New log and error files"复选框，单击 OK 按钮。

2）定义工作标题：执行 Utility Menu > File > Change Title 命令，在弹出的"Change Title"对话框中输入"The Shaft Model"，单击 OK 按钮。

3）重新显示：执行 Utility Menu > Plot > Replot 命令。

2. 显示工作平面

1）显示工作平面：执行 Utility Menu > Work Plane > Display Working Plane 命令。

2）关闭三角坐标符号：执行 Utility Menu > Plot Ctrls > Window Controls > Window Options 命令，弹出"Window Options"对话框。在"Location of triad"下拉列表框中选择"Not Shown"选项，单击 OK 按钮。

3）执行 Utility Menu > Work Plane > Offset WP by Increments 命令，打开"Offset WP"工具栏。

3. 利用圆柱体素生成模型

1）执行 Utility Menu > Plot Ctrls > Pan-Zoom-Rotate 命令，打开"Pan-Zoom-Rotate"工具栏，

单击 Iso 按钮。

2）旋转工作平面：在"Offset WP"工具栏中的"XY，YZ，ZX Angle"文本框中输入"0，0，90"，按回车键确认。

3）生成第1个圆柱体：执行 Main Menu > Preprocessor > Modeling > Create > Volumes > Cylinder > Solid Cylinder 命令，弹出"Solid Cylinder"对话框。在"Radius"和"Depth"文本框中分别输入"70"及"260"，单击 OK 按钮。

4）移动工作平面：在"Offset WP"工具栏中的"X，Y，Z Offsets"文本框中输入"0，0，260"，按回车键确认。

5）生成第2个圆柱体：执行 Main Menu > Preprocessor > Modeling > Create > Cylinder > Solid Cylinder 命令，在"Radius"和"Depth"文本框中分别输入"75"及"360"，单击 OK 按钮。

6）移动工作平面：在"Offset WP"工具栏中的"X，Y，Z Offsets"文本框中输入"0，0，360"，按回车键确认。

7）生成第3个圆柱体：执行 Main Menu > Preprocessor > Modeling > Create > Volume > Cylinder > Solid Cylinder 命令，在"Radius"和"Depth"文本框中分别输入"100"及"40"，单击 OK 按钮。

8）刷新显示：执行 Utility Menu > Plot > Replot 命令。

9）体相加操作：执行 Main Menu > Preprocessor > Modeling > Operate > Booleans > Add > Volumes 命令，弹出一个拾取框。单击 Pick All 按钮，最后生成的结果如图3-40所示。

10）保存文件：执行 Utility Menu > File > Save As 命令，弹出"Save As"对话框。在"Save Database To"下拉列表框中输入文件名"T2-33.DB"，单击 OK 按钮。

4. 生成键槽

1）移动工作平面原点：执行 Utility Menu > WorkPlane > Offset WP to > Global Origin 命令。

2）旋转工作平面：在"Offset WP"工具栏中的"XY，YZ，ZX Angle"文本框中输入"0，0，-90"，按回车键确认。

生成键槽的方法可以参考3.4.1节中的操作步骤。

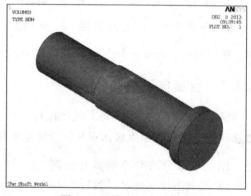

图3-40 最后生成的结果

3.5 圆柱齿轮建模实例

问题描述

图3-41所示为一个直齿圆柱齿轮的结构示意图，图中数据的单位为 mm，结构参数为：模数 $m = 6$mm、齿数 $z = 28$。试建立有限元模型。

操作步骤

采用自底向上方式建模的操作步骤如下：

1. 定义工作文件名和工作标题

1）定义工作文件名：执行 Utility Menu > File > Change Jobname 命令，在弹出的对话框中输入

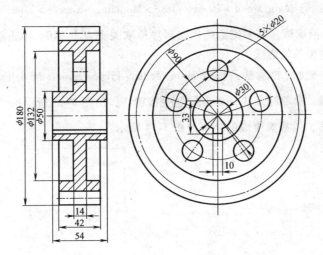

图 3-41　齿轮结构示意图

"GEAR"并选中"New log and error files"复选框，单击 OK 按钮。

2）定义工作标题：执行 Utility Menu > File > Change Title 命令，在弹出的对话框中输入"The gear model"，单击 OK 按钮。

3）重新显示：执行 Utility Menu > Plot > Replot 命令。

2. 显示工作平面

1）显示工作平面：执行 Utility Menu > Work Plane > Display Working Plane 命令。

2）关闭三角坐标符号：执行 Utility Menu > PlotCtrls > Window Controls > Window Options 命令，弹出一个对话框，在"Location of triad"下拉列表框中选择"Not Shown"选项，单击 OK 按钮。

3）打开"Offset WP"工具栏：执行 Utility Menu > Work Plane > Offset WP by Increments 命令。

4）打开"Pan-Zoom-Rotate"工具栏：执行 Utility Menu > Pan-Zoom-Rotate 命令，单击 Iso 按钮。

3. 生成齿面

1）在当前坐标系下生成关键点：执行 Main Menu > Preprocessor > Modeling > Create > Keypoints > In Active CS 命令，弹出"Create Keypoints in Active Coordinate System"对话框。在"Keypoint number"和"Location in active CS"文本框中分别输入关键点的编号"1"及关键点的"X""Y"和"Z"坐标值"5.428, 76.803, 0"。单击 Apply 按钮，生成第 1 个关键点。重复上述操作，依次输入"5.534, 77.803, 0""5.595, 79.303, 0""5.411, 80.82, 0""5.110, 82.342, 0""4.694, 83.869, 0""4.208, 85.396, 0""3.623, 86.92, 0""2.928, 88.450, 0""2.214, 89.972, 0"和"0, 90.00, 0"共 11 个关键点的编号及坐标值，最后生成的结果如图 3-42 所示。

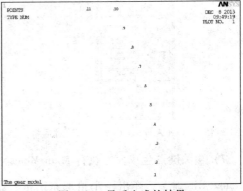

图 3-42　最后生成的结果

2）连样条线：执行 Main Menu > Preprocessor > Modeling > Create > Lines > Splines > Spline thru KPs 命令，弹出一个拾取框。依关键点的排列顺序拾取关键点 1～10，单击 OK 按钮，生成一条曲线，即齿轮的轮齿外轮廓线。

3）镜像生成另一边的轮廓线：执行 Main Menu > Preprocessor > Modeling > Reflect > Lines 命令，弹出一个拾取框。拾取样条线，单击 OK 按钮，弹出图 3-43 所示的"Reflect Lines"对话框。单击 OK 按钮，线镜像生成的结果如图 3-44 所示。

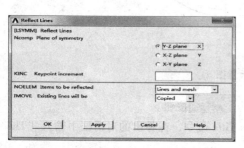

图 3-43 "Reflect Lines" 对话框

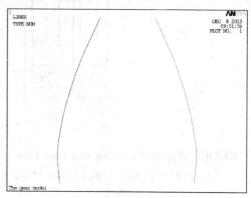

图 3-44 线镜像生成的结果

4）生成齿顶圆的圆弧线：执行 Main Menu > Preprocessor > Modeling > Create > Lines > Arcs > Through 3 KPs 命令，弹出一个拾取框。按顺序依次拾取编号为 13、10、11 的关键点，单击 OK 按钮。

5）输入参数：执行 Utility Menu > Parameters > Scalar Parameters 命令，弹出"Scalar Parameters"对话框。在"Selection"文本框中输入"a = 360/28"，单击 Accept 按钮，再单击 Close 按钮。

6）生成一个圆环面：执行 Main Menu > Preprocessor > Modeling > Create > Areas > Circle > Partial Annulus 命令，弹出"Part Annular Circ Area"对话框，如图 3-45 所示，输入数据，生成圆环面的结果如图 3-46 所示。

图 3-45 "Part Annular Circ Area" 对话框

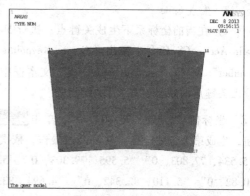

图 3-46 生成圆环面的结果

7）由关键点生成面：执行 Main Menu > Preprocessor > Modeling > Create > Areas > Arbitrary > Through KPs 命令，弹出一个拾取框。依次拾取编号为 1、10、13、12 的关键点，单击 OK

按钮。

8）面相加操作：执行 Main Menu > Preprocessor > Modeling > Operate > Booleans > Add > Areas 命令，弹出一个拾取框。单击 Pick All 按钮，面相加操作后的结果如图 3-47 所示。

9）改变当前坐标系为柱坐标系：执行 Utility Menu > Work Plane > Change Active CS to > Global Cylindrical 命令。

10）复制生成整个齿圈：执行 Main Menu > Preprocessor > Modeling > Copy > Areas 命令，弹出一个拾取框。单击 Pick All 按钮，弹出图 3-48 所示的"Copy Areas"对话框，在"Number of copies"文本框中输入复制生成的个数"28"，在"Y-Offset in active CS"文本框中输入角度"a"。单击 OK 按钮，生成面的结果如图 3-49 所示。

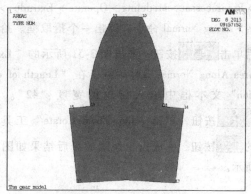

图 3-47 面相加操作后的结果

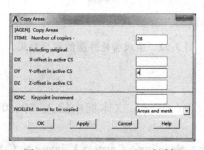

图 3-48 "Copy Areas"对话框

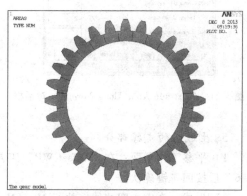

图 3-49 生成面的结果

11）面相加操作：执行 Main Menu > Preprocessor > Modeling > Operate > Booleans > Add > Areas 命令，弹出一个拾取框，单击 Pick All 按钮。

4. 生成齿圈体

1）显示线：执行 Utility Menu > Plot > Line 命令。

2）将内圈的线连成一条线：执行 Main Menu > Preprocessor > Modeling > Operate > Booleans > Add > Lines 命令，弹出一个拾取框。依次拾取编号为 15、255、256、257、258、259、260、261、262、263、264、265、266、267、268、269、270、271、272、273、274、275、276、277、278、279、254（共 27 条线，不是 28 条，因为线不能封闭）的线。单击 OK 按钮，弹出"Add Lines"对话框，单击 Apply 按钮。

3）将每个齿的齿底圆弧线相连：依次拾取编号为 1 和 225 的线，单击 OK 按钮，弹出"Add Lines"对话框，单击 Apply 按钮。重复上述操作过程，对齿底圆弧执行连线，生成齿圈体的结果如图 3-50 所示。

4）改变当前坐标系：执行 Utility Menu > WorkPlane > Change Active CS to > Global Cartesian

命令。

5）沿面的法向拖动生成体：执行 Main Menu > Preprocessor > Modeling > Operate > Extrude > Areas > Along Normal 命令，弹出一个拾取框。拾取面后单击 OK 按钮，弹出图 3-51 所示的"Extrude Area Along Normal"对话框，在"Length of extrusion"文本框中输入齿轮的宽度"42"。单击 OK 按钮，单击"Pan-Zoom-Rotate"工具栏中的 Iso 按钮，生成齿轮外圈的最后结果如图 3-52 所示。

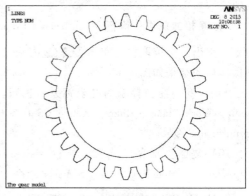

图 3-50　生成齿圈体的结果

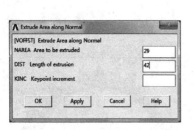

图 3-51　"Extrude Area Along Normal"对话框

图 3-52　生成齿轮外圈的最后结果

5. 生成齿的支撑部分

1）平移工作平面：在"Offset WP"工具栏中的"X, Y, Z Offset"文本框中输入"0, 0, -6"后按回车键确认。

2）生成一个空心圆柱体：执行 Main Menu > Preprocessor > Modeling > Create > Volumes > Cylinder > Hollow Cylinder 命令，弹出"Hollow Cylinder"对话框，如图 3-53 所示，输入数据，单击 OK 按钮。

3）体相加操作：执行 Main Menu > Preprocessor > Modeling > Operate > Booleans > Add > Volumes 命令，弹出一个拾取框。单击 Pick All 按钮，体相加操作的结果如图 3-54 所示。

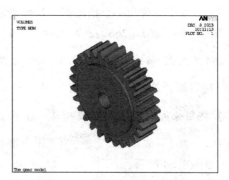

图 3-53　"Hollow Cylinder"对话框

图 3-54　体相加操作的结果

4）改变视角方向：执行 Utility Menu > Plot Ctrls > View Settings > Viewing Direction 命令，弹出一个对话框。在"Coords of viewpoint"文本框中输入"1，1，-1"，单击 OK 按钮。

5）生成空心圆柱体：执行 Main Menu > Preprocessor > Modeling > Create > Cylinder > Hollow Cylinder 命令，弹出"Hollow Cylinder"对话框。在"Rad-1""Rad-2"和"Depth"文本框中分别输入"25""66"及"20"，单击 OK 按钮。

6）体相减操作：执行 Main Menu > Preprocessor > Modeling > Operate > Booleans > Subtract > Volumes 命令，弹出一个拾取框。拾取编号为 V3 的体素，单击 OK 按钮。拾取编号为 V1 的体素，单击 OK 按钮，体相减操作的结果如图 3-55 所示。

7）改变视角方向：单击"Pan-Zoom-Rotate"工具栏中的 Iso 按钮。

8）平移工作平面：在"Offset WP"工具栏中的"X，Y，Z Offset"文本框中输入"0，0，34"后按回车键确认。

9）生成空心圆柱体：执行 Main Menu > Preprocessor > Modeling > Create > Volumes > Cylinder > Hollow Cylinder 命令，弹出"Hollow Cylinder"对话框。在"Rad-1""Rad-2"和"Depth"文本框中分别输入"25""66"及"20"，单击 OK 按钮。

10）体相减操作：执行 Main Menu > Preprocessor > Modeling > Operate > Booleans > Subtract > Volumes 命令，弹出一个拾取框。拾取编号为 V2 的体素，单击 OK 按钮。拾取编号为 V1 的体素，单击 OK 按钮，体相减操作的结果如图 3-56 所示。

 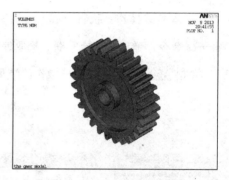

图 3-55 体相减操作的结果（一）　　图 3-56 体相减操作的结果（二）

6. 在齿的支撑部分开孔

1）平移工作平面：在"Offset WP"工具栏中的"X，Y，Z Offset"文本框中输入"0，45，-20"后按回车键确认。

2）生成一个实心圆柱体：执行 Main Menu > Preprocessor > Modeling > Create > Volumes > Cylinder > Solid Cylinder 命令，弹出"Solid Cylinder"对话框。在"Radius"和"Depth"文本框中分别输入"10"及"20"，单击 OK 按钮。

3）改变当前坐标系为柱坐标系：执行 Utility Menu > Work Plane > Change Active CS to > Global Cylinder 命令。

4）复制5个小圆柱体：执行 Main Menu > Preprocessor > Modeling > Copy > Volumes 命令，弹出一拾取框。拾取编号为 V1 的体素，单击 OK 按钮，弹出"Copy Volumes"对话框。在

"Number of copies"和"Y-offset in active CS"文本框中分别输入复制生成的个数"5"及角度"72",单击 OK 按钮。

5)体相减操作:执行 Main Menu > Preprocessor > Modeling > Operate > Booleans > Subtract > Volumes 命令,弹出一个拾取框。拾取编号为 V3 的体素,单击 OK 按钮。拾取编号为 V1、V2、V4、V5 和 V6 的体素,单击 OK 按钮,体相减操作的结果如图 3-57 所示。

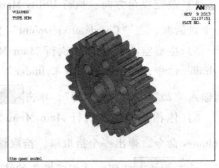

图 3-57 体相减操作的结果(一)

6)改变当前坐标系为笛卡儿坐标系:执行 Utility Menu > Work Plane > Change Active CS to > Global Cartesian 命令。

7. 在中心孔上开键槽

1)平移工作平面:在"Offset WP"工具栏中的"X, Y, Z Offset"文本框中输入"0, -45, -14"后按回车键确认。

2)生成矩形块:执行 Main Menu > Preprocessor > Modeling > Create > Volumes > Block > By Dimensions 命令,弹出"Create Block by Dimensions"对话框,如图 3-58 所示,输入数据,单击 OK 按钮。

3)体相减操作:执行 Main Menu > Preprocessor > Modeling > Operate > Booleans > Subtract > Volumes 命令,弹出一个拾取框。拾取编号为 V7 的体素,单击 OK 按钮。拾取编号为 V1 的体素,单击 OK 按钮,体相减操作的结果如图 3-59 所示。

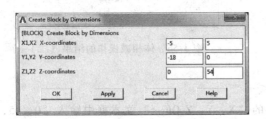

图 3-58 "Create Block by Dimensions"对话框

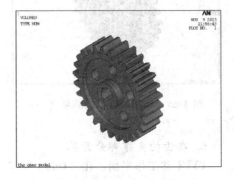

图 3-59 体相减操作的结果(二)

4)关闭工作平面:执行 Utility Menu > Work Plane > Display Working Plane 命令。

5)保存实体模型数据:执行 Utility Menu > File > Save As 命令,弹出"Save As"对话框。在"Save Database To"下拉列表框中输入文件名"T2-8.DB",单击 OK 按钮。

8. 划分有限元网格

1)选择单元类型:执行 Main Menu > Preprocessor > Element Type > Add/Edit/Delete 命令,弹出"Element Types"对话框。单击 Add... 按钮,弹出"Library of Element Type"对话框。分别选

择"Structural Solid"和"Tet 10node187"选项，单击 OK 按钮。单击 Close 按钮，完成单元类型的选择。

2）设置单元尺寸：执行 Main Menu > Preprocessor > Meshing > Size Cntrls > ManualSize > Global > Size 命令，弹出"Global Element Sizes"对话框。在"Element edge length"文本框中输入"5"，单击 OK 按钮。

3）采用自由网格划分方式生成有限元网格：执行 Main Menu > Preprocessor > Meshing > Mesh > Volumes > Free 命令，弹出一个拾取框。单击 Pick All 按钮，生成的网格如图 3-60 所示。

图 3-60　生成的网格

4）保存有限元模型数据：执行 Utility Menu > File > Save As 命令，弹出"Save As"对话框。在"Save Database To"下拉列表框中输入文件名"T2-9.DB"，单击 OK 按钮。

3.6　本章小结

ANSYS 生成模型的典型步骤是在前处理（PREP7）模块内完成的。首先建立工作平面，激活适当的坐标系，当模型非常简单时，采用默认的环境设置即可；然后用自底向上建模和自顶向下建模两种方法生成实体，生成单元属性表（单元类型、实常数、材料属性和单元坐标系），设置单元属性指针；设置网格划分控制以建立需要的网格密度；通过划分实体模型的网格生成节点和单元。有限元模型的主要要素是节点、单元、实常数、材料的属性等。

ANSYS 中最基本的坐标系是全局和局部坐标系，显示坐标系、节点坐标系、单元坐标系也经常用到，坐标系的定义和应用使建模过程直观简便。

ANSYS 可和其他 CAD 软件接口，完成复杂实体建模。

通过连接板、轴和齿轮等典型零件的建模过程的练习，熟悉各种结构的建模过程，对此做到胸有成竹。

3.7　思考与练习

1. 概念题

1）什么是工作平面？
2）ANSYS 内有哪几种坐标系？它们的适用场合怎样？
3）ANSYS 建模的基本过程有哪些？
4）如何在 ANSYS 内构建复杂实体模型？

2. 操作题

（1）采用自上而下的建模方法，建立图 3-61 所示轴承座的模型。
（2）建立图 3-62 所示传动带轮零件的模型。

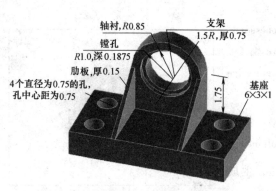

图 3-61 轴承座结构示意图（图中尺寸单位为 ft）

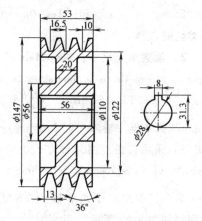

图 3-62 传动带轮结构简图
（图中尺寸单位为 ft）

第4章 结构线性静力分析

结构静力分析是 ANSYS 产品家族中 7 种结构分析工具之一,主要用来分析由于稳态外载荷所引起的系统或零部件的位移、应力、应变和作用力,很适合求解惯性及阻尼的时间相关作用对结构响应的影响并不显著的问题。其中,稳态载荷主要包括外部施加的力和压力、稳态的惯性力,如重力和旋转速度、施加位移、温度和热量等。静力分析可分为线性静力分析和非线性静力分析。本章先介绍有关静力分析的选项与操作,然后就结构线性静力分析问题作重点说明。

【本章重点】
● 结构静力分析过程与步骤。
● 练习各种静力问题分析的操作方法

4.1 结构静力分析过程与步骤

ANSYS 的静力分析过程一般包括建立模型、施加载荷并求解和检查结果 3 个步骤。

4.1.1 建立模型

在建立模型之前要定义工作文件名和指定分析标题。然后进入 PREP7 处理器,即进入 Main Menu > Preprocessor 菜单建立有限元分析模型,主要包括定义单元类型、单元实常数、材料属性和几何模型等。建立模型后,对几何模型划分网格生成有限元分析模型。

要作好有限元的静力分析,必须要记住以下几点:
1)单元类型必须指定为线性或非线性结构单元类型。
2)材料属性可为线性或非线性、各向同性或正交各向异性、常量或与温度相关的量等。
3)必须定义弹性模量和泊松比。
4)对于诸如重力等惯性载荷,必须定义能计算出质量的参数,如密度等。
5)对热载荷,必须要定义热膨胀系数。
6)对应力、应变感兴趣的区域,网格划分比仅对位移感兴趣的区域要密。
7)如果分析中包含非线性因素,网格应划分到能捕捉非线性因素影响的程度。

4.1.2 施加载荷并求解

1. 定义分析类型及分析选项

分析类型和分析选项在第 1 个载荷步后(即执行第 1 个 Solve 命令之后)不能改变。ANSYS 提供的用于静态分析的选项见表 4-1。

1)New Analysis(新的分析,ANTYPE):一般情况下使用。
2)Analysis Type:Static(分析类型:静态,ANTYPE):选择静态分析。
3)Large Deformation Effects(大变形或大应变选项,NLGEOM):并不是所有的非线性分析都产生大变形。

表 4-1 用于静态分析的选项

选项	命令	GUI 路径
New Analysis	ANTYPE	Main Menu > Solution > Analysis Type > New Analysis 或 Restart
Analysis Type: Static	ANTYPE	Main Menu > Solution > Analysis Type > New Analysis > Static
Large Deformation Effects	NLGEOM	Main Menu > Solution > Analysis Type > Sol'n Controls
Stress Stiffening Effects	SSTIF	Main Menu > Solution > Analysis Type > Sol'n Controls
Newton-Raphson Option	NROPT	Main Menu > Solution > Analysis Type > Sol'n Controls
Equation Solver	EQSLV	Main Menu > Solution > Analysis Type > Sol'n Controls

4) Stress Stiffening Effects（应力刚化效应，SSTIF）：如果存在应力刚化效应，应选择 ON。

5) Newton-Raphson Option（牛顿-拉普森选项，NROPT）：仅在非线性分析中使用，用于指定在求解期间修改一次正切矩阵的间隔时间。取值如下：

① 程序选择（NROPT、AUTO）：基于模型中存在的非线性类型选择使用这些选项之一。需要时，牛顿-拉普森方法将自动激活自适应下降选项。

② 全部（NROPT、FULL）：使用完全牛顿-拉普森处理方法，即每进行一次平衡迭代修改刚度矩阵一次。如果自适应下降选项关闭，则每次平衡迭代都使用正切刚度矩阵；如果自适应下降选项打开（默认值），只要迭代保持稳定，即只要残余项减小且没有负主对角线出现，则仅使用正切刚度矩阵。如果在一次迭代中探测到发散倾向，则抛弃发散的迭代且重新开始求解，应用正切和正割刚度矩阵的加权组合。迭代回到收敛模式时，将重新开始使用正切刚度矩阵，对复杂的非线性问题自适应下降选项通常可提高获得收敛的能力。

③ 修正（NROPT、MODI）：使用修正的牛顿-拉普森方法，正切刚度矩阵在每个子步中均被修正，而在一个子步的平衡迭代期间矩阵不改变。这个选项不适用于大变形分析，并且自适应下降选项不可用。

④ 初始刚度（NROPT、INIT）：在每次平衡迭代中使用初始刚度矩阵，这个选项比完全选项似乎不易发散，但经常要求更多次的迭代得到收敛。它不适用于大变形分析，自适应下降选项是不可用的。

6) Equation Solver（方程求解器，EQSLV）：对于非线性分析使用前面的求解器（默认）。

2. 在模型上施加载荷

用户能够将载荷施加在几何模型（如关键点、线、面或体）或有限元模型（如节点或单元）上，若施加在几何模型，则 ANSYS 在求解分析时也将载荷转换到有限元模型上。结构静力分析的载荷类型主要包括位移（UX、UY、UZ、ROTX、ROTY 和 ROTZ）、力或力矩（FX、FY、FZ、MX、MY 和 MZ）、压力（PRES）、温度（TEMP）、流通量（FLUE）、重力（Gravity）和旋转角速度（Spinning Angular Velocity）等。GUI 路径为：Main Menu > Solution > Define Loads > Apply。在分析过程中可以执行施加、删除、运算和列表载荷等操作。

指定载荷步选项主要包括普通选项和非线性选项。其中，普通选项包括对载荷步终止时间（Time）、对热应变计算的参考温度（Reference Temperature）和用于轴对称谐单元的模态数（Mode Number）等；非线性选项包括对下面选项的设置：时间子步数、时间步长、渐变加载还是阶跃加载、是否采用自动时间步跟踪、平衡迭代的最大数、收敛精度、矫正预测、线搜索、蠕变准则、求解终止选项、数据和结果文件的输入输出，以及结果外插法等。

3. 输出控制选项

输出控制选项如下：

1) 打印输出：在输出文件中包括进一步所需要的结果数据。执行如下：

GUI：Main Menu > Solution > Unabridged Menu > Load Step Opts > Output Ctrls > Solu Printout。

命令：OUTPR。

2）结果文件输出：控制结果文件中的数据。执行如下：

GUI：Main Menu > Solution > Unabridged Menu > Load Step Opts > Ouput Ctrls > Solu Printout。

命令：OUTRES。

3）结果外推：如果在单元中存在非线性（塑性、蠕变或膨胀），默认复制一个单元的积分点应力和弹性应变结果到节点而替代外推它们，积分点非线性变化总是被复制到节点。

GUI：Main Menu > Solution > Unabridged Menu > Load Step Opts > Output Ctrls > Integration。

命令：ERESX。

4．求解计算

1）保存基本数据到文件。执行如下：

GUI：Utility Menu > File > Save As。

命令：SAVE。

2）开始求解计算。执行如下：

GUI：Main Menu > Solution > Solve > Current LS。

命令：SOLVE。

4.1.3 检查结果

静力分析的结果将写入结构分析结果文件"Jobname.rst"中，这些数据包括基本数据，即节点位移（UX、UY、UZ、ROTX、ROTY和ROTZ），以及导出数据，如节点和单元应力、节点和单元应变、单元力和节点反作用力等。

在结构分析完成后，可进入通用后处理器（General Postprocessor，POST1）和时间历程后处理器（Time-history Processor，POST26）中浏览分析结果。POST1检查整个模型指定子步上的结果，POST26用于跟踪指定结果与施加载荷历程的关系。要注意在POST1或POST26中浏览结果时，数据库必须包含求解前使用的模型，并且"Jobname.rst"文件必须用。

1．用POST1检查结果

1）检查输出文件是否在所有的子步分析中都收敛。

2）进入POST1。如果用于求解的模型现在不在数据中，则执行RESUME命令。执行如下：

GUI：Main Menu > General Postproc。

命令：/POST1。

3）读取需要的载荷步和子步结果（可以依据载荷步和子步号或时间来识别）。执行如下：

GUI：Main Menu > General Postproc > Read Resets > By Load Step。

命令：SET。

4）使用下列任意选项显示结果。

① 显示已变形的形状。执行如下：

GUI：Main Menu > General Postproc > Plot Results > Deformed Shapes。

命令：PLDISP。

② 显示等值线。执行如下：

GUI：Main Menu > General Postproc > Plot Results > Contour Plot > Nodal Solu 或 Element Solution。

命令：PLNSOL 或 PLESOL。

使用选项显示应力、应变或任何其他可用项目的等值线。如果邻接单元具有不同材料行为（可能由于塑性或多线性弹性的材料性质、不同的材料类型，或邻近的单元的死活属性不同而产生），则应注意避免结果中的节点应力平均错误。

③ 列表。执行如下：

GUI：Utility Menu > List Results > Nodal Solution。

　　　Utility Menu > List Results > Element Solution。

　　　Utility Menu > List Results > Reaction Solution。

命令：PRNSOU（节点结果）、PRESOL（单元结果）、PRRSOU（反作用力结果）、PRETAB PRITER（子步总计数据），以及在数据列表前排序的 NSORT 和 ESORT。

④ 其他性能。多个其他后处理函数（在路径上映射结果和记录参量列表等）在 POST1 中可用。对于非线性分析，载荷工况组合通常无效。

2. 用 POST26 检查结果

典型的 POST26 后处理的步骤如下：

1）根据输出文件检查是否在所有要求的载荷步内分析都收敛，不应将自身的设计决策建立在非收敛结果的基础上。

2）如果用户的解是收敛的，进入 POST26。如果用户模型不在数据库中，则执行 RESUME 命令。执行如下：

GUI：Main Menu > Time Hist Postpro。

命令：POST26。

3）定义在后处理期间使用的变量。有两种方法，第一种为

GUI：Main Menu > TimeHist Postpro > Define Variables。

命令：NSOL、ESOL 和 RFORCL。

第二种为：当执行 Main Menu > Time Hist Postpro 命令时，出现图 4-1 所示的 "Time History Variables-beam.rst" 对话框，可以通过对话框直观地定义变量、编辑变量或显示变量。

4）图形或列表显示变量。执行如下：

GUI：Main Menu > Time Hist Postproc > Graph Variables。

Main Menu > Time Hist Postproc > List Variables。

Main Menu > TimeHist Postproc > List Extremes。

命令：PLVAR（图形表示变量）、PRVAR 和 EXTREM（列表变量）。

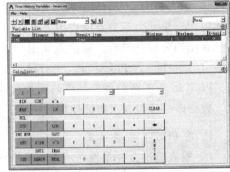

图 4-1 "Time History Variables-beam.rst" 对话框

4.2 连杆受力分析实例

问题描述

图 4-2 所示为汽车连杆的几何模型，连杆的厚度为 0.5in，图中标注尺寸的单位均为英制。在小头孔的内侧 90°范围内承受 $p = 1000\text{psi}$ 的面载荷作用，利用有限元分析该连杆的受力状态。

连杆的材料属性为弹性模量 $E = 30 \times 10^6 \text{psi}$，泊松比为 0.3。

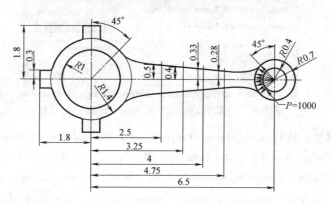

图 4-2　连杆的几何模型（图中尺寸的单位为 in）

GUI 操作步骤

由于连杆的结构和载荷均对称，因此在分析时只要采用一半进行分析即可。采用由底向上的建模方式，用 20 节点的 SOLID95 单元划分网格并用 PCG 求解器求解。

1. 定义工作文件名和工作标题

1）定义工作文件名：执行 Utility Menu > File > Change Jobname 命令，在弹出的"Change Jobname"对话框中输入"c-rod"，选中"New log and error files"复选框，单击 OK 按钮。

2）定义工作标题：执行 Utility Menu > File > Change Title 命令，在弹出的"Change Title"对话框中输入"The stress calculating of c-rod"，单击 OK 按钮。

3）重新显示：执行 Utility Menu > Plot > Replot 命令。

2. 定义单元类型及材料属性

1）设置单元类型：执行 Main Menu > Preprocessor > Element Type > Add/Edit/Delete 命令，弹出"Element Types"对话框。单击 Add... 按钮，弹出图 4-3 所示的"Library of Element Types"对话框。选择"Not Solved"和"Mesh Facet 200"选项，单击 OK 按钮。

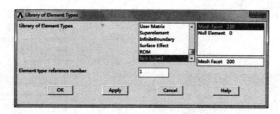

图 4-3　"Library of Element Types"对话框

2）设置单元选项：单击"Element Types"对话框中的 Options... 按钮，弹出图 4-4 所示的"MESH200 element type options"对话框。设置"K1"为"QUAD 8-NODE"，单击 OK 按钮。单击 Add... 按钮，弹出"Library of Element Types"对话框。选择"Structural Solid"和"Brick 20node 186"选项，单击 OK 按钮，再单击 Close 按钮。

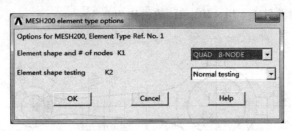

图 4-4 "MESH200 element type options" 对话框

3) 设置材料属性: 执行 Main Menu > Preprocessor > Material Props > Material Models 命令, 弹出图 4-5 所示的 "Define Material Model Behavior" 窗口。双击 "Material Model Available" 列表框中的 "Structural > Linear > Elastic > Isotropic" 选项, 弹出 "Linear Isotropic Material Properties For Material Number 1" 对话框。输入 "EX = 30e6, PRXY = 0.3", 单击 OK 按钮。执行 Material > Exit 命令, 完成材料属性的设置。

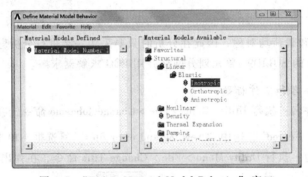

图 4-5 "Define Material Model Behavior" 窗口

3. 建立 2D 模型

1) 创建两个圆环面: 执行 Main Menu > Preprocessor > Modeling > Create > Areas > Circle > By Dimensions 命令, 显示 "Circular Area by Dimensions" 对话框, 如图 4-6 所示, 输入数据, 单击 Apply 按钮。在【THETA1】文本框中输入 "45", 单击 OK 按钮。

2) 打开面编号控制: 执行 Utility Menu > Plot Ctrls > Numbering 命令, 弹出图 4-7 所示的 "Plot Numbering Controls" 对话框。选中 "Area numbers" 选项后的 "On" 复选框, 单击 OK 按钮。

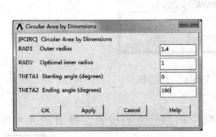

图 4-6 "Circular Area by Dimensions" 对话框

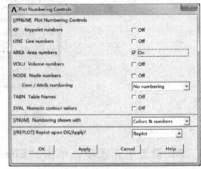

图 4-7 "Plot Numbering Controls" 对话框

4. 创建两个矩形面

1) 生成矩形面: 执行 Main Menu > Preprocessor > Modeling > Create > Areas > Rectangle > By

Dimensions 命令，弹出"Create Rectangle by Dimensions"对话框，如图4-8所示，输入数据，单击 Apply 按钮。在"X1，X2"及"Y1，Y2"文本框中分别输入"-1.8，-1.2"及"0，0.3"，单击 OK 按钮。

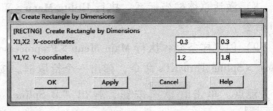

图4-8 "Create Rectangle by Dimensions"对话框

2）平移工作平面：执行 Utility Menu > Work Plane > Offset WP to > XYZ Locations 命令，弹出一个拾取框。在坐标栏中输入"6.5"，单击 OK 按钮。

3）将激活的坐标系设置为工作平面坐标系：执行 Utility Menu > Work Plane > Change Active CS to > Working Plane 命令。

4）创建另两个圆环面：执行 Main Menu > Preprocessor > Modeling > Create > Areas > Circle > By Dimensions 命令，弹出"Circular Area by Dimensions"对话框。输入"RAD1 = 0.7""RAD2 = 0.4""THETA1 = 0""THETA2 = 180"，单击 Apply 按钮。输入"THETA2 = 135"，单击 OK 按钮。

5）面素分操作：执行 Main Menu > Preprocessor > Modeling > Operate > Booleans > Overlap > Areas 命令，弹出一个拾取框。拾取编号为 A1、A2、A3 和 A4 的面，单击 Apply 按钮。选择编号为 A5 和 A6 的面，单击 OK 按钮，面素分操作的结果如图4-9所示。

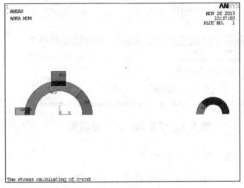

图4-9 面素分操作的结果

6）激活总体笛卡儿坐标系：执行 Utility Menu > Work Plane > Change Active CS to > Global Cartesian 命令。

7）定义4个新的关键点：执行 Main Menu > Preprocessor > Modeling > Create > Keypoints > In Active CS 命令，弹出"Create Keypoints in Active Coordinate System"对话框，如图4-10所示。在"Keypoint number"和"Location in active CS"文本框中输入"28""2.5"和"0.5"，单击 Apply 按钮；输入"29""3.25"和"0.4"，单击 Apply 按钮；输入"30""4"和"0.33"，单击 Apply 按钮，输入"31""4.75"和"0.28"。单击 OK 按钮，生成关键点的结果如图4-11所示。

图4-10 "Create Keypoints in Active Coordinate System"对话框

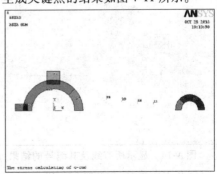

图4-11 生成关键点的结果

8）激活总体柱坐标系：执行 Utility Menu > Work Plane > Change Active CS to > Global Cylindrical 命令。

9）创建样条线：执行 Main Menu > Preprocessor > Modeling > Create > Lines > Splines > With Options > Spline Thru KPs 命令，弹出一个拾取框。按顺序拾取编号为 5、28、29、30、31 和 22 这 6 个关键点。单击 OK 按钮，弹出"B-Spline"对话框，如图 4-12 所示，输入数据，单击 OK 按钮，生成的样条曲线如图 4-13 所示。

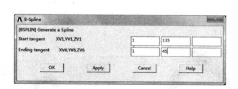

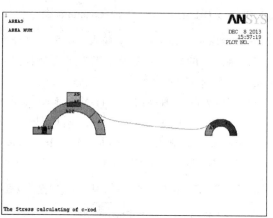

图 4-12 "B-Spline"对话框　　　　　　　图 4-13 生成的样条曲线

5. 生成一个新面

1）在关键点间创建直线：执行 Main Menu > Preprocessor > Modeling > Create > Lines > Lines > Straight Line 命令，弹出一个拾取框。拾取编号为 1 和 18 的关键点，单击 OK 按钮。

2）打开线的编号并显示线：执行 Utility Menu > Plot Ctrls > Numbering 命令，弹出"Plot Numbering Controls"对话框。选中"Line Number"复选框，单击 OK 按钮。执行 Utility Menu > Plot > Lines 命令，显示所有线及其编号的结果如图 4-14 所示。

3）由线生成新的面：执行 Main Menu > Preprocessor > Modeling > Create > Areas > Arbitrary > By Lines 命令，弹出一个拾取框。拾取编号为 6、1、7 和 25 的 4 条线，单击 OK 按钮，连杆体面的生成结果如图 4-15 所示。

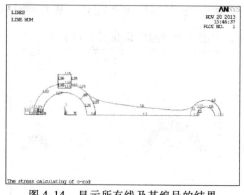

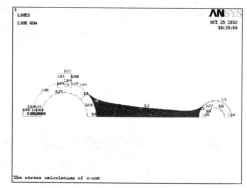

图 4-14 显示所有线及其编号的结果　　　　图 4-15 连杆体面的生成结果

4）放大连杆的左面部分：执行 Utility Menu > Plot Ctrls > Pan-Zoom-Rotate 命令，显示"Pan-Zoom-Rotate"工具栏。单击 Box Zoom 按钮，然后拾取连杆的左面大头孔部分，单击完成放大操作。

5) 线倒角：执行 Main Menu > Preprocessor > Modeling > Create > Lines > Line Fillet 命令，弹出一个拾取框。拾取编号为 36 和 40 的线，单击 Apply 按钮，弹出"Line Fillet"对话框，如图 4-16 所示，输入数据，单击 Apply 按钮。然后重复上述操作，对编号为 40、31、30 和 39 的线进行倒角。单击 OK 按钮，线倒角的生成结果如图 4-17 所示。

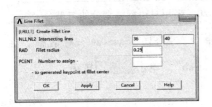

图 4-16 "Line Fillet"对话框

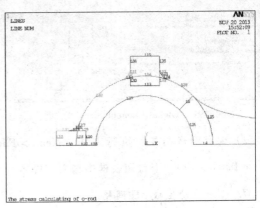

图 4-17 线倒角的生成结果

6) 由前面定义的 3 个线倒角创建新的面：执行 Main Menu > Preprocessor > Modeling > Create > Areas > Arbitrary > By Lines 命令，弹出一个拾取框。拾取编号为 12、10 和 13 的线，单击 Apply 按钮；拾取编号为 17、15 和 19 的线，单击 Apply 按钮；拾取编号 21、22 和 23 的线，单击 OK 按钮。

7) 面相加操作：执行 Main Menu > Preprocessor > Modeling > Operate > Booleans > Add > Areas 命令，弹出一个拾取框，单击 Pick All 按钮，单击"Pan-Zoom-Rotate"工具栏中的 Fit 按钮，面相加操作后生成的结果如图 4-18 所示。

8) 关闭线及面的编号：执行 Utility Menu > Plot Ctrls > Numbering 命令，弹出"Plot Numbering Controls"对话框。清除"Line Number"复选框，单击 OK 按钮。

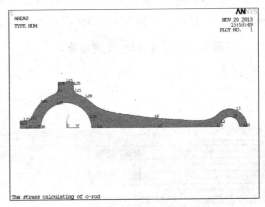

图 4-18 面相加操作后生成的结果

9) 保存几何模型：执行 Utility Menu > File > Save as 命令，弹出"Save as"对话框。在"Save Database To"下拉列表框中输入文件名"c-rod model"，单击 OK 按钮。

6. 生成 2D 网格

1) 设置单元尺寸并划分网格：执行 Main Menu > Preprocessor > Meshing > Mesh Tool 命令，弹出划分网格工具栏。单击"Size controls:"栏"Global"旁边的 Set 按钮，弹出图 4-19 所示的"Global Element Sizes"对话框。在"Element edge length"文本框中输入"0.2"，单击 OK 按钮。单击划分网格工具栏中的 Mesh 按钮，弹出一个拾取框。单击 Pick All 按钮，采用自由网格划分的结果如图 4-20 所示。

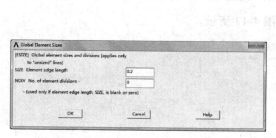
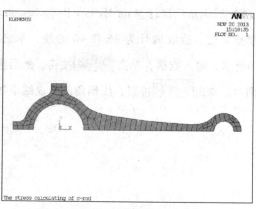

图 4-19 "Global Element Sizes" 对话框　　　图 4-20 采用自由网格划分的结果

2) 保存网格结果：执行 Utility Menu > File > Save as 命令，弹出 "Save as" 对话框。在 "Save Database To" 下拉列表框中输入文件名 "c_ rod_ 2D_ mesh"，单击 OK 按钮。

7. 采用拖动生成 3D 网格

1) 改变单元类型：单击划分网格工具栏中的第一个 Set 按钮，弹出图 4-21 所示的 "Meshing Attributes" 对话框。在 "Element type number" 下拉列表框中选择 "Z SOLID186" 选项，单击 OK 按钮。

2) 设置拖动方向的单元数目：执行 Main Menu > Preprocessor > Modeling > Operate > Extrude > Elem Ext Opts 命令，弹出图 4-22 所示的 "Element Extrusion Options" 对话框。在 "No. Elem divs" 文本框中输入 "3"，单击 OK 按钮。

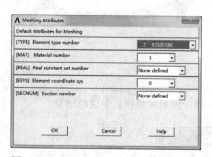
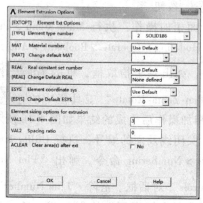

图 4-21 "Meshing Attributes" 对话框　　　图 4-22 "Element Extrusion Options" 对话框

3) 拖动生成 3D 网格：执行 Main Menu > Preprocessor > Modeling > Operate > Extrude > Areas > Along Normal 命令，弹出一个拾取框，单击整个面，弹出图 4-23 所示的 "Extrude Area along Normal" 对话框。在 "Length of extrusion" 文本框中输入 "0.5"，单击 OK 按钮。

4) 打开 "Pan-Zoom-Rotate" 工具栏：执行 Utility Menu > Plot Ctrls > Pan-Zoom-Rotate 命令，弹出 "Pan-Zoom-Rotate" 工具栏，单击工具栏中的 Iso 按钮。

5) 显示网格：执行 Utility Menu > Plot > Plot Element 命令，生成的 3D 网格结果如图 4-24 所示。

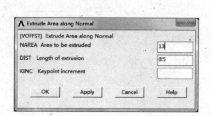

图 4-23 "Extrude Area along Normal" 对话框

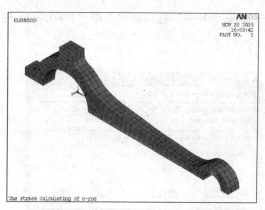

图 4-24 生成的 3D 网格结果

6）保存网格结果：执行 Utility Menu > File > Save as 命令，弹出"Save as"对话框。在"Save Database To"下拉列表框中输入文件名"c_rod_3D_mesh"，单击 OK 按钮。

8. 施加约束、载荷并求解

1）在大孔的内表面施加对称约束：执行 Main Menu > Solution > Define Loads > Apply > Structural > Displacement > Symmetry B. C. > On Areas 命令，弹出一个拾取框。拾取大孔的内表面（面号为 18 和 19），单击 OK 按钮。

2）在 Y = 0 的所有面上施加对称约束：执行 Main Menu > Solution > Define Loads > Apply > Structural > Displacement > Symmetry B. C > On Areas 命令，弹出一个拾取框。拾取 Y = 0 的所有面（面号为 15、16、17、20、21、22 和 25），单击 OK 按钮。

3）施加 Z 方向的约束：执行 Main Menu > Solution > Define Loads > Apply > Structural > Displacement > On Nodes 命令，弹出一个拾取框。拾取编号为 447 的节点，单击 OK 按钮，弹出一个对话框。在"DOF to be constrained"下拉列表框中选择"UZ"选项，单击 OK 按钮。

4）选择所有实体：执行 Utility Menu > Select > Everything 命令。

5）显示单元：执行 Utility Menu > Plot > Plot Elements 命令，施加约束后生成的结果如图 4-25 所示。

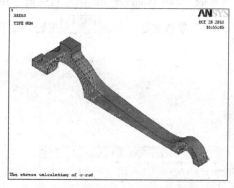

图 4-25 施加约束后生成的结果

6）设置面载荷的表示方式：执行 Utility Menu > Plot Ctrls > Symbol 命令，弹出一个对话框。在"Show pres and convect as"下拉列表框中选择"Arrow"选项，单击 OK 按钮。

7）在小孔内表面施加面载荷，执行 Main Menu > Solution > Define Loads > Apply > Structural > Pressure > On Areas 命令，弹出一个拾取框。拾取小孔的内表面（面号为 23），单击 OK 按钮，显示图 4-26 所示的"Apply PRES on areas"对话框。在"Load PRES value"文本框中输入"1000"，单击 OK 按钮。

8）选择 PCG 迭代求解器：执行 Main Menu > Solution > Analysis Type > Sol'n Controls 命令，弹出图 4-27 所示的"Solution Controls"对话框。在最上面一行单击"Sol'n Options"标签，在

"Equation Solvers"选项组中选中"Pre-Condition CG"单选按钮，单击 OK 按钮。

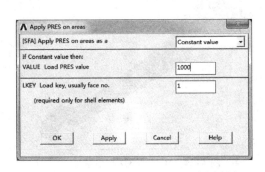
图 4-26 "Apply PRES on areas"对话框

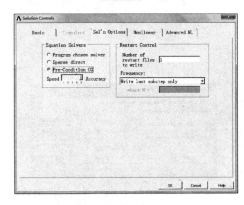
图 4-27 "Solution Controls"对话框

9）开始求解运算：执行 Main Menu > Solution > Solve > Current LS 命令，弹出一个提示框。浏览后执行 File > Close 命令，单击 OK 按钮开始求解运算。出现一个"Solution is done"对话框时单击 Close 按钮，完成求解运算。

10）保存分析结果：执行 Utility Menu > File > Save as 命令，弹出"Save as"对话框。输入"c_rod_RESU"，单击 OK 按钮。

9. 浏览分析结果

1）显示变形形状：Main Menu > General Postproc > Plot Results > Deformed Shape 命令，弹出图 4-28 所示的"Plot Deformed Shape"对话框。在"KUND Items to be plotted"选项组中选中"Def + undeformed"单选按钮，单击 OK 按钮，变形形状的结果如图 4-29 所示。

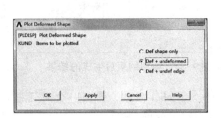
图 4-28 "Plot Deformed Shape"对话框

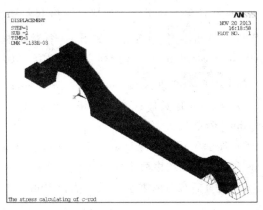
图 4-29 变形形状的结果

2）显示节点位移云图：执行 Main Menu > General Postproc > Plot Results > Contour plot > Nodal Solu 命令，弹出图 4-30 所示的"Contour Nodal Solution Data"对话框。在"Item to be contoured"列表框中依次选择"DOF solution"和"Displacement vector sum"选项，在"Undisplaced shape key"下拉列表框中选择"Deformed shape with undeformed model"选项。单击 OK 按钮，节点位移的生成结果如图 4-31 所示。

图 4-30 "Contour Nodal Solution Data" 对话框

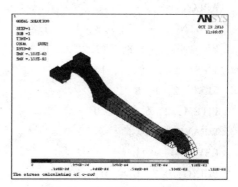

图 4-31 节点位移的生成结果

3）显示节点的应力：执行 Mani Menu > General Postproc > Plot Results > Contour plot > Nodal Solu 命令，弹出 "Contour Nodal Solution Data" 对话框。依次选择 "Stress" 和 "von Mises stress" 选项，单击 OK 按钮，应力的生成结果如图 4-32 所示。

4）映射节点应力：执行 Utility Menu > Plot Ctrls > Style > Symmetry Expansion > Periodic/Cyclic Symmetry Expansion 命令，弹出图 4-33 所示的 "Periodic/Cyclic Symmetry Expansion" 对话框，选中 "Reflect about XZ" 单选按钮，单击 OK 按钮，节点应力生成的结果如图 4-34 所示。

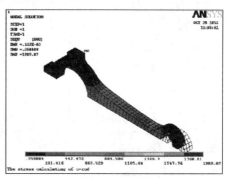

图 4-32 应力的生成结果

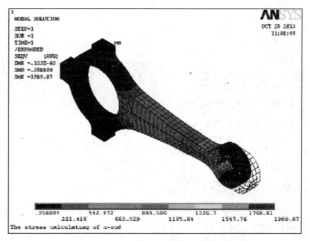

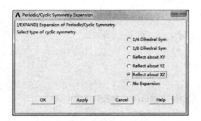

图 4-33 "Periodic/Cyclic Symmetry Expansion" 对话框

图 4-34 节点应力生成的结果

 命令流

```
/BATCH                              /PREP7
/FILENAME, CON ROD                  PCIRC, 1.4, 1, 0, 180,
/TITLE, Stress of connect-rod       PCIRC, 1.4, 1, 45, 180,
/REPLOT                             /PNUM, AREA, 1
```

```
APLOT
RECTNG, -0.3, 0.3, 1.2, 1.8
RECTNG, -1.8, -1.2, 0, 0.3
WPSTYLE,,,,,,, 1
FLST, 2, 1, 8
FITEM, 2, 6.5, 0, 0
WPAVE, P51X
CSYS, 4
PCIRC, 0.7, 0.4, 0, 180
PCIRC, 0, 7, 0.4.0, 135
/AUTO, 1
APLOT
AOVLAP, 1, 2, 3, 4
AOVLAJ, 5, 6
CSYS, 0
K,, 2.5, 0.5
K,, 3.25, 0.4
K,, 4.0, 0.33
K,, 4.75, 0.28
CSYS, 1
BSPLIN, 5, 28, 29, 30, 31, 21, 1, 135, 1, 45
LSTR, 1, 18
/PNUM, LINE, 1
LPLOT
AL, 6, 1, 7, 25
LFILLT, 36, 40, 0.25
LFILLT, 40, 31, 0.25
LFILLT, 30, 39, 0.25
LPLOT
AL, 12, 10, 13
AL, 17, 15, 19
AL, 23, 21, 24
AADD, ALL
APLOT
SAVE, CON_ ROD _ MODEL
ET, 1, MESH200
KEYOPT, 1, 1, 7
ESIZE, 0.2
MSHAPE, 0, 2D
MSHKEY, 0
AMESH, ALL
SAVE, CON_ ROD_ 2D _ MESH
/EFACET, 2
EPLOT
ET, 2, SOLID186
EXTOPT, ESIZE, 3
/VIEW, 1, 1, 1, 1
APLOT
VOFFST, 2, 0.5
/VIEW, 1, 1, 1, 1
EPLOT
SAVE, CON_ ROD_ 3D MESH
EPLOT
MP, EX, 1, 30E6
MP, PRXY, 1, 0.3
FINISH
/SOLU
DA, 18, SYMM
DA, 19, SYMM
DA, 15, SYMM
DA, 16, SYMM
DA, 17, SYMM
DA, 20, 3YMM
DA, 21, SYMM
DA, 22, SYMM
DA, 25, SYMM
DA, 447, UZ
SFA, 23, 1, PRES, 1000
EQSLV, PCG, 1E-8
SAVE
SOLVE
SAVE, CON_ ROD_ RESULT
FINISH
/POST1
PLNSOL, S, EQV
/REPLOT
FINISH
/EXIT AL
```

4.3 圆孔应力集中分析实例

问题描述

图 4-35 所示为一个承受单向拉伸的无限大平板，在其中心位置有一个小圆孔。材料属性为弹性模量 $E = 2 \times 10^{11}\text{Pa}$，泊松比为 0.3，拉伸载荷 $q = 1000\text{Pa}$，平板厚度 $t = 0.1\text{m}$。图 4-35 中所示数据单位为 m。

根据平板的物理性质，该问题属于平面应力问题。根据平板结构的对称性，只要分析其中的 1/2 即可，如图 4-36 所示。

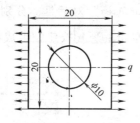
图 4-35　无限大平板的结构图

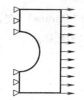
图 4-36　有限元分析模型

GUI 操作步骤

1. 定义工作文件名和工作标题

1）定义工作文件名：执行 Utility Menu > File > Change Jobname 命令，在弹出的"Change Jobname"对话框中输入"Plate"。选中"New log and error files"复选框，单击 OK 按钮。

2）定义工作标题：执行 Utility Menu > File > Change Title 命令，在弹出的"Change Title"对话框中输入"The analysis of plate stress with small circle"，单击 OK 按钮。

3）重新显示：执行 Utility Menu > Plot > Replot 命令。

4）关闭三角坐标符号：执行 Utility Menu > Plot Ctrls > Window Controls > Window Options 命令，弹出"Window Options"对话框。在"Location of triad"下拉列表框中选择"Not Shown"选项，单击 OK 按钮。

2. 定义单元类型和材料属性

1）选择单元类型：执行 Main Menu > Preprocessor > Element Type > Add/Edit/Delete 命令，弹出"Element Types"对话框。单击 Add... 按钮，弹出图 4-37 所示的"Library of Element Types"对话框。选择"Structural Solid"和"Quad 8node 183"选项，单击 OK 按钮，然后单击 Close 按钮。

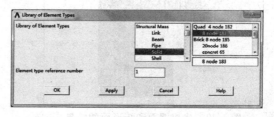
图 4-37　"Library of Element Types"对话框

2）设置材料属性：执行 Main Menu > Preprocessor > Material Props > Material Models 命令，弹出"Define Material Models Behavior"窗口。双击"Material Model Available"列表框中的"Structural > Linear > Elastic > Isotropic"选项，弹出"Linear Isotropic Material Properties for Material Number 1"对话框。在"EX"和"PRXY"文本框中分别输入"2e11"及"0.3"。单击 OK 按钮，然后执行 Material > Exit 命令，完成材料属性的设置。

3）保存数据：单击"ANSYS Toolbar"中的 SAVE_DB 按钮。

3. 创建几何模型

1）生成一个矩形面：执行 Main Menu > Preprocessor > Modeling > Create > Areas > Rectangle > By Dimensions 命令，弹出"Create Rectangle by Dimensions"对话框，如图 4-38 所示，输入数据，单击 OK 按钮，在图形窗口中显示一个矩形。

2）生成一个小圆孔：执行 Main Menu > Preprocessor > Modeling > Create > Areas > Circle > Solid Circle 命令，弹出图 4-39 所示的"Solid Circular Area"对话框。分别在"WP X""WP Y"和"Radius"文本框中输入"0，0，5"。单击 OK 按钮，生成圆面和矩形面的结果如图 4-40 所示。

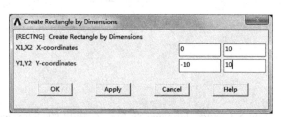

图 4-38 "Create Rectangle by Dimensions"对话框

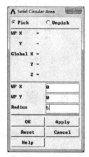

图 4-39 "Solid Circular Area"对话框

3）执行面相减操作：执行 Main Menu > Preprocessor > Modeling > Operate > Booleans > Subtract > Areas 命令，弹出一个拾取框。拾取编号为 A1 的面，单击 OK 按钮。然后拾取编号为 A2 的圆面，单击 OK 按钮。面相减操作后的结果如图 4-41 所示。

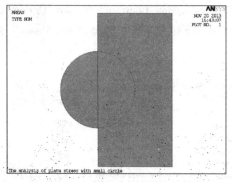

图 4-40 生成圆面和矩形面的结果

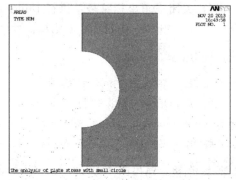

图 4-41 面相减操作后的结果

4）保存几何模型：单击"ANSYS Toolbar"中的 SAVE_DB 按钮。

4. 生成有限元网格

1）设置网格的尺寸大小：执行 Main Menu > Preprocessor > Meshing > Size Cntrls > Manual Size > Global > Size 命令，弹出图 4-42 所示的"Global Element Sizes"对话框。在"Element edge length"文本框中输入"0.5",单击 OK 按钮。

2）采用自由网格划分单元：执行 Main Menu > Preprocessor > Meshing > Mesh > Areas > Free 命令，弹出一个拾取框。拾取编号为 A3 的面，单击 OK 按钮，生成的网格如图 4-43 所示。

图 4-42 "Global Element Sizes" 对话框

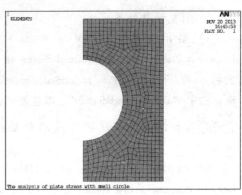

图 4-43 生成的网格

3）保存结果：单击工具栏中的 SAVE_DB 按钮。

5．施加载荷并求解

1）施加约束条件：执行 Main Menu > Solution > Define Loads > Apply > Structrual > Displacement > On Lines 命令，弹出一个拾取框。拾取编号为 L10 和 L9 的线，单击 OK 按钮，弹出图 4-44 所示的"Apply U, ROT on Lines"对话框。选择"UX"选项，单击 OK 按钮。

2）施加载荷：执行 Main Menu > Solution > Define Loads > Apply > Structrual > Pressure > On Lines 命令，弹出一个拾取框。拾取编号为 L2 的线，单击 OK 按钮，弹出图 4-45 所示的"Apply PRES on lines"对话框。在"Load PRES value"文本框中输入"-1000"；单击 OK 按钮，施加载荷的生成结果如图 4-46 所示。

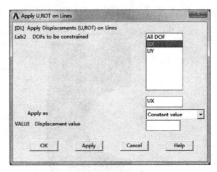

图 4-44 "Apply U, ROT on Lines"
对话框

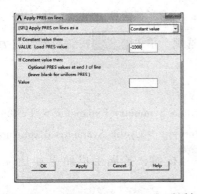

图 4-45 "Apply PRES on lines" 对话框

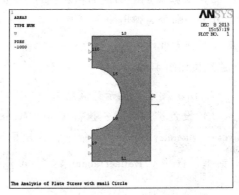

图 4-46 施加载荷的生成结果

3）求解：执行 Main Menu > Solution > Solve > Current LS 命令，弹出一个提示框。浏览后执行 File > Close 命令，单击 OK 按钮开始求解运算。出现一个"Solution is done"对话框时单击

单击 Close 按钮完成求解运算。

4）保存分析结果：执行 Utility Menu > File > Save as 命令，弹出"Save as"对话框。输入"Plate RESU"，单击 OK 按钮。

6. 浏览计算结果

1）显示变形形状：Main Menu > General Posproc > Plot Results > Deformed Shape 命令，弹出图 4-47 所示的"Plot Deformed Shape"对话框。选中"Def + undeformed"单选按钮，单击 OK 按钮，变形形状的生成结果如图 4-48 所示。

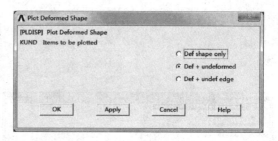

2）列出节点的结果：执行 Main Menu > General Postproc > List Results > Nodal Solution 命令，弹出图 4-49 所示的"List Nodal Solution"对话框。在"Item to be listed"列表框中依次选择"Stress"和"von Mises stress"选项，单击 OK 按钮。每个单元角节点的 6 个应力分量将以列表的方式显示，如图 4-50 所示。执行 File > Save as 命令，可将其作为一个文本文件保存。

图 4-47 "Plot Deformed Shape"对话框

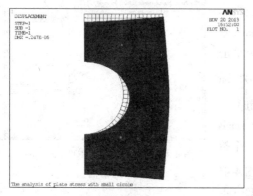

图 4-48 变形形状的生成结果

图 4-49 "List Nodal Solution"对话框

3）浏览节点上的应力值：执行 Main Menu > General Postproc > Plot Results > Contour Plot > Nodal Solu 命令，弹出图 4-51 所示的"Contour Nodal Solution Data"对话框。在"Item to be contoured"列表框中依次选择"Stress"和"von Mises stress"选项，单击 OK 按钮，节点应力的生成结果如图 4-52 所示。

7. 以扩展方式显示计算结果

1）设置扩展模式：执行 Utility Menu > Plot Ctrls > Style > Symmetry Expansion > Periodic/Cyclic Symmetry Expansion 命令，弹出图 4-53 所示的"Periodic > Cyclic Symmetry Expansion"对话框。选中"Reflect about YZ"单选按钮，单击 OK 按钮，扩展生成结果如图 4-54 所示。

2）以等值线方式显示：执行 Utility Menu > Plot Ctrls > Device Options 命令，弹出图 4-55 所示的"Device Options"对话框。选中"Vector mode (wireframe)"后的"On"复选框，单击 OK 按钮，应力等值线的生成结果如图 4-56 所示。

第 4 章 结构线性静力分析 105

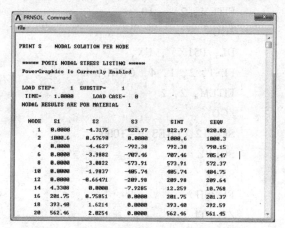

图 4-50 单元角节点的 6 个应力分量的结果

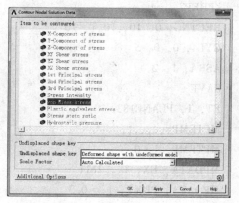

图 4-51 "Contour Nodal Solution Data" 对话框

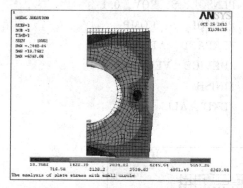

图 4-52 节点应力的生成结果

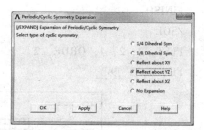

图 4-53 "Periodic/Cyclic Symmetry Expansion" 对话框

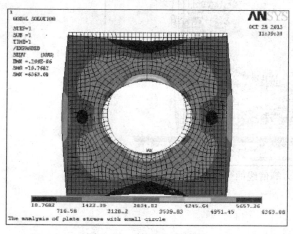

图 4-54 扩展生成结果

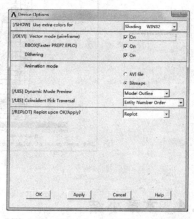

图 4-55 "Device Options" 对话框

 命令流

/BATCH
/TRIAD, OFF
/FILNAME, PLATE
/TITLE, Plate Stress with small Circle

```
/REPLOT                          FITEM, 2, -10
/PREP7                           /GO
RECTNG, 0, 10, 10, -10           DL, P51X, , UX,
CYL4, 0, 0, 5                    FLST, 2, 1, 4, ORDE, 1
ASBA, 1, 2                       FITEM, 2, 2
SAVE                             /GO
ET, 1, PLANE183                  SFL, 2, PRES, -1000
MPTEMP,,,,,,,                    SOLVE
MPTEMP, 1, 0                     SAVE
MPDATA, EX, 1,, 2e11             FINISH
MPDATA, PRXY, 1,, 0.3            /POST1
! SAVE, Plate, db,               PLDISP, 1
ESIZE, 0.5                       PLNSOL, S, EQV, 0.1
AMESH, ALL                       PRNSOL, S, COMP
SAVE                             /EXPAND, AT,, YZ
FINISH                           /DEVICE, VECTOR, 1
/SOL                             FINISH
FLST, 2, 2, 4, ORDE, 2           /EXIT, ALL
FITEM, 2, 9
```

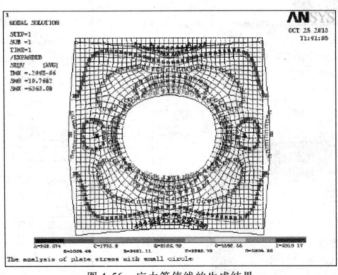

图 4-56 应力等值线的生成结果

4.4 本章小结

ANSYS 的静力分析过程一般包括建立模型、施加载荷并求解和检查结果 3 个步骤。在建立模型之前要定义工作文件名，指定分析标题，然后进入 /PREP7 处理器。建立有限元分析模型，主要包括定义单元类型、单元实常数、材料属性和几何模型等。建立模型后，对几何模型划分网格生成有限元分析模型；进入 /SOLU 求解器，用户能够将载荷施加在几何模型（如关键点、线、面或体）或有限元模型（如节点或单元）上，若施加在几何模型，则 ANSYS 在求解分析时也将载荷转换到有限元模型上。结构静力分析的载荷类型主要包括位移（UX、UY、UZ、ROTX、ROTY 和 ROTZ）、力或力矩（FX、FY、FZ、MX、MY 和 MZ）、压力（PRES）、温度（TEMP）、流通量（FLUE）、重力（Gravity）和旋转角速度（Spinning Angular Velocity）等。在分析过程中可以执行施加、删除、运算和列表载荷等操作；进入/POST1后处理器检查显示有关分析结果。

通过连杆受力、圆孔应力集中效应的例子，介绍了结构静力分析的操作步骤与技巧，为解决处理类似实际问题提供了依据和经验。

4.5 思考与练习

1. 概念题
1）在前处理器（/PREP7）内主要完成哪些操作？
2）结构静力分析的载荷类型主要包括哪几种？
3）如何从用户菜单和主菜单查看分析结果？

2. 计算操作题
（1）悬臂梁的自重分析　计算图 4-57 所示悬臂梁在自身重力作用下的挠度曲线。梁的材料是钢，其弹性模量为 2×10^{11} Pa，各尺寸如图中所示，单位为 m。
（2）桁架结构受力分析　求解图 4-58 所示桁架的节点位移、支座反力和每根杆内的应力。桁架材料的弹性模量 $E = 2\times 10^{11}$ Pa，杆的横截面积 $A = 3250$ mm^2。各节点坐标见表 4-2。

表 4-2　节点坐标

（单位：mm）

序号	X	Y
1	0	0
2	1800	3118
3	3600	0
4	5400	3118
5	7200	0
6	9000	3118
7	10800	0

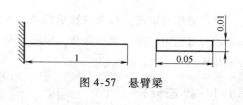

图 4-57　悬臂梁

（3）三维托架实体受力分析　图 4-59 所示托架的顶面承受 50 lbf/in^2 的均匀分布载荷。托架通过有孔的表面固定在墙上，托架是钢制的，弹性模量 $E = 29\times 10^6$ psi，泊松比为 0.3。试通过 ANSYS 输出其变形图及托架的应力分布。

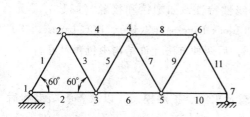

图 4-58　平面桁架结构

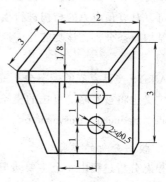

图 4-59　三维托架形状和尺寸
（图中尺寸的单位均为 in）

第 5 章 动力学分析

结构动力学研究的是结构在随时间变化载荷下的响应问题，它与静力分析的主要区别是动力分析需要考虑惯性力以及运动阻力的影响。动力分析主要包括以下 5 个部分：

（1）模态分析　用于计算结构的固有频率和模态。
（2）谐波分析（谐响应分析）　用于确定结构在随时间正弦变化的载荷作用下的响应。
（3）瞬态动力分析　用于计算结构在随时间任意变化的载荷作用下的响应，并且可涉及上述提到的静力分析中所有的非线性性质。
（4）谱分析　是模态分析的应用拓展，用于计算由于响应谱或 PSD 输入（随机振动）引起的应力和应变。
（5）显式动力分析　ANSYS/LS-DYNA 可用于计算高度非线性动力学和复杂的接触问题。

本章重点介绍前 3 种。

【本章重点】
- 区分各种动力学问题。
- 各种动力学问题 ANSYS 分析步骤与特点。

5.1 动力学分析的过程与步骤

模态分析与谐波分析两者密切相关，求解简谐力作用下的响应时要用到结构的模态和振型。瞬态动力分析可以通过施加载荷步模拟各种荷载，进而求解结构响应。三者具体分析过程与步骤有明显区别。

5.1.1 模态分析

1．模态分析的应用

用模态分析可以确定一个结构的固有频率和振型，固有频率和振型是承受动态载荷结构设计中的重要参数。如果要进行模态叠加法谐响应分析或瞬态动力学分析，固有频率和振型也是必要的。可以对有预应力的结构进行模态分析，例如旋转的涡轮叶片。另一个有用的分析功能是循环对称结构模态分析，该功能允许通过仅对循环对称结构的一部分进行建模，而分析产生整个结构的振型。

ANSYS 产品家族的模态分析是线性分析，任何非线性特性，如塑性和接触（间隙）单元，即使定义也将被忽略。可选的模态提取方法有 7 种，即 Block Lanczos（默认）、PCG Lanczos、Supernode、Reduced、Unsymmetric、Damped 及 QR Damped，后两种方法允许结构中包含阻尼。

2．模态分析的步骤

模态分析过程由 4 个主要步骤组成，即建模、加载及求解、扩展模态，以及查看结果和后处理。

（1）建模　在该步骤中需指定项目名和分析标题，然后用前处理器 PREP7 定义单元类型、单元实常数、材料性质及几何模型。必须指定弹性模量 EX（或某种形式的刚度）和密度 DENS（或某种形式的质量），材料性质可以是线性或非线性、各向同性或正交各向异性，以及恒定或与温度有关的，非线性特性将被忽略。

(2) 加载及求解　在这个步骤中要定义分析类型和分析选项，施加载荷，指定加载阶段选项，并进行固有频率的有限元求解。在得到初始解后，应对模态进行扩展以供查看。

1) ANSYS 提供的用于模态分析的选项如下：

① New Analysis [ANTYPE]：选择新的分析类型。

② Analysis Type：Modal [ANTYPE]：指定分析类型为模态分析。

③ Mode Extraction Method [MODOPT]：选择模态提取方法。方法如下：

a. Block Lanczo smethod（默认）：分块的兰索斯法，它适用于大型对称特征值求解问题，比子空间法具有更快的收敛速度。

b. Subspace method：子空间法，适用于大型对称特征值问题。

c. Power Dynamics method：适用于非常大的模型（100 000 个自由度以上）及求解结构的前几阶模态，以了解结构如何响应的情形。该方法采用集中质量阵（LUMPM，ON）。

d. Reduced (Householder) method：使用减缩的系统矩阵求解，速度快。但由于减缩质量矩阵是近似矩阵，所以相应精度较低。

e. Unsymmetric method：用于系统矩阵为非对称矩阵的问题，例如流体-结构相同作用。

f. Damped method：用于阻尼不可忽略的问题。

g. QR Damped method：采用减缩的阻尼阵计算复杂阻尼问题，所以比 Damped method 方法有更快的计算速度和更好的计算效率。

④ Number of Modes to Extract [MODOPT]：除 Reduced 方法外的所有模态提取方法都必须设置该选项。

⑤ Number of Modes to Expand [MXPAND]：仅在采用 Reduced、Unsymmetric 和 Damped 方法时要求设置该选项。但如果需要得到单元的求解结果，则不论采用何种模态提取方法都需选中 Calculate elem results 复选框。

⑥ Mass Matrix Formulation [LUMPML]：使用该选项可以选定采用默认的质量矩阵形成方式（和单元类型有关）或集中质量矩阵近似方式，建议在大多数情况下应采用默认形成方式。但对有些包含薄膜结构的问题，如细长梁或非常薄的壳，采用集中质量矩阵近似经常可产生较好的结果。另外，采用集中质量矩阵求解时间短，需要内存少。

⑦ Prestress Effects Calculation [PSTRES]：选用该选项可以计算有预应力结构的模态。默认的分析过程不包括预应力，即结构是处于无应力状态的。

2) 完成模态分析选项 "Modal Analysis Option" 对话框中的选择后，单击 OK 按钮。一个相应于指定的模态提取方法的对话框将会出现。对话框中给出如下选择域的组合：

① FREQB，FREQE：指定模态提取的频率范围，大多数情况无需设置。

② PRMODE：要输出的减缩模态数，只对 Reduced 方法有效。

③ Nrmkey：关于振型归一化的设置，可选择相对于质量矩阵 [M] 或单位矩阵 [I] 进行归一化处理。

④ RIGID：设置提取对已知有刚体运动结构进行子空间迭代分析时的零频模态，只对 Subspace 和 Power Dynamics 法有效。

⑤ SUBOPT：指定多种子空间迭代选项，只对 Subspace 和 Power Dynamics 方法有效。

⑥ CEkey：指定处理约束方程的方法，只对 Block Lanczos 方法有效。

3）定义自由度。使用 Reduced 模态提取法时要求定义自由度。执行如下：

GUI：Main Menu > Solution > Master DOFs > -user Selected-Define。

命令：M。

4）在模型上加载荷。在典型的模态分析中唯一有效的"载荷"是零位移约束，如果在某个 DOF 处指定了一个非零位移约束，则以零位移约束替代该 DOF 处的设置。可以施加除位移约束之外的其他载荷，但它们将被忽略。在未加约束的方向上，程序将解算刚体运动（零频）及高频（非零频）自由体模态。载荷可以加在实体模型（点、线和面）上或加在有限元模型（点和单元）上。

5）指定载荷步选项。模态分析中可用的载荷步选项见表 5-1。阻尼只在用 Damped 模态提取法时有效，在其他模态提取法中将被忽略。如果包含阻尼，且采用 Damped 模态提取法，则计算特征值是复数解。

表 5-1 模态分析中可用的载荷步选项

选项	命令	GUI 路径
Alpha（质量）阻尼	ALPHAD	Main Menu > Solution > Load Step Opts > Time/Frequenc > Damping
Beta（刚度）阻尼	BETAD	Main Menu > Solution > Load Step Opts > Time/Frequenc > Damping
恒定阻尼比	DMPRAT	Main Menu > Solution > Load Step Opts > Time/Frequenc > Damping
材料阻尼比	MP,DAMP	Main Menu > Solution > Other > Change Mat Props > Polynomial
单元阻尼比	R	Main Menu > Solution > Load Step Opts > Other > Real Constants > Add/Edit/Delete
Printed Output	OUTPR	Main Menu > Solution > Load Step Opts > Output Ctrls > Solu Printout

6）开始求解计算。执行如下：

GUI：Main Menu > Solution > -Solve-Current LS。

命令：SOLVE。

求解器的输出内容主要为写到输出文件及 Jobname.mode 振型文件中的固有频率，也可以包含减缩的振型和参与因子表，这取决于设置的分析选项的输出控制。由于振型现在尚未写到数据库或结果文件中，因此还不能对结果进行后处理。

如果采用 Subspace 模态提取法，则输出内容中可能包括警告：STURM number = n should be m。其中，n 和 m 为整数，表示某阶模态被漏掉或第 m 阶和第 n 阶模态的频率相同，而要求输出的只有第 m 阶模态。

如果采用 Damped 模态提取方法，求得的特征值和特征向量将是复数解。特征值的虚部代表固有频率，实部为系统稳定性的量度。

7）退出 SOLUTION。执行如下：

GUI：Main Menu > Finish。

命令：FINISH。

（3）扩展模态 从严格意义上来说，扩展意味着将减缩解扩展到完整的 DOF 集上；而减缩解常用主 DOF 表达。在模态分析中扩展指将振型写入结果文件，即扩展模态适用于 Reduced 模态提取方法得到的减缩振型和使用其他模态提取方法得到的完整振型。因此如果需要在后处理器中查看振型，必须先将振型写入结果文件。模态扩展要求振型 Jobname.mode、Jobname.emat、Jobname.esav 及 Jobname.tri 文件（如果采用 Reduced 方法）必须存在且数据库中必须包含和结算模态时所用模型相同的分析模型。扩展模态的操作步骤如下：

1）进入 ANSYS 求解器，执行如下：

GUI：Main Menu > Solution。

命令：/SOLU。

在扩展处理前必须退出求解并重新进入（/SOLU）。

2）激活扩展处理及相关选项（表5-2）。

表5-2 扩展处理选项

选项	命令	GUI 路径
Expansion Pass On/Off	EXPASS	Main Menu > Solution > Analysis Type > Expansion Pass
No. of Modes to Expand	MXPAND	Main Menu > Solution > Load Step Opts > Expansion Pass > Single Expand > Expand Modes
Freq. Range for Expansion	MXPAND	Main Menu > Solution > Load Step Opts > Expansion Pass > Single Expand > Expand Modes
Stress Calc. On/Off	MXPAND	Main Menu > Solution > Load Step Opts > Expansion Pass > Single Expand > Expand Modes

① Expansion Pass On/Off [EXPASS]：选择 ON（打开）。

② No. of Modes to Expand [MXPAND, NMODE]：指定要扩展的模态数。注意：只有经过扩展的模态可在后处理中查看，默认为不进行模态扩展。

③ Freq. Range for Expansion [MXPAND,, FREQB, FREQE]：这是另一种控制要扩展模态数的方法。如果指定一个频率范围，那么只有该频率范围内的模态会被扩展。

④ Stress Calc. On/Off [MXPAND,,,, Elcalc]：是否计算应力，默认为不计算。模态分析中的应力并不代表结构中的实际应力，而只是给出一个各阶模态之间相对应力分布的概念。

3）指定载荷步选项，模态扩展处理中唯一有效的选项是输出控制。执行如下：

GUI：Main Menu > Solution > Load Step > Output Ctrls > DB/Results File。

命令：OUTRES。

4）开始扩展处理，扩展处理的输出包括已扩展的振型，而且还可以要求包含各阶模态相对应的应力分布。执行如下：

GUI：Main Menu > Solution > Current LS。

命令：SOLVE。

5）如需扩展另外的模态（如不同频率范围的模态），重复步骤2）~4），每次扩展处理的结果文件中保存为单步的载荷步。

6）退出 SOLUTION，可以在后处理器中查看结果。执行如下：

GUI：Main Menu > Finish。

命令：FINISH。

（4）查看结果和后处理 模态分析的结果（即扩展模态处理的结果）写入结构分析 Jobname.rst 文件中，其中包括固有频率、已扩展的振型和相对应力和应力分布（如果要求输出），可以在普通后处理器（/POST1）中查看模态分析结果。

查看结果数据包括读入合适子步的结果数据。每阶模态在结果文件中保存为一个单独的子步。如扩展了6阶模态，结果文件中将有6个子步组成的一个载荷步。执行如下：

GUI：Main Menu > General Postproc > Read Results > By Load Step > Substep。

命令：SET 和 SBSTEP。

GUI：Main Menu > General Postproc > Plot Results > Deformed Shape。

命令：PLDISP。

5.1.2 谐响应分析

1. 谐响应分析的应用

谐响应分析是用于确定线性结构在承受随时间按正弦（简谐）规律变化的载荷时的稳态响

应的一种技术。分析的目的是计算结构在几种频率下的响应并得到一些响应值（通常是位移）对频率的曲线，从这些曲线上可找到"峰值"响应并进一步查看峰值频率对应的应力。

这种分析技术只计算结构的稳态受迫振动，发生在激励开始时的瞬态振动不在谐响应分析中考虑。作为一种线性分析，该分析忽略任何即使已定义的非线性特性，如塑性和接触（间隙）单元。但可以包含非对称矩阵，如分析在流体-结构相互作用问题。谐响应分析也可用于分析有预应力的结构，如小提琴的弦（假定简谐应力比预加的拉伸应力小得多）。

2. 求解方法

谐响应分析可以采用如下 3 种方法。

（1）Full 方法（完全） 该方法采用完整的系统矩阵计算谐响应（没有矩阵减缩），矩阵可以是对称或非对称的。

1）Full 方法的优点如下：

① 容易使用，因为不必关心如何选择主自由度和振型。

② 使用完整矩阵，因此不涉及质量矩阵的近似。

③ 允许有非对称矩阵，这种矩阵在声学或轴承问题中很典型。

④ 用单一处理过程计算出所有的位移和应力。

⑤ 允许施加各种类型的载荷，如节点力、外加的（非零）约束和单元载荷（压力和温度）。

⑥ 允许采用实体模型上所加的载荷。

2）Full 方法的缺点是预应力选项不可用，并且采用 Frontal 方程求解器时通常比其他方法运行时间长。但是采用 JCG 求解器或 JCCG 求解器时，该方法的效率很高。

（2）Reduced 方法 该方法通常采用主自由度和减缩矩阵来压缩问题的规模，计算主自由度处的位移后，解可以被扩展到初始的完整 DOF 集上。

1）Reduced 方法的优点如下：

① 在采用 Frontal 求解器时比 Full 方法更快。

② 可以考虑预应力效果。

2）Reduced 方法的缺点如下：

① 初始解只计算出主自由度的位移。要得到完整的位移，应力和力的解则需执行被称为扩展处理的进一步处理，扩展处理在某些分析应用中是可选操作。

② 不能施加单元载荷（压力和温度等）。

③ 所有载荷必须施加在用户定义的自由度上，限制了采用实体模型上所加的载荷。

（3）Mode Super position 方法（模态叠加） 该方法通过对模态分析得到的振型（特征向量）乘上因子并求和计算出结构的响应。

1）Mode Super position 方法的优点如下：

① 对于许多问题，比 Reduced 方法或 Full 方法更快。

② 在模态分析中施加的载荷可以通过 LVSCALE 命令用于谐响应分析中。

③ 可以使解按结构的固有频率聚集，可产生更平滑且更精确的响应曲线图。

④ 可以包含预应力效果。

⑤ 允许考虑振型阻尼（阻尼系数为频率的函数）。

2）Mode Super position 方法的缺点如下：

① 不能施加非零位移。

② 在模态分析中使用 Power Dynamics 方法时，初始条件中不能有预加的载荷。

谐响应的 3 种方法有共同局限性：①所有载荷必须随时间按正弦规律变化；②所有载荷必须

有相同的频率;③不允许有非线性特性;④不计算瞬态效应。

3. Full 方法的主要步骤

使用 Full 方法进行谐响应分析的过程的主要步骤为建模、加载并求解,以及查看结果和后处理。

(1) 建模 在该步骤中需指定文件名和分析标题,然后用 PREP7 来定义单元类型、单元实常数、材料特性及几何模型,需记住的要点如下:

1) 只有线性行为是有效的,如果有非线性单元,则按线性单元处理。

2) 必须指定弹性模量 EX (或某种形式的刚度) 和密度 DENS (或某种形式的质量)。材料特性可为线性、各向同性或各向异性,以及恒定的或和温度相关的,忽略非线性材料特性。

(2) 加载并求解 在该步骤中定义分析类型和选项、加载、指定载荷步选项并开始有限元求解。需要注意的是,峰值响应分析发生在力的频率和结构的固有频率相等时。在得到谐响应分析解之前,应首先执行模态分析,以确定结构的固有频率。

1) 进入 ANSYS 求解器。执行如下:

GUI:Main Menu > Solution。

命令:/SOLU。

2) 定义分析类型和分析选项,ANSYS 提供的用于谐响应分析的选项见表 5-3。

表 5-3 用于谐响应分析的选项

选项	命令	GUI 路径
New Analysis	ANTYPE	Main Menu > Solution > Analysis Type > New Analysis
Analysis Type:Harmonic Response	ANTYPE	Main Menu > Solution > Analysis Type > New Analysis > Harmonic
Solution Method	HROPT	Main Menu > Solution > Analysis Type > Analysis Options
Solution Listing Format	HROUT	Main Menu > Solution > Analysis Type > Analysis Options
Mass Matrix Formulation	LUMPM	Main Menu > Solution > Analysis Type > Analysis Options
Equation Solver	EQSLV	Main Menu > Solution > Analysis Type > Analysis Options

① New Analysis [ANTYPE]:选择新分析,在谐响应分析中 Restart 不可用。如果需要施加另外的简谐载荷,可以另进行一次新分析。

② Analysis Type:Harmonic Response [ANTYPE]:选择分析类型为 Harmonic Response (谐响应分析)。

③ Solution Method [HROPT]:选择 Full、Reduced 或 Mode Superposition 求解方法之一。

④ Solution Listing Format [HROUT]:确定在输出文件中谐响应分析的位移解如何列出,可选方式有 real and imaginary (实部和虚部) (默认) 和 amplitudes and phaseangles (幅值和相位角)。

⑤ Mass Matrix Formulation [LUMPM]:指定采用默认的质量矩阵形成方式 (取决于单元类型) 或使用集中质量矩阵近似。

⑥ Equation Solver [EQSLV]:可选求解器有 Frontal (默认)、Sparse Direct (SPARSE)、Jacobi Conjugate Gradient (JCG),以及 Incomplete Cholesky Conjugate Gradient (ICCG)。对大多数结构模型,建议采用 Frontal 或 SPARSE 求解器。

3) 在模型上加载。根据定义,谐响应分析假定所施加的所有载荷随时间按简谐 (正弦) 规律变化。指定一个完整的简谐载荷需输入 3 个数据,即 Amplitude (振幅)、Phaseangle (相位角) 和 Forcing Frequency Range (强制频率范围)。

4) 指定载荷步选项,谐响应分析可用的选项见表 5-4。

表 5-4 谐响应分析可用的选项

选项	命令	GUI 路径
普通选项（General Options）		
Number of Harmonic Solution	NSUBST	Main Menu > Solution > Load Step Opts > Time/Frequenc > Freq and Substeps
Steppe or Ramped Loads	KBC	Main Menu > Solution > Load Step Opts > Time/Frequence > Time > Time Step or Freq and Substeps
动力学选项（Dynamics Options）		
Forcing Frequency Range	HARFRQ	Main Menu > Solution > Load Step Opts > Time/Frequenc > Freq and Substeps
Damping	ALPHAD, BETAD, DMPRAT	Main Menu > Solution > Load Step Opts > Time/Frequenc > Damping
输出控制选项（Output Control Options）		
Printed Output	OUTPR	Main Menu > Solution > Load Step Opts > Output Ctrls > Solu Printout
Database and Results File Output	OUTRES	Main Menu > Solution > Load Step Opts > Output Ctrls > DB/Results File
Extrapolation of Results	ERESX	Main Menu > Solution > Load Step Opts > Output Ctrls > Integration Pt

普通选项和动力学选项如下：

① Number of Harmonic Solutions [NSUBST]：请求计算任何数目的谐响应解，解（或子步）将均布于指定的频率范围内。例如，如果在 30~40Hz 范围内要求出 10 个解，则计算在频率 31~40Hz 处的响应，而不计算其他频率处。

② Stepped or Ramped Loads [KBC]：载荷以 Stepped 或 Ramped 方式变化，默认为 Ramped，即载荷的幅值随各子步逐渐增长。如果用命令 [KBC, 1] 设置了 Stepped 载荷，则在频率范围内的所有子步载荷将保持恒定的幅值。

③ Forcing Frequency Range [HARFRQ]：在谐响应分析中必须指定强制频率范围（以周/单位时间为单位），然后指定在此频率范围内要计算处的解数。

④ Damping：必须指定某种形式的阻尼，如 Alpha（质量）阻尼 [ALPHAD]、Beta（刚度）阻尼 [BETAD] 或恒定阻尼比 [DMPRAT]，否则在共振处的响应将无限大。

5）开始求解。执行如下：

GUI：Main Menu > Solution > Solve > Current LS。

命令：SOLVE。

6）如果有另外的载荷和频率范围（即另外的载荷步），重复步骤 3）~5）。如果要作时间历程后处理（POST26），则一个载荷步和另一个载荷步的频率范围间不能存在重叠。

7）退出 SOLUTION。执行如下：

GUI：关闭 Solution 菜单。

命令：FINISH。

(3) 查看结果和后处理　谐响应分析的结果保存在结构分析 Jobname.rst 文件中，如果结构定义了阻尼，响应将与载荷异步。所有结果将是复数形式的，并以实部和虚部存储。

通常可以用 POST26 和 POST1 查看结果。一般的处理顺序是用 POST26 找到临界强制频率模型中关注点产生最大位移（或应力）时的频率，然后用 POST1 在这些临界强制频率处处理整个模型。

POST26 要用到结果项/频率对应关系表，即 variables（变量）。每个变量都有一个参考号，1 号变量被内定为频率。其中主要操作如下：

1）定义变量。执行如下：

GUI：Main Menu > Time Hist Postpro > Define Variables。

命令：NSOL 用于定义基本数据（节点位移），ESOL 用于定义派生数据（单元数据，如应力），RFORCE 用于定义反作用力数据。

2）绘制变量对频率或其他变量的关系曲线，然后用 PLCPLX 指定用幅值/相位角方式或实部/虚部方式表示解。执行如下：

GUI：Main Menu > Time Hist Postpro > Graph Variables。
　　　 Main Menu > Time Hist Postpro > Settings > Graph。

命令：PLVAR 和 PLCPLX。

3）列表变量值。如果只要求列出极值，可用 EXTREM 命令，然后用 PLCPLX 指定用幅值/相位角方式或实部/虚部方式表示解。执行如下：

GUI：Main Menu > Time Hist Postpro > List Variables > List Extremes。
　　　 Main Menu > Time Hist Postpro > List Extremes。
　　　 Main Menu > Time Hist Postpro > Settings > List。

命令：PRVAR、EXTREM 和 PRCPLX。

通过查看整个模型中关键点处的时间历程结果，可以得到用于进一步 POST1 后处理的频率值。

使用 POST1 时，使用 SET 命令（GUI：Main Menu > General Postproc > Read Results > …）读入所需谐响应分析的结果，但不能同时读入实部或虚部。结果大小由实部和虚部的 SRSS 和（二次方和取二次方根）给出，在 POST26 中可得到模型中指定点处的真实结果，然后进行其他通用后处理。

5.1.3 瞬态动力学分析

1. 应用

瞬态动力学分析（也称时间历程分析）是用于确定承受任意的随时间变化载荷结构的动力学响应的一种方法，可用其分析确定结构在静载荷、瞬态载荷和简谐载荷的随意组合作用下随时间变化的位移、应变、应力及力。载荷和时间的相关性使得惯性力和阻尼作用比较显著，如果惯性力和阻尼作用不重要，即可用静力学分析代替瞬态分析。

2. 预备工作

瞬态动力学分析比静力学分析更复杂，因为按工程时间计算，该分析通常要占用更多的计算机资源和更多的人力，可以做必要的预备工作以节省大量资源。

如果分析中包含非线性，可以通过进行静力学分析尝试了解非线性特性如何影响结构的响应，有时在动力学分析中不必包括非线性。

通过模态分析计算结构的固有频率和振型，即可了解这些模态被激活时结构如何响应。固有频率同样也对计算正确的积分时间步长有用。

瞬态动力学分析也可以采用 Full、Reduced 或 Mode Superposition 方法。

3. Full 方法的主要步骤

使用 Full 方法进行瞬态动力学分析的过程的主要步骤为建模、加载并求解，以及查看结果和后处理。

（1）建模　　在该步骤中需指定文件名和分析标题，然后用 PREP7 来定义单元类型、单元实常数、材料特性及几何模型，需记住的要点如下：

1)只有线性行为是有效的,如果有非线性单元,则按线性单元处理。
2)必须指定弹性模量 EX(或某种形式的刚度)和密度 DENS(或某种形式的质量)。材料特性可为线性、各向同性或各向异性,以及恒定的或和温度相关的,忽略非线性材料特性。

(2)加载并求解 在该步骤中定义分析类型和选项、加载、指定载荷步选项并开始有限元求解。

1)进入 ANSYS 求解器。执行如下:
GUI:Main Menu > Solution。
命令:/SOLU。

2)定义分析类型和分析选项,用于瞬态动力学响应分析的选项见表 5-5。

表 5-5 用于瞬态动力学响应分析的选项

选项	命令	GUI 路径
New Analysis	ANTYPE	Main Menu > Solution > Analysis Type > New Analysis
Analysis Type: Transient Dynamics	ANTYPE	Main Menu > Solution > Analysis Type > New Analysis > Transient Dynamics
Solution Method	HROPT	Main Menu > Solution > Analysis Type > Analysis Options
Large Deformation Effects	NLGEOM	Main Menu > Solution > Analysis Type > Analysis Options
Mass Matrix Formulation	LUMPM	Main Menu > Solution > Analysis Type > Analysis Options
Equation Solver	EQSLV	Main Menu > Solution > Analysis Type > Analysis Options
Stress Stiffening Effect	SSTIF	Main Menu > Solution > Analysis Type > Analysis Options
Newton-Raphson Option	NROPT	Main Menu > Solution > Analysis Type > Analysis Options

① New Analysis [ANTYPE]:选择新分析。已完成静力学预应力或 Full 方法瞬态动力学分析并准备延伸时间历程;选择 Restart,重新启动一次失败的非线性分析。

② Analysis Type [ANTYPE]:选择分析类型为 Transient Dynamics(瞬态动力学分析)。

③ Solution Method [HROPT]:选择 Full、Reduced 或 Mode Superposition 求解方法之一。

④ Large Deformation Effects [NLGEOM]:考虑属于几何非线性的大变形(如弯曲的细长棒)或大应变(如金属成形问题)时,打开 "ON" 选项。默认为小变形和小应变。

⑤ Mass Matrix Formulation [LUMPM]:建议在大多数应用中采用默认质量矩阵形成方式(和单元相关)。但对有些包含薄膜结构的问题,采用集中质量矩阵近似经常可产生较好的结果,并且求解时间短,需要内存少。

⑥ Equation Solver [EQSLV]:可选求解器有 Frontal(默认)、Sparse Direct(SPARSE)、Jacobi Conjugate Gradient(JCG)、JCG out-of-memory、Incomplete Cholesky Conjugate Gradient(ICCG)、Preconditioned Conjugate Gradient(PCG)和 Iterative(自动选择,仅用于非线性静力学分析/Full 方法瞬态动力学分析或稳态/瞬态热力学分析,建议采用)。对于大型模型,建议采用 PCG 求解器。

⑦ Stress Stiffening Effect [SSTIF]:应力刚化属于几何非线性,在小变形分析中希望结构中的应力显著增加(或降低)结构的刚度,如承受法向压力的圆形薄膜,或者在大变形分析中如果需要用此选项帮助收敛时选择为 ON(默认为 OFF)。

⑧ Newton-Raphson Option [NRORT]:指定在求解期间切线矩阵被刷新的频度。仅在存在非线性时用,可选项包括 Program-chosen(默认)、Full、Modified 及 Initial Stiffness。

3)在模型上加载。按定义,瞬态动力学分析包含数值为时间函数的载荷,要指定这样的载荷,需将载荷对时间的关系曲线划分成合适的载荷步。在载荷-时间曲线上的每个 "拐角" 都应作为一个载荷步,如图 5-1 所示。

第 1 个载荷步通常被用来建立初始条件,然后指定后继的瞬态载荷及加载步选项。对于每一个载荷步，都要指定载荷值和时间值，以及其他载荷步选项，如载荷时按 Steped 或 Ramped 方式施加，以及是否使用自动时间步长等。最后将每一个载荷步写入文件并一次性求解所有的载荷步。

施加瞬态载荷的第 1 步是建立初始关系（即零时刻的情况），瞬态动力学分析要求给定初始位移 s_0 和初始速度 v_0 两种初始条件。如果没有设置，s_0 和 v_0 都被假定为 0。初始加速度 a_0 一般被假定为 0，但可以通过在一个小的时间间隔内施加合适的加速度载荷来指定非零的初始加速度。

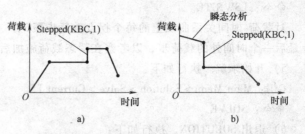

图 5-1 载荷-时间关系曲线的实例

非零初始位移及/或非零初始速度的设置方法如下：

GUI：Main Menu > Solution > Define Loads > Apply > Initial Conditn > Define。

命令：IC。

除惯性载荷外，可以在实体模型（由关键点、线及面组成）或有限元模型（由节点和单元组成）上施加载荷。在分析过程中可以施加、删除载荷或操作及列表载荷。

① 普通选项如下：

a. Time [TIME]：指定载荷步结束时间。

b. Stepped or Ramped Loads [KBC]：设置在载荷步内用 Ramped（直线上升，默认）方式或 Stepped（阶跃）方式加载荷。

c. Integration Time Step [SUBST 或 DELTIML]：用于运动方程时间积分的时间增量值。可以直接用命令 [DELTIM] 或间接地用子步数 [NSUBST] 指定。时间步长决定解的精度，其值越小，精度越高。

d. Automatic Time Stepping [AUTOTS]：在瞬态分析中也为时间步长优化，指程序按结构的响应增加或减缩积分步长。对于大多数问题，建议选择此选项并指定上、下限。

② 动力学选项如下：

a. Time Integration Effects [TIMINT]：考虑惯性和阻尼影响时必须打开时间积分效果（默认为打开），否则进行静力分析。该选项对以静力分析开始的瞬态动力学分析很有用，即第 1 个载荷步求解时应关闭时间积分效果。

b. Transient Integration Parameters（瞬态积分参数）[TINTP]：控制 Newmark 时间积分法特性，默认为采用恒定平均加速度方案。

c. Damping：在大多数结构中存在某种形式的阻尼且应在分析中加以考虑，在瞬态动力学分析中可指定 AIpha（质量）阻尼 [ALPHAD]、Beta（刚度）阻尼 [BETAD] 和恒定阻尼比 [DMPRAT] 共 3 种形式的阻尼。

非线性选项包括仅当存在非线性特性（塑性、接触单元和蠕变等）时有用。

③ 输出控制选项如下：

a. Printed Output [OUTPR]：指定输出文件中包含的结果数据。

b. Database and Results File Output [OUTRES]：控制 Jobname.rst 文件中包含的数据。

c. Extrapolation of Results [ERESX]：设置采用将结果复制到节点处方式，而默认的外插方式得到单元积分点结果。

4）保存当前载荷步设置到载荷步文件中。执行如下：

GUI：Main Menu > Solution > Load Step Opts > Write LS File。

命令：LSWRITE。

对载荷-时间关系曲线上的每个拐点重复步骤3）~4）。可能需要一个额外的延伸到载荷曲线上最后一个时间外的载荷步，以考察在瞬态载荷施加后结构的响应。

5）开始求解。执行如下：

GUI：Main Menu > Solution > Solve > Current LS。

命令：SOLVE。

6）退出 SOLUTION。执行如下：

GUI：关闭 Solution 菜单。

命令：FINISH。

（3）查看结果和后处理　瞬态动力学分析的结果被保存到结构分析 Jobname.rst 文件中，可以用 POST26 和 POST1 查看结果。

1）POST26 要用到结果项/频率对应关系表，即 variables（变量）。每个变量都有一个参考号，1 号变量内定为频率。其中主要操作如下：

① 定义变量。执行如下：

GUI：Main Menu > Time Hist Postpro > Define Variables。

命令：NSOL 用于定义基本数据（节点位移），ESOL 用于定义派生数据（单元数据，如应力），RFORCE 用于定义反作用力数据，FORCE（合力或合力的静力分量、阻尼分量和惯性力分量）及 SOLU（时间步长、平衡迭代次数和响应频率等）。

② 绘制变量变化曲线或列出变量值，通过查看整个模型关键点处的时间历程分析结果，即可找到用于进一步 POST1 后处理的临界时间点。执行如下：

GUI：Main Menu > Time Hist Postpro > Graph Variables。

　　　Main Menu > Time Hist Postpro > List Variables。

　　　Main Menu > Time Hist Postpro > List Extremes。

命令：PLVAR（绘制变量变化曲线）、PLVAR 及 EXTREM（变量值列表）。

2）使用 POST1 时主要操作如下：

① 从数据文件中读入模型数据。执行如下：

GUI：Utility > Menu > File > Resume from。

命令：RESUME。

② 读入需要的结果集，用 SET 命令根据载荷步及子步序号或时间数值指定数据集。执行如下：

GUI：Main Menu > General > Postproc > Read Results > By Time/Freq。

命令：SET。

如果指定时刻没有可用结果，得到的结果将是和该时刻相距最近的两个时间点对应结果之间的线性插值。

③ 显示结构的变形状况、应力及应变等的等值线，或向量的向量图 IPLVECTL，要得到数据的列表表格，可使用 PRNSOL、PRESOL 或 PRRSOL 等。

a. Display Deformed Shape。执行如下：

GUI：Main Menu > General Postproc > Plot Results > Deformed Shape。

命令：PLDISP。

b. Contour Displays。执行如下：

GUI：Main Menu > General Postproc > Plot Results > Contour Plot > Nodal Solu or Element Solu。

命令：PLNSOL 或 PLESOL，KUND 参数选择是否将未变形的形状叠加到显示结果中。

  c. List Reaction Forces and Moments。执行如下：

GUI：Main Menu > General Postproc > List Results > Reaction Solu。

命令：PRRSOL。

  d. List Nodal Forces and Moments。执行如下：

GUI：Main Menu > General Postproc > List Results > Element Solution。

命令：PRESOL、F 或 M。

④ 列出一组节点的总节点力和总力矩，这样即可选定一组节点并得到作用在这些节点上的总力的大小。执行如下：

GUI：Main Menu > General Postproc > Nodal > Calcs > Total Force um。

命令：FSUM

⑤ 同样也可以查看每个选定节点处的总力和总力矩，对于处于平衡态的物体，除非存在外加的载荷或反作用载荷，否则所有节点处的总载荷应为零。执行如下：

GUI：Main Menu > General Postproc > Nodal Caics > Sum @ Each Node。

命令：NFORCE。

⑥ 还可以设置要查看的力的分量，如合力（默认）、静力分量、阻尼力分量或惯性力分量。执行如下：

GUI：Main Menu > General Postproc > Options for Outp。

命令：FORCE。

  a. Line Element Results。执行如下：

GUI：Main Menu > General Postproc > Element Table > Define Table。

命令：ETABLE。

  b. Vector Plots。执行如下：

GUI：Main Menu > General Postproc > Plot Results > Vector Plot > Predefined。

命令：PLVECT。

  c. Tabular Listings。执行如下：

GUI：Main Menu > General Postproc > List Results > Nodal Solution。

    Main Menu > General Postproc > List Results > Element Solution。

    Main Menu > General Postcroc > List Results > Reaction Solution。

    Main Menu > General Postproc > List Results > Sorted Listing > Sort Nodes。

命令：PRNSOU（节点结果）、PRESOL（单元-单元结果）、PRRSOI（反作用力数据等）及 NSORT 和 ESORT（对数据排序）。

5.2 机翼模态分析实例

问题描述

  图 5-2 所示为一个模型飞机的机翼。机翼沿着长度方向轮廓一致，且它的横截面由直线和样条曲线定义。机翼的一端固定在机体上，另一端为悬空的自由端。且机翼由低密度聚乙烯制成，有关性质参数为：弹性模量为 $38 \times 10^3 \mathrm{psi}$，泊松比为 0.3，密度为 $1.033 \times 10^{-3} \mathrm{slug/in^3}$。问题的目的是显示机翼的模态自由度。

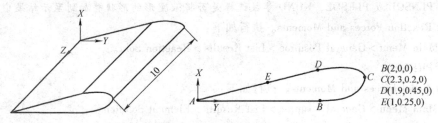

图 5-2 飞机机翼模型简图（图中尺寸的单位为 in）

GUI 操作步骤

1. 定义标题和设置参数

1）选择菜单 Utility Menu > File > Change Title。

2）输入文本"Modal analysis of a model airplane wing"，单击 OK 按钮。

3）选择菜单 Main Menu > Preferences。

4）选中"Structural"选项，单击 OK 按钮。

2. 定义单元类型

1）选择菜单 Main Menu > Preprocessor > Element Type > Add/Edit/Delete，弹出"Element Types"对话框，如图 5-3 所示。

2）单击 Add... 按钮，弹出"Library of Element Types"对话框，如图 5-4 所示。

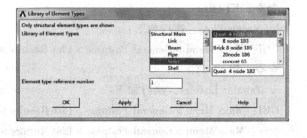

图 5-3 "Element Types"对话框   图 5-4 "Library of Element Types"对话框

3）在左侧的列表框中选择"Structural Solid"选项。

4）在右侧的列表框中选择"Quad 4node182"选项。

5）单击 Apply 按钮。

6）在右侧的列表框中选择"Brick 8node 185"，单击 OK 按钮。

7）单击 Close 按钮，关闭对话框。

3. 定义材料性质

1）选择菜单 Main Menu > Preprocessor > Material Props > Material Models，打开"Define Material Model Behavior（材料属性）"对话框，如图 5-5 所示。

2）在"Material Models Available"列表框中选择"Structural > Linear > Elastic > Isotropic"选项，打开另一对话框。

3) 在"EX"文本框中输入"3800"。

4) 在"PRYX"文本框中输入"0.3",单击 OK 按钮,关闭对话框。

5) 双击"Structural, Density",打开另一对话框。

6) 在"DENS"文本框中输入"1.033E-3",单击 OK 按钮,关闭对话框。

7) "Material Model Number 1"出现在"Define Material Models Defined"对话框中。

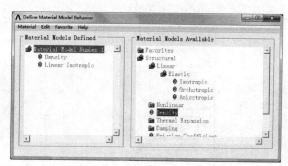

图 5-5 "Define Material Models Behavior"对话框

8) 选择菜单 Material > Exit,退出"Define Material Model Behavior"对话框。

4. 创建关键点

1) 选择菜单 Main Menu > Preprocessor > Modeling > Create > Keypoints > In Active CS,弹出"Create Keypoints in Active Coordinate System"对话框,如图 5-6 所示。

2) 在"Keypoint number"文本框中输入"1",在"Location in active CS"文本框中输入坐标"0, 0, 0"。

3) 单击 Apply 按钮。

4) 重复步骤 2) 和 3),输入关键点 2~5 的坐标值:(2, 0, 0)、(2.3, 0.2, 0)、(1.9, 0.45, 0) 与 (1, 0.25, 0)。

5) 在输入完最后一点坐标值之后,单击 OK 按钮。

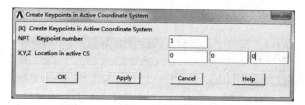

图 5-6 "Create Keypoints in Active Coordinate System"对话框

6) 选择菜单 Utility Menu > Plot Ctrls > Window Controls > Window Options。

7) 在"Location of triad"列表框中选中"Not shown",单击 OK 按钮。

8) 选择菜单 Utility Menu > Plot Ctrls > Numbering。

9) 将"Keypoint numbers"设为"ON",单击 OK 按钮。

5. 在关键点之间创建线

1) 选择菜单 Main Menu > Preprocessor > Modeling > Create > > Lines > Lines > Straight Line,弹出图 5-7 所示的"Create Straight Lines"对话框。

2) 在绘图区域按顺序选中关键点 1 和 2,绘出一条直线。

3) 在绘图区域按顺序选中关键点 5 和 1,绘出另一条直线。

4) 单击 OK 按钮。

5) 选择菜单 Main Menu > Preprocessor > Modeling > Create > Lines > Splines > With options > Spline thru KPs,弹出"B-Spline"对话框,如图 5-8 所示。

6) 按顺序选中关键点 2、3、4、5,然后单击 OK 按钮,弹出另一"B-Spline"对话框,如图 5-9 所示。

7) 在"XV1, YV1, ZV1"文本框中输入"-1, 0, 0",在"XV6, YV6, ZV6"文本框中输入"-1, -0.25, 0"。

图 5-7 "Create Straight Line" 对话框

图 5-8 "B-Spline" 对话框（一）

8）单击 OK 按钮，在绘图区域显示出机翼的曲线部分，如图 5-10 所示。

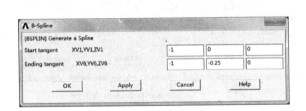

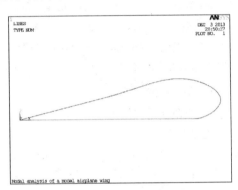

图 5-9 "B-Spline" 对话框（二）　　　　　图 5-10 机翼的曲线部分

6. 创建横截面

1）选择菜单 Main Menu > Preprocessor > Modeling > Create > Areas > Arbitrary > By lines，弹出 "Create Areas by Lines" 对话框，如图 5-11 所示。

2）在绘图区域选中所有的三条直线，单击 OK 按钮，生成的面如图 5-12 所示。

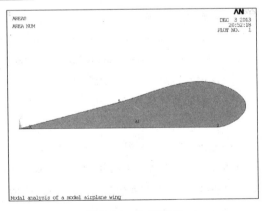

图 5-11 "Create Areas by Lines" 对话框　　　　图 5-12 生成的面

3）单击 "Toolbar" 上的 SAVE_DB 按钮进行存盘。

7. 定义网格密度并进行网格划分

1）选择菜单 Main Menu > Preprocessor > Meshing > Size Cntrls > Manual Size > Global > Size，弹出"Global Element Sizes"对话框，如图 5-13 所示。

2）在"Element edge length"文本框中输入"0.25"，单击 OK 按钮。

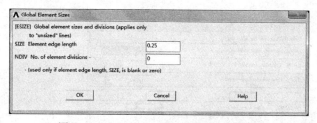

图 5-13 "Global Element Sizes"对话框

3）选择菜单 Main Menu > Preprocessor > Meshing > Mesh > Areas > Free，弹出"Mesh Areas"对话框，如图 5-14 所示。

4）单击 Pick All 按钮，如果出现警告信息，忽略并关闭信息窗口，生成的有限元模型如图 5-15 所示。

图 5-14 "Mesh Areas"对话框

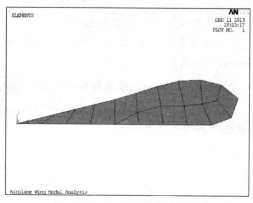

图 5-15 生成的有限元模型

5）单击"Toolbar"上的 SAVE_DB 按钮进行存盘。

6）选择菜单 Main Menu > Preprocessor > Meshing > Size Cntrls > Manual Size > Global > Size，弹出"Global Element Sizes"对话框。

7）删除单元的边界长度。

8）在"Number of element divisions"中输入"10"，单击 OK 按钮。

8. 将网格划分面积嵌入网格划分体积

1）选择菜单 Main Menu > Preprocessor > Meshing > Meshing Attributes > Default Attribs，弹出"Meshing Attributes"对话框，如图 5-16 所示。

2）在"Element type number"下拉列表框中选择"2 SOLID185"，单击 OK 按钮。

3）选择菜单 Main Menu > Preprocessor > Modeling > Operate > Extrude > Areas > By XYZ Offset，弹出"Extrude Area by Offset"对话框，如图 5-17 所示。

4）单击 Pick All 按钮，弹出"Extrude Areas by XYZ Offset"对话框。

5）在"offsets for extrusion"文本框中输入"0，0，10"。

6）单击 OK 按钮，如果出现警告信息，忽略并关闭信息窗口。

7）选择菜单 Utility Menu > Plot Ctrls > Pan-Zoom-Rotate。

8）单击 Iso 按钮并关闭该工具条。

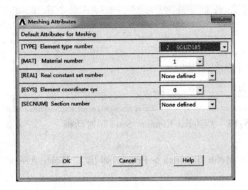
图 5-16 "Meshing Attributes" 对话框

图 5-17 "Extrude Area by Offset" 对话框

9）单击 "Toolbar" 上的 SAVE_DB 按钮进行存盘。

9. 指定分析类型和分析选项

1）选择菜单 Main Menu > Solution > Analysis Type > New Analysis，弹出图 5-18 所示的 "New Analysis" 对话框。

2）选中 "Modal" 单选按钮并单击 OK 按钮。

3）选择菜单 Main Menu > Solution > Analysis Type > Analysis Options，弹出 "Modal Analysis" 对话框，如图 5-19 所示。

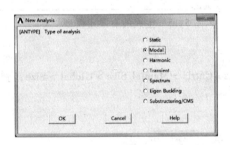
图 5-18 "New Analysis" 对话框

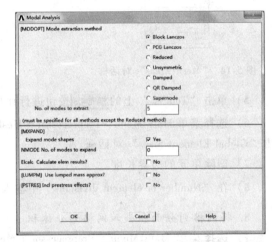
图 5-19 "Modal Analysis" 对话框

4）选中 "Block Lanczos" 单选按钮。

5）在 "No. of modes to extract" 文本框中输入 "5"。

6）单击 OK 按钮，弹出 "Block Lanczos Method" 对话框，如图 5-20 所示。

7）使用默认设置并单击 OK 按钮。

10. 取消 PLANE182 单元的选定

1）选择菜单 Utility Menu > Select > Enti-

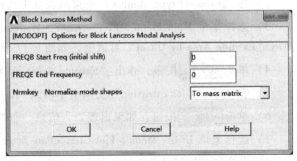
图 5-20 "Block Lanczos Method" 对话框

ties，弹出"Select Entities"对话框。

2）选择"Elements"和"By Attributes"选项。

3）选中"Elem type num"单选按钮。

4）在"Min, Max, Inc. area for the element type number"文本框中输入"1"。

5）选中"Unselect"选项，并单击 OK 按钮。

11. 施加约束条件

1）选择菜单 Utility Menu > Select > Entities，弹出"Select Entities"对话框。

2）选择"Nodes"和"By Location"选项。

3）选中"Z coordinates"单选按钮。

4）在"Min, Max, Inc. area for the Z coordinate location"文本框中输入"0"。

5）选中"From Full"选项，并单击 OK 按钮。

6）选择菜单 Main Menu > Solution > Define Loads > Apply > Structural > Displacement > On Nodes，弹出"Apply U, ROT on Nodes"对话框。

7）单击 Pick All 按钮，弹出"Apply U, ROT on Nodes"对话框。

8）单击"All DOF"按钮。

9）单击 OK 按钮。

10）选择菜单 Utility Menu > Select > Everything。

12. 将模态扩展并求解

1）选择菜单 Main Menu > Solution > Load Step Opts > Expansion Pass > Single Expand > Expand Modes，弹出"Expand Modes"对话框，如图 5-21 所示。

2）在"No. of modes to expand"文本框中输入"5"，单击 OK 按钮。

3）选择菜单 Main Menu > Solution > Solve > Current LS，开始求解。

4）当求解完成后，关闭窗口。

13. 进行结果后处理

1）选择菜单 Main Menu > General Postproc > Results Summary，观察弹出信息内容然后关闭。

2）选择菜单 Main Menu > General Postproc > Read Results > First Set。

3）选择菜单 Utility Menu > Plot Ctrls > Animate > Mode Shape，弹出"Animate Mode Shape"对话框，如图 5-22 所示。

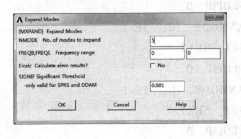

图 5-21 "Expand Modes"对话框   图 5-22 "Animate Mode Shape"对话框

4)单击 OK 按钮，观察显示动画。

5)选择菜单 Main Menu > General Postproc > Read Results > Next Set。

6)选择菜单 Utility Menu > Plot Ctrls > Animate > Mode Shape。

7)单击 OK 按钮，观察显示动画。

8)重复 1)~3)，观察剩余的三个模态。

14. 保存文件并退出 ANSYS

1)选择菜单 Utility Menu > File > Save as，保存为"Plane_ resu. db"文件。

2)单击"Toolbar"上的 QUIT 按钮。

3)选择"Quit-No Save!"并单击 OK 按钮。

命令流

```
/FILNAM, MODAL                          /REP
/TITLE, Airplane Wing Modal Analysis    EPLOT
/PREP7                                  FINISH
ET, 1, PLANE182                         /SOLU
ET, 2, SOLID185                         ANTYPE, MODAL
MP, EX, 1, 3800                         MODOPT, LANB, 5
MP, DENS, 1, 1.033E-3                   ESEL, U, TYPE,, 1
MP, NUXY, 1, 0.3                        NSEL, S, LOC, Z, 0
K, 1                                    D, ALL, ALL
K, 2, 2                                 NSEL, ALL
K, 3, 2.3, 0.2                          MXPAND, 5
K, 4, 1.9, 0.45                         SOLVE
K, 5, 1, 0.25                           FINISH
LSTR, 1, 2                              /POST1
LSTR, 5, 1                              SET, LIST, 2
BSPLIN, 2, 3, 4, 5,,, -1,,, -1, -0.25   SET, FIRST
FLST, 2, 3, 4                           PLDISP, 0
FITEM, 2, 2                             ANMODE, 10, .5E-1
FITEM, 2, 3                             SET, NEXT
FITEM, 2, 1                             PLDISP, 0
AL, P51X                                ANMODE, 10, .5E-1
ESIZE, .25                              SET, NEXT
AMESH, 1                                PLDISP, 0
ESIZE,, 10                              ANMODE, 10, .5E-1
TYPE, 2                                 SET, NEXT
VEXT, ALL,,,,, 10                       PLDISP, 0
/VIEW,, 1, 1, 1                         ANMODE, 10, .5E-1
/ANG, 1                                 SET, NEXT
```

```
PLDISP, 0                              FINISH
ANMODE, 10, .5E-1                      /EXIT
```

5.3 汽车悬架系统的谐响应分析实例

悬架是车架与车桥之间的一切传力连接装置的总称,它的功能是把路面作用于车轮上的力和力矩都通过悬架传递到车架上,以保证汽车的正常行驶。汽车在行驶的过程中,由于路面不会绝对的平坦,路面作用于车轮的垂直反力往往是冲击性的,这种冲击力如果达到很大的值,就会影响驾驶员和乘客的乘坐舒适性,同时会影响车身的姿态、操作稳定性和行驶速度。本实例运用 ANSYS 谐响应分析的功能研究路面对汽车悬架激励的特性。

问题描述

1. 模型的基本参数

如图 5-23 所示,本实例所选用的是 1/4 悬架模型。选用的悬架模型参数如下:簧载质量 m_1 为 500kg,非簧载质量 m_2 为 60kg,悬架减振器弹簧刚度 k_1 为 30000N/m,阻尼系数 c_1 为 2000N·s/m,轮胎等效刚度 k_2 为 300000N/m,H_1 为 0.18m,H_2 为 0.22m。

2. 单元的选择及材料常数

本实例使用 MASS21 单元模拟簧载质量和非簧载质量;使用弹簧阻尼单元 COMBINEl4 模拟悬架和轮胎。

3. 边界条件

悬架的唯一载荷为路面的平面度激励,本实例假设路面平面度激励为正弦载荷,幅值为 0.006m,初始相位角为 0,计算频率从 0~50Hz。悬架系统只有一个竖直方向的自由度,通过设置单元关键字来保证这一点。

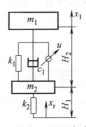

图 5-23 汽车 1/4 悬架模型简图

GUI 操作步骤

1. 定义文件名

选择菜单 Utility Menu > File > Change Jobname,操作后弹出一个对话框,在输入栏中输入 Suspensionr,单击 OK 按钮。

2. 定义单元和单元属性

(1) 定义单元 选择菜单 Main Menu > Preprocessor > Element Type > Add/Edit/Delete 命令,弹出"Element Types"对话框,如图 5-24 所示。单击 Add... 按钮,弹出"Library of Element Types"对话框,如图 5-25 所示。在左边列表框中选择"Structural Mass"选项,然后在右边列表框中选择"3D mass 21"选项,单击 Apply 按钮;继续在对话框左边列表框中选择"Structural Combination"选项,然后在右边列表框中选择"Sping-damperl4"选项,单击 OK 按钮。

(2) 定义单元属性 在单元类型对话框中选择 MASS21,单击 Options... 选项,弹出"MASS21 element type options"对话框,设置关键字 K3 为 2D w/o rot iner(含义是质量单元 21 为

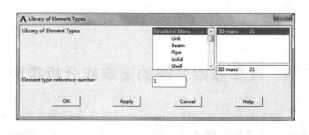

图 5-24 "Element Types" 对话框　　　　图 5-25 "Library of Element Types" 对话框

二维平面单元且不包含转动自由度），单击 OK 按钮；在单元类型对话框中选择 COMBIN14，单击 Options... 选项，弹出 "COMBIN14 element type options" 对话框，设置关键字 K2 为 Longitude UY DOF（含义为弹簧阻尼单元 14 为一维单元且只有 UY 一个自由度），单击 OK 按钮，然后单击 Close 按钮。

（3）定义实常数　选择菜单 Main Menu > Preprocessor > Real Constants > Add/Edit/Delete，弹出 "Real Constant" 对话框。单击 Add... 按钮，弹出 "Element Type for Real Constants" 对话框。选择 "MASS21" 选项，单击 OK 按钮。弹出图 5-26 所示的 "Real Constant Set Number 1, for MASS21" 对话框。在 "MASS" 文本框中输入 "500"，单击 OK 按钮；继续单击 Add... 按钮，在弹出对话框中选择 MASS21，单击 OK 按钮，在 "MASS" 文本框中输入 "60"，单击 OK 按钮；继续单击 Add... 按钮，在弹出的对话框中选择 COMBIN14，单击 OK 按钮，弹出图 5-27 所示的 "Real Constant Set Number 3, for COMBIN14" 对话框，在 "K" 文本框中输入 "30000"，在 "CVI" 文本框中输入 "2000"，单击 OK 按钮；继续单击 Add... 按钮，在弹出的对话框中选择 COMBIN14，单击 OK 按钮，在 "K" 文本框中输入 "300000"，单击 OK 按钮，然后单击 Close 按钮。

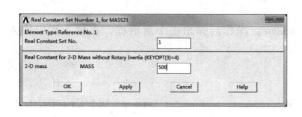
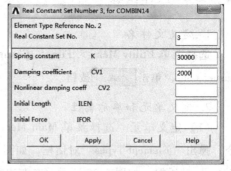

图 5-26 "Real Constant Set Number 1,　　　图 5-27 "Real Constant Set Number 3,
　　　　for MASS21" 对话框　　　　　　　　　　　for COMBIN14" 对话框

3. 建立有限元模型

（1）定义节点　选择菜单 Main Menu > Preprocessor > Modeling > Create > Nodes > In Active CS，弹出图 5-28 所示的 "Create Nodes in Active Coordinate System" 对话框，在 "Node number"文本框中输入"1",在"Location in active CS"文本框中输入"0""0",单击 Apply 按钮;继续在"Node number"文本框中输入"2",在"Location in active CS"文本框中输入"0""0.18",单击 Apply 按钮;继续在"Node number"文本框中输入"3",在"Location in active CS"文本框中输入"0""0.4",单击 OK 按钮。定义节点生成的结果如图5-29所示。

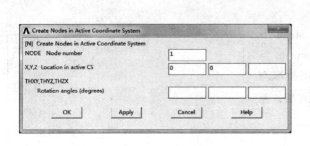
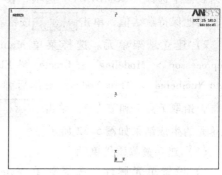

图5-28 "Create Nodes in Active Coordinate System"对话框

图5-29 定义节点生成的结果

(2) 建立轮胎单元

1) 设置单元属性。选择菜单 Main Menu > Preprocessor > Modeling > Create > Elements > Elem Attributes,弹出图5-30所示的"Element Attributes"对话框,在"Element typenumber"下拉列表框中选择"2 COMBIN14"选项,在"Real constant set number"下拉列表框中选择"4"选项,其他保持默认值,单击 OK 按钮。

2) 建立轮胎单元。选择菜单 Main Menu > Preprocessor > Modeling > Create > Elements > Auto Numbered > Thru Nodes,操作后弹出拾取对话框,拾取节点1和节点2,单击 OK 按钮。轮胎单元的生成结果如图5-31所示。

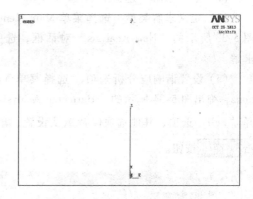

图5-30 "Element Attributes"对话框

图5-31 轮胎单元的生成结果

(3) 建立非簧载质量单元

1) 设置单元属性。选择菜单 Main Menu > Preprocessor > Modeling > Create > Elements > Elem Attributes,弹出图5-30所示的"Element Attributes"对话框。在"Element type number"下拉列表框中选择"MASS21"选项,在"Real constant set number"下拉列表框中选择"2"选项,其他保持默认值,单击 OK 按钮。

2) 建立非簧载质量单元。选择菜单 Main Menu > Preprocessor > Modeling > Create > Ele-

ments > Auto Numbered > Thru Nodes,操作后弹出拾取对话框,拾取节点2,单击 OK 按钮。

(4) 建立悬架单元

1) 设置单元属性。选择菜单 Main Menu > Preprocessor > Modeling > Create > Elements > Elem Attributes,弹出图5-30所示的"Element Attributes"对话框。在"Element type number"下拉列表框中选择"COMBINl4"选项,在"Real constant set number"下拉列表框中选择"3"选项,其他保持默认值,单击 OK 按钮。

2) 建立悬架单元。选择菜单 Main Menu > Preprocessor > Modeling > Create > Elements > Auto Numbered > Thru Nodes,操作后弹出拾取对话框,拾取节点2和节点3,单击 OK 按钮。悬架单元的生成结果如图5-32所示。

(5) 建立簧载质量单元

1) 设置单元属性。选择菜单 Main Menu > Preprocessor > Modeling > Create > Elements > Elem Attributes,弹出图5-30所示的"Element Attributes"对话框。在"Element type number"下拉列表框中选择"MASS21"选项,在"Real constant

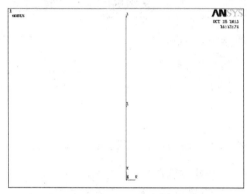

图5-32 悬架单元的生成结果

set number"下拉列表框中选择"1"选项,其他保持默认值,单击 OK 按钮。

2) 建立非簧载质量单元。选择菜单 Main Menu > Preprocessor > Modeling > Create > Elements > Auto Numbered > Thru Nodes,操作后弹出拾取对话框,拾取节点3,单击 OK 按钮。

4. 设置求解条件

(1) 展开求解 选择菜单 Main Menu > Solution > Unabridged Menu。

(2) 定义求解类型 选择菜单 Main Menu > Solution > Analysis Type > New Analysis,弹出图5-33所示的"New Analysis"对话框,选中"Harmonic"单选按钮,含义为进行谐响应问题求解。

(3) 设置谐响应分析选项 选择菜单 Main Menu I Solution > Analysis Type > Analysis Options,弹出图5-34所示的"Harmonic Analysis"对话框,在"Solution method"下拉列表框中选择"Full"选项,其他选项保持默认设置,单击 OK 按钮;保持弹出对话框的默认设置,单击 OK 按钮。

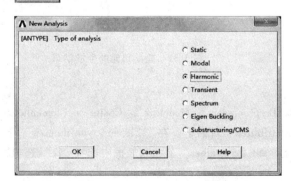

图5-33 "New Analysis"对话框

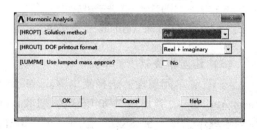

图5-34 "Harmonic Analysis"对话框

5. 定义边界条件

选择菜单 Main Menu > Preprocessor > Loads > Define Loads > App > Structural > Displacement > On Nodes，操作后弹出拾取对话框，拾取节点 1，单击 OK 按钮；弹出图 5-35 所示的"Apply U, ROT on Nodes"对话框。设置"Labs2"为"UY"，即约束竖直方向的自由度；设置"VALUE"为 0.006，含义为载荷的实部为 0.006；设置"VALUE2"为"0"，含义为载荷的虚部为 0，这样可以保证载荷的初始相位角为 0。

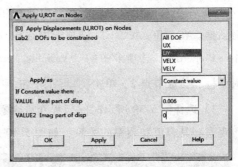

图 5-35 "Apply U, ROT on Nodes"对话框

6. 定义载荷步选项

（1）定义输出每一个子步　选择菜单 Main Menu > Solution > Load Step Opts > Output Ctrls > DB/Results File，在弹出的对话框中将"FREQ"选项设置为"Every substep"，单击 OK 按钮。

（2）定义求解频率范围　选择菜单 Main Menu l Solution > Load Step Opts > Time/Frequenc > Freq and Substps，弹出图 5-36 所示的"Harmonic Frequency and Substep Options"对话框。在"Harmonic freq range"文本框中输入"0"和"50"，在"Number of substeps"文本框中输入"500"，含义为求解频率从 0~50Hz 每

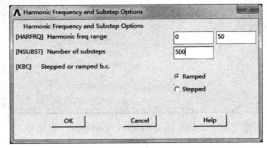

图 5-36 "Harmonic Frequency and Substep Options"对话框

隔 0.1Hz 求解一次，并选中"Ramped"单选按钮，单击 OK 按钮。

7. 进行求解

选择菜单 Main Menu > Solution > Current LS，操作后弹出求解对话框，单击 OK 按钮，然后单击"Yes"按钮。

8. 后处理

（1）进入时间历程后处理器，并打开时间历程变量观察器　选择菜单 Main Menu > Time Hist PostPro。

（2）观察节点 2 的 UY 随频率的变化规律

1）设置图的输出格式。选择菜单 Utility Menu > PlotCtrls > Style > Graphs > Modify Axes，弹出图 5-37 所示的"Axes Modifications for Graph Plots"对话框。在"X-axis label"文本框中输入"Frequency"，在"Y-axis label"文本框中输入"Amplitude"，在"Axis number size fact"文本框中输入"1.9"来设置图中坐标轴的字体，单击 OK 按钮。

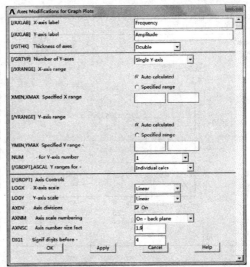

图 5-37 "Axes Modifications for Graph Plots"对话框

2) 单击时间历程变量观察器中的 ➕ 按钮, 弹出图5-38所示的 "Add Time-History Variable" 对话框。在 "Result Item" 选项卡中选择 DOF Solution > Y-Component of displacement, 在 "Result Item Properties" 选项卡中的 "Variable Name" 中输入 "NODE2", 单击 OK 按钮, 弹出拾取对话框, 拾取节点2, 单击 OK 按钮。

3) 选择图5-39所示时间历程变量观察器中变量列表中的 "NODE2", 然后单击 📈 按钮, 则可观察到其幅值和频率的关系, 如图5-40所示。

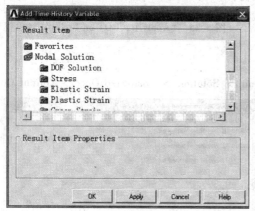 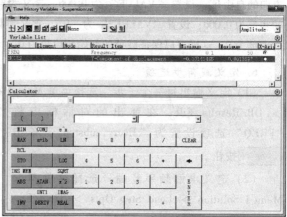

图5-38 "Add Time-History Variable" 对话框   图5-39 "Time History Variables-Suspensionr.rst" 对话框

(3) 观察节点3的 UY 随频率的变化规律

1) 单击时间历程变量观察器中的 ➕ 按钮, 弹出图5-38所示对话框。在 "Result Item" 选项卡中选择 DOF Solution > Y-Component of displacement, 在 "Result Item Properties" 选项卡的 "Variable Name" 中输入 "NODE3", 单击 OK 按钮, 弹出拾取对话框, 拾取节点3, 单击 OK 按钮。

2) 选择时间历程变量观察器中变量列表中的 "NODE3", 然后单击 📈 按钮, 则可观察到其幅值和频率的关系, 如图5-41所示。

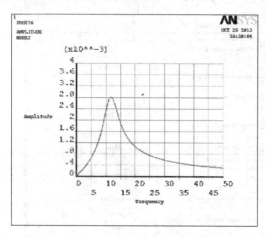 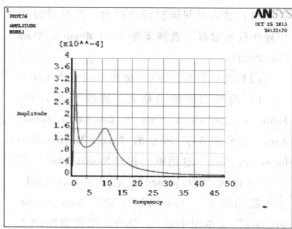

图5-40 节点2的Y方向位移与频率之间的关系   图5-41 节点3的Y方向位移与频率之间的关系

命令流

```
/BATCH
/PREP7
ET, 1, MASS21
ET, 2, COMBIN14
KEYOPT, 1, 1, 0
KEYOPT, 1, 2, 0
KEYOPT, 1, 3, 2
KEYOPT, 2, 1, 0
KEYOPT, 2, 2, 0
KEYOPT, 2, 3, 0
R, 1, 500,
R, 2, 60,
R, 3, 30000, 2000,,,,,
RMORE,,
R, 4, 300000,,,,,,
RMORE,,
SAVE
N, 1, 0, 0,,,,,
N, 2, 0, 0.18,,,,,
N, 3, 0, 0.4,,,,,
TYPE, 2
MAT,
REAL, 4
ESYS, 0
SECNUM,
TSHAP, LINE
FLST, 2, 2, 1
FITEM, 2, 1
FITEM, 2, 2
E, P51X
TYPE, 1
MAT,
REAL, 2
ESYS, 0
SECNUM,
TSHAP, LINE
E, 2
TYPE, 2
MAT,
REAL, 3
ESYS, 0
SECNUM,
TSHAP, LINE
FLST, 2, 2, 1
FITEM, 2, 2
FITEM, 2, 3
E, P51X
TYPE, 1
MAT,
REAL, 1
ESYS, 0
SECNUM,
TSHAP, LINE
E, 3
FINISH
/SOL
ANTYPE, 3
HROPT, FULL
HROUT, ON
LUMPM, 0
EQSLV, 1e-008,
PSTRES, 0
FLST, 2, 1, 1, ORDE, 1
FITEM, 2, 1
/GO
D, P51X,, 0.006, 0,,, UY,,,,,
OUTRES, ALL, ALL,
HARFRQ, 0, 50,
NSUBST, 500,
KBC, 0
/STATUS, SOLU
SOLVE
FINISH
/POST26
FILE, 'suspensionr', 'rst', '.'
/UI, COLL, 1
NUMVAR, 200
SOLU, 191, NCMIT
```

```
STORE, MERGE                    /GROPT, DIVX,
PLCPLX, 0                       /GROPT, DIVY,
PRCPLX, 1                       /GROPT, REVX, 0
FILLDATA, 191,,,, 1, 1          /GROPT, REVY, 0
REALVAR, 191, 191               /GROPT, LTYP, 0
/AXLAB, X, Frequency            /XRANGE, DEFAULT
/AXLAB, Y, Amplitude            /YRANGE, DEFAULT,, 1
/GTHK, AXIS, 2                  NSOL, 2, 2, U, Y, NODE2
/GRTYP, 0                       STORE, MERGE
/GROPT, ASCAL, ON               XVAR, 1
/GROPT, LOGX, OFF               PLVAR, 2,
/GROPT, LOGY, OFF               XVAR, 1
/GROPT, AXDV, 1                 PLVAR, 2,
/GROPT, AXNM, ON                NSOL, 3, 3, U, Y, NODE 3
/GROPT, AXNSC, 1.9,             STORE, MERGE
/GROPT, DIG1, 4,                XVAR, 1
/GROPT, DIG2, 3,                PLVAR, 3,
/GROPT, XAXO, 0,                SAVE
/GROPT, YAXO, 0,                FINISH
```

5.4 本章小结

结构动力学研究的是结构在随时间变化载荷下的响应问题,它与静力分析的主要区别是动力分析需要考虑惯性力以及运动阻力的影响,主要包括以下5个方面:模态分析、谐波分析(谐响应分析)、瞬态动力分析、谱分析、显式动力分析等。

模态分析是线性分析,是其他动力学分析的铺垫。可选的模态提取方法有7种,即Block Lanczos(默认)、Subspace、Power Dynamics、Reduced、Unsymmetric、Damped 及 QR damped,后两种方法允许结构中包含阻尼。模态分析过程由4个主要步骤组成,即建模、加载和求解、扩展模态,以及查看结果和后处理。谐响应分析可以采用Full方法(完全)、Reduced方法、Mode Super position方法(模态叠加),主要步骤为建模、加载并求解,以及查看结果和后处理。瞬态动力学分析也可以采用Full方法、Reduced方法或Mode Superposition方法。

通过机翼模态分析、汽车悬架系统的谐响应分析的例子,介绍了结构动力学分析的操作步骤与技巧,为解决处理类似实际问题提供了依据和经验。

5.5 思考与练习

1. 概念题

1)模态分析、谐波分析(谐响应分析)与瞬态动力分析的特点与应用是什么?

2)模态分析、谐波分析(谐响应分析)与瞬态动力分析步骤是什么?

3)模态分析、谐波分析(谐响应分析)与瞬态动力分析求解方法是什么?

2. 计算操作题

（1）圆柱齿轮模态分析　对图 5-42 所示的一个简化的齿轮模型进行模态分析，要求确定齿轮的低阶固有频率。然后扩展模态，求出各阶模态的相对应力值、相对应变值和相对位移值等。

另外，齿轮的齿根部分是该处圆周的 2/3 长，齿端部分是该处圆周的 2/7 长，齿轮齿数是 24，齿顶与齿根看作圆弧，齿面看作直线，齿轮厚 0.2m。齿轮材料的弹性模量为 2×10^{11}Pa，泊松比为 0.3，密度为 $7.8 \times 10^3 \text{kg/m}^3$。

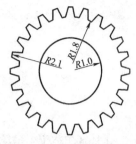

图 5-42　齿轮模型简图

（图中尺寸单位为 m）

（2）弹簧振子问题分析　在图 5-43 所示的振动系统中，在质量块 m_1 上作用一谐振力 $F_1\sin\omega t$，试确定每一个质量块的振动。弹簧的长度可以任意选择，并且只是用来确定弹簧的方向。沿着弹簧的方向，在质量块上选择两个主自由度。频率的范围为 $0 \sim 7.5 \text{Hz}$，其解间隔值为 $7.5 \text{Hz}/30 = 0.25 \text{Hz}$。

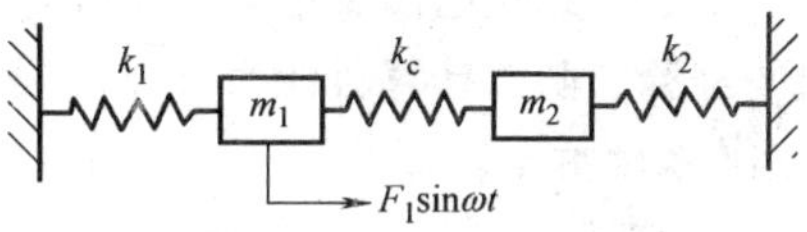

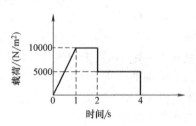

图 5-43　弹簧振子简图

问题中材料性质的参数如下：

质量：$m_1 = m_2 = 0.5 \text{lb}$；

刚度系数：$k_1 = k_2 = k_c = 200 \text{lb/in}$；

施加载荷：$F_1 = 200 \text{lbf}$。

（3）梁结构的瞬态完全法分析　确定一个梁结构的瞬态分析，即在图 5-44 所示的系统中板件表面施加均匀压力时结构的响应。板中间有集中质量（相当于静止的电动机）。材料是 Q235 钢，弹性模量为 $2 \times 10^{11} \text{N/m}^2$，泊松比为 0.3，密度为 $7.8 \times 10^3 \text{kg/m}^3$，板壳厚度为 0.02m。梁几何特性为截面面积为 $2 \times 10^{-4} \text{m}^2$，惯性矩为 $2 \times 10^{-8} \text{m}^4$。板长度为 2 m，宽度为 1m，高度为 1m，质量元 $m = 100 \text{kg}$。

载荷随时间变化的曲线如图 5-45 所示，研究结构的瞬态动力响应。

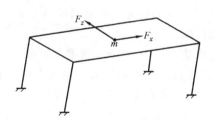

图 5-44　梁板的结构简图

图 5-45　载荷随时间变化的曲线

第 6 章 非线性分析

在日常生活中，会经常遇到非线性结构。例如，用订书针钉书，金属订书钉将弯曲成一个不同的形状；在一个木架上放置重物，随着时间的迁移它将越来越下垂；货车上装货时，它的轮胎和路面间的接触将随货物自重的增加而变化。如果画出它们的载荷-变形曲线，可以发现它们都显示了非线性结构的基本特征，即变化的结构刚性。

引起非线性的因素诸多，工程、结构分析中随处可见。处理该类问题的有效手段主要依赖试验与经验，随着计算机能力日益增强，有限单元法已在该领域得到广泛应用。

【本章重点】
- 区分各种非线性问题的特点。
- 掌握各种非线性问题的 ANSYS 分析步骤。

6.1 基本概念

1. 非线性行为的原因

引起非线性结构的原因很多，可分为如下 3 种主要类型。

（1）状态变化（包括接触） 许多普通结构表现出一种与状态相关的非线性行为。例如，一根能拉伸的电缆可能是松散或绷紧的，轴承套可能是接触或不接触的，冻土可能是冻结或融化的。这些物体的刚度由于其状态的改变，所以在不同值之间突然变化。状态改变可能和载荷直接有关（如在电缆的例子中），也可能由于某种外部原因引起（如在冻土中的紊乱热力学条件）。ANSYS 中单元的激活与杀死选项用来为这种状态的变化建模。

接触是一种普遍的非线性行为，是状态变化非线性类型形中一个特殊而重要的子集。

（2）几何非线性 如果结构经受大变形，其变化的几何形状可能引起结构的非线性响应。如图 6-1 所示，随着垂向载荷的增加，钓鱼竿不断弯曲以致于动力臂明显减少，导致杆端显示在较高载荷下不断增长的刚性。

（3）材料非线性 非线性应力-应变关系是非线性产生的常见原因，许多因素可影响材料的应力-应变性质，包括加载历史（如在弹塑性响应状况下）、环境状况（如温度），以及加载的时间总量（如在蠕变响应状况下）。

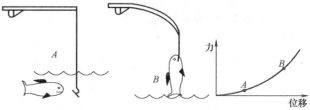

图 6-1 钓鱼竿的几何非线性

2. 平衡迭代

一种近似的非线性求解是将载荷分为一系列的载荷增量，可以在多个载荷步内或在一个载荷步的多个子步内施加载荷增量。完成每个增量的求解后，继续进行下一个载荷增量之前程序调整刚度矩阵以反映结构刚度的非线性变化。遗憾的是，纯粹的增量近似不可避免地随着每个载荷增量积累误差，从而导致结果最终失去平衡，如图 6-2a 所示。

ANSYS 通过使用牛顿-拉普森（Newton-Raphson，NR）平衡迭代克服了这种困难，它迫使在每个载荷增量的末端解达到平衡收敛（在某个容限范围内）。图 6-2b 描述了在单自由度非线性分析中牛顿-拉普森平衡迭代的使用。在每次求解前，NR 方法估算出残差矢量，这个矢量是回复力（对应于单元应力的载荷）和所加载荷的差值。然后使用非平衡载荷进行线性求解，且核查收敛性。如果不满足收敛准则，重新估算非平衡载荷，并修改刚度矩阵获得新解，持续这种迭代过程直到问题收敛。

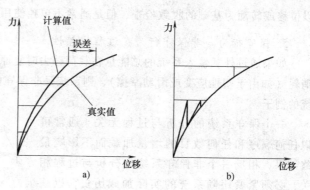

图 6-2 纯粹增量近似与牛顿-拉普森近似的关系
a) 纯粹增量式解 b) 牛顿-拉普森迭代求解（2 个载荷增量）

ANSYS 提供了一系列命令来增强问题的收敛性，如自适应下降、线性搜索、自动载荷步及二分法等，可被激活来加强问题的收敛性。如果不能得到收敛，那么程序或继续计算下一个载荷，或终止。

对某些物理意义上不稳定系统的非线性静态分析，如果仅仅使用 NR 方法，正切刚度矩阵可能变为降秩矩阵，从而导致严重的收敛问题。这样的情况包括独立实体从固定表面分离的静态接触分析，结构或完全崩溃或者突然变成另一个稳定形状的非线性弯曲问题。对这样的情况，可以激活另外一种迭代方法，即弧长方法，来帮助稳定求解。该方法导致 NR 平衡迭代沿一段弧收敛，从而即使当正切刚度矩阵的倾斜为零或负值时，也往往阻止发散。

3. 非线性求解的组织级别

非线性求解分为载荷步、子步和平衡迭代 3 个操作级别。

1）顶层级别由在一定时间范围内明确定义的载荷步组成，假定载荷在载荷步内是线性变化的。

2）在每个载荷子步内为了逐步加载，可以控制程序执行多次求解（子步或时间步）。载荷步、子步及时间的关系如图 6-3 所示。

3）在每个子步内程序将进行一系列的平衡迭代以获得收敛的解。

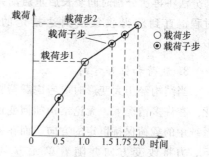

图 6-3 载荷步、子步及时间的关系

4. 收敛容限

当对平衡迭代确定收敛容限时，必须回答如下问题：

1）基于载荷、变形，还是联立两者确定收敛容限？

2）既然径向偏移（以弧度度量）比对应的平移小，因此是否需要为这些不同的项目建立不同的收敛准则？

确定收敛准则时，ANSYS 提供一系列选择，用户可以将收敛检查建立在力、力矩、位移、转动或这些项目的任意组合上。另外，每个项目可以有不同的收敛容限值。对多自由度问题，同样也有收敛准则的选择问题。

确定收敛准则时，记住以力为基础的收敛提供了收敛的绝对量度，而以位移为基础的收敛仅提供了表观收敛的相对量度。因此，如果需要总是使用以力或力矩为基础的收敛容限，可以增加以位移或转动为基础的收敛检查，但是通常不单独使用它们。

5. 保守行为与非保守行为：过程依赖性

如果通过外载输入系统的总能量在载荷移去时复原，则这个系统是保守的；如果能量被系统消耗（如由于塑性应变或滑动摩擦），则系统是非保守的。图6-4所示为一个非保守（守恒）系统的例子。

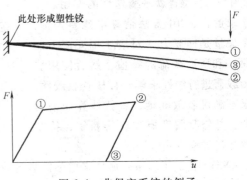

一个保守系统的分析与过程无关，通常可以任何顺序和任何数目的增量加载而不影响最终结果；相反一个非保守系统的分析与过程相关，必须紧紧跟随系统的实际加载历史，以获得精确的结果，如果对于给定的载荷范围，可以有多个解是有效的（如在突然转变分析中），这样的分析也可能与过程相关。过程相关问题通常要求缓慢加载，即使用许多子步到最终的载荷值。

图6-4 非保守系统的例子

6. 子步

使用多个子步时，需要考虑精度和代价间的平衡。更多的子步骤，即小的时间步通常导致较好的精度，但以增多运行时间为代价。ANSYS提供两种方法控制子步数：一是通过指定实际的子步数或时间步长；二是自动时间步长，即基于结构的特性和系统的响应调查时间步长。

7. 自动时间分步

如果预料的结构行为将从线性到非线性变化，也许需要在系统响应的非线性部分期间变化时间步长。在这种情况下，可以激活自动时间分步以随需要调整时间步长，获得精度和代价之间的良好平衡。同样，如果不确信是否收敛，也许需要使用自动时间分步激活ANSYS的二分特点。

二分法提供了一种对收敛失败自动矫正的方法。无论何时，只要平衡迭代收敛失败，二分法将把时间步长分为两半，然后从最后收敛的子步自动重启动。如果二分的时间步再次收敛失败，二分法将再次分割时间步长后重启动并持续这一过程，直到获得收敛或到达指定的最小时间步长。

8. 载荷和位移方向

当结构经历大变形时应考虑载荷将发生的变化。在许多情况下，无论结构如何变形，施加在系统中的载荷保持恒定的方向。而在另一些情况下，力将改变方向并随着单元方向的改变而变化。

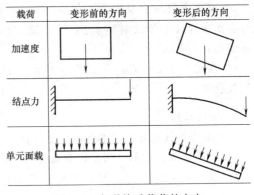

图6-5 变形前后载荷的方向

ANSYS对这两种情况均可建模，并依赖于施加的载荷类型。加速度和集中力将忽略其单元方向的改变而保持最初方向，表面载荷作用在变形单元表面的法向且可用来模拟跟随力。图6-5所示为变形前后载荷的方向。

9. 非线性瞬态过程分析

用于分析非线性瞬态行为的过程与对线性静态行为的处理相似，以步进增量加载，程序在每步中进行平衡迭代。静态和瞬态处理的主要不同是，在瞬态过程分析中要激活时间积分效应，因此在瞬态过程分析中时间总是表示实际的时序。自动时间分步和二分法的特点同样也适用于瞬态过程分析。

6.2 非线性分析的过程与步骤

尽管非线性分析比线性分析变得更加复杂，但处理基本相同，只是在非线性分析的适当过程中添加了需要的非线性特性。

非线性静态分析是静态分析的一种特殊形式，如同任何静态分析，处理流程主要由建模、加载求解和查看结果共3个主要步骤组成。

6.2.1 建模

该步骤对线性和非线性分析都是必需的，尽管非线性分析在该步骤中可能包括特殊的单元或非线性材料性质。如果模型中包含大应变效应，应力-应变数据必须依据真实应力和真实（或对数）应变表示。

6.2.2 加载求解

在该步骤中定义分析类型和选项，指定载荷步选项，开始有限元求解。非线性求解经常要求多个载荷增量且总是需要平衡迭代，它不同于线性求解，处理过程如下：

1. 进入 ANSYS 求解器
GUI：Main Menu > Solution。
命令：/Solution。

2. 定义分析类型及分析选项
分析类型和分析选项在第 1 个载荷步后，即执行第 1 个 SOLVE 命令后不能被改变。
ANSYS 提供的用于静态分析的选项见表 6-1。

表 6-1 用于静态分析的选项

选项	命令	GUI 路径
New Analysis	ANTYPE	Main Menu > Solution > Analysis Type > New Analysis > Restart
Analysis Type: Static	ANTYPE	Main Menu > Solution > Analysis Type > New Analysis > Static
Large Deformation Effects	NLGEOM	Main Menu > Solution > Analysis Options
Stress Stiffening Effects	SSTIF	Main Menu > Solution > Analysis Options
Newton-Raphson Option	NROPT	Main Menu > Solution > Analysis Options
Equation Solver	EQSLV	Main Menu > Solution > Analysis Options

1）New Analysis（新的分析，ANTYPE）：一般情况下使用该选项。

2）Analysis Type：Static（分析类型：静态，ANTYPE）：静态分析时选择该选项。

3）Large Deformation Effects（大变形或大应变选项，NLGEOM）：并不是所有的非线性分析均将产生大变形。

4）Stress Stiffening Effects（应力刚化效应，SSTIF）：如果存在应力刚化效应选择 ON。

5）Newton-Raphson Option（牛顿-拉普森选项，NROPT）：仅在非线性分析中使用这个选项，该选项指定在求解期间修改一次正切矩阵的间隔时间。可以指定如下值中的一个。

① 程序选择（NROPT、AUTO）：程序基于模型中存在的非线性种类选择使用这些选项之一。

在需要时牛顿-拉普森方法将自动激活自适应下降选项。

② 全部（NROPT、FULL）：程序使用完全牛顿-拉普森处理方法，即每进行一次平衡迭代修改刚度矩阵一次。如果自适应下降选项关闭，则每次平衡迭代都使用正切刚度矩阵。笔者不建议关闭自适应下降选项，但是有时这样做可能更有效。如果自适应下降选项打开（默认），只要迭代保持稳定，即只要残余项减小且没有负主对角线出现，程序将仅使用正切刚度阵。如果在一次迭代中探测到发散倾向，则抛弃发散的迭代且重新开始求解，应用正切和正割刚度矩阵的加权组合。迭代回到收敛模式时，程序将重新开始使用正切刚度矩阵。对复杂的非线性问题，自适应下降选项通常将提高程序获得收敛的能力。

③ 修正的（NROPT、MODl）：程序使用修正的牛顿-拉普森方法，即正切刚度矩阵在每个子步中都被修正，在一个子步的平衡迭代期间矩阵不被改变。这个选项不适用于大变形分析，并且自适应下降选项不可用。

④ 初始刚度（NROPT、INIT）：程序在每次平衡迭代中都使用初始刚度矩阵这一选项比完全选项似乎较不易发散，但它经常要求更多次的迭代来得到收敛。它不适用于大变形分析，自适应下降选项不可用。

6）Equation Solver（方程求解器，EQSLV）：对于非线性分析，使用前面的求解器（默认）。

3. 在模型上加载

在大变形分析中惯性力和点载荷将保持恒定的方向，但表面力将跟随结构而变化。

4. 指定载荷步选项

这些选项可以在任何载荷步中改变，以下选项对非线性静态分析是可用的。

(1) 普通选项

1）Time（TIME）：ANSYS借助在每个载荷步末端给定的TIME参数识别出载荷步和子步。使用该命令定义某些实际物理量，如先后时间和施加的压力等限制的TIME值。程序通过该选项来指定载荷步的末端时间。在没有指定TIME值时，程序将依据默认自动地对每个载荷步按1.0增加TIME（在第1个载荷步的末端以TIME = 1.0开始）。

2）时间步数目（NSUBST）和时间步长（DELTIM）：非线性分析要求在每个载荷步内有多个子步（或时间步，两个术语等效），从而ANSYS可以逐渐施加所给定的载荷，以得到精确的解。NSUBST和DELTIM命令获得同样效果（给定载荷步的起始，最小及最大步长）。NSUBST定义在一个载荷步内将使用的子步数，而DELTIM明确地定义时间步长。如果自动时间步长关闭，那么起始子步长用于整个载荷步。默认为每个载荷步有一个子步。

3）渐进式或阶跃式的加载：在与应变率无关材料行为的非线性静态分析中，通常不需要指定这个选项，因为依据默认，载荷将为阶跃式的载荷（KBC，1）。

4）自动时间分步（AUTOTS）：允许程序确定子步间载荷增量的大小和决定在求解期间增加或减小子步长。默认为OFF（关闭）。用户可用AUTOTS命令打开自动时间步长和二分法。通过激活自动时间步长，可以让程序决定在每个载荷步内使用多少个时间步。在一个时间步的求解完成后，下一个时间步长的大小基于4种因素预计，即在最近过去的时间步中使用的平衡迭代数（更多次的迭代成为时间步长减小的原因）、对非线性单元状态改变预测（状态改变临近时减小时间步长）、塑性应变增加的大小和蠕变增加的大小。

(2) 非线性选项 程序将连续进行平衡迭代直到满足收敛准则或允许平衡迭代的最大数（NEQIT），可以用默认收敛准则或自定义收敛准则。

1）收敛准则（CNVTOL）：依据默认，程序将以VALUE、TOLER的值对力（或力矩）进行收敛检查。VALUE 默认是在所加载荷（或所加位移，Newton-Raphson 回复力）的 SRSS 和 MIN-REF（默认为 1.0）中较大者。TOLER 默认是 0.001，用户应总是使用力收敛检查。可以添加位移（或转动）收敛检查，对于位移，程序将收敛检查建立在当前（i）和前面（i-1）次迭代之间的位移改变上。

2）用户收敛准则：用户可定义收敛准则替代默认值。使用严格的收敛准则将提高结果的精度，但以更多次的平衡迭代为代价。如果需要严格（加放松）的准则，应改变 TOLER 两个数量级。一般地应继续使用 VALUE 的默认值，即通过调整 TOLER，而不是 VALUE 改变收敛准则。应确保 MINREF = 1.0 的默认值在分析范围内有意义。

3）在单一和多 DOF 系统中检查收敛：要在单自由度（DOP）系统中检查收敛，对这个 DOF 计算出不平衡力，然后对照给定的收敛准则（VALUE * TOLER）参看该值。同样也可以对单一 DOF 的位移（和旋度）收敛进行类似的检查。然而在多 DOF 系统中，可能使用不同的比较方法。

ANSYS 提供 3 种不同的矢量规范用于收敛核查，即无限规范在模型中的每个 DOF 处重复单一 DOF 核查、L1 规范将收敛准则同所有 DOFS 的不平衡力（力矩）的绝对值的总和相对照和 L2 规范使用所有 DOFS 不平衡力（或力矩）的平方总和的平方根进行收敛检查。

4）NEQIT（平衡迭代的最大次数）：使用该选项限制每个子步中进行的最大平衡迭代次数，默认为 25。如果在这个平衡迭代次数之内不能满足收敛准则，自动步长打开（AUTOTS），分析将尝试使用二分法。如果二分法不可能，依据在 NCNV 命令中发出的指示分析或终止或进行下一个载荷步。

5）NCNV（求解终止选项）：该选项处理 5 种不同的终止准则，即如果位移过大，则建立一个用于终止分析和程序执行的准则、限制累积迭代次数设置、限制整个时间设置、限制整个 CPU 时间设置，以及弧长选项（ARCLEN）。如果预料结构在其载荷历史内在某些点将变得物理意义上不稳定，即结构的载荷-位移曲线的斜度将为 0 或负值，可以使用弧长方法来帮助稳定数值求解。

6）PRED（时间步长预测-纠正选项）：对于每个子步的第 1 次平衡迭代可以激活和 DOF 求解有关的预测，这个特点加速收敛。如果非线性响应是相对平滑的，则特别有用，在包含大转动或粘弹的分析中它并不是非常有用。

7）线搜索选项（LNSRCH）：对自适应下降选项的替代。激活后，无论何时发现硬化响应，这个收敛提高工具用程序计算的比例因子（具有 0~1 间的值）乘以计算出的位移增量。因为线搜索算法是用来对自适应下降选项（NROPT）进行的替代，因此如果线搜索选项打开，自适应下降选项不被自动激活，不建议同时激活线搜索选项和自适应下降选项。存在强迫位移时，直到迭代中至少有一次具有 1 的线搜索值运算才会收敛。ANSYS 调节整个 DU 矢量，包括强迫位移值；否则除了强迫 DOF 处一个小的位移值将随处发生，直到迭代中的某一次具有 1 的线搜索值，ANSYS 才施加全部位移值。

8）蠕变准则（CRPLIM、CRCR）：如果结构表现蠕变行为，可以指定蠕变准则用于自动时间步调整。如果自动时间步长（AUTOTS）关闭，这个蠕变准则将无效，程序将对所有单元计算蠕应变增量（在最近时间步中蠕变的变化）对弹性应变的比值。如果最大比值比判据大，程序将减小下一个时间步长；否则程序可能增加下一个时间步长。同样程序将把自动时间步长建立在平衡迭代次数，即将发生的单元状态改变及塑性应变增量的基础上。时间步长将被调整到对应这些项目中的任何一个所计算出的最小值。如果比值高于 0.25 的稳定界限且时间增量不能减小，解可能发散且分析将由于错误信息而终止，这个问题可以通过使最小时间步长足够小避免

（DELTIM、NSUBST）。

9）激活和杀死选项：在 ANSYS/Mechanical 和 ANSYS/LS-DYNA 产品中，可以去杀死和激活单元来模拟材料的消去和添加。程序通过用一个非常小的数（由 ESTIF 命令设置）乘以它的刚度从总质量矩阵消去其质量而"杀死"一个单元。对无活性单元的单元载荷（压力、热通量、热应变等）同样地设置为零。需要在前处理中定义所有可能的单元，而不可能在 SOLUTION 中产生新的单元。

要在分析后阶段中出生的那些单元，在第 1 载荷步前应被杀死，然后在适当的载荷步开始时被重新激活。单元被重新激活后具有零应变状态，并且（如果 NLGEOM，ON）修改其几何特性（开头长度和面积等）与现偏移位置相适应。

另一种在求解期间影响单元行为的方法是改变其材料性质参考号，这个选项允许在载荷步间改变一个单元的材料性质。EKILL 适用于大多数单元类型，MPCHG 适用于所有单元类型。

（3）输出控制选项

1）OUTPR（打印输出）：指定输出文件中包括所需的结果数据。

2）OUTRES（结果文件输出）：控制结果文件中的数据，OUTPR 和 OUTRES 控制写入结果到这些文件的频率。

3）ERESX（结果外推）：依据默认复制一个单元的积分点应力和弹性应变结果到结点，而替代外推它们。如果在单元中存在非线性（塑性、蠕变及膨胀），积分点非线性变化总是被复制到结点。

默认在非线性分析中只有最后一个子步被写入结果文件。要写入所有子步，设置 OUTRES 中的 FREQ 域为 ALL。默认只有 1 000 个结果集（子步）可写入结果文件。如果超过（基于 OUTRES 指定），程序将由于错误而终止。使用命令"/CONFIG，NRES"增加这个数值。

（4）保存基本数据的备份副本为另一个文件

GUI：Utility Menu > File > Save As。

命令：SAVE。

（5）开始求解计算

GUI：Main Menu > Solution > -Solve-Current LS。

命令：SOLVE。

（6）退出 SOLUTION 处理器

GUI：关闭 Solution 菜单。

命令：FINISH。

6.2.3 查看结果

来自非线性静态分析的结果主要由位移、应力、应变，以及反作用力组成，可以用 POST1（通用后处理器）、POST26（时间历程后处理器）查看这些结果。

1. 用 POST1 查看结果

用 POST1 一次仅可以读取一个子步且来自该子步的结果已写入 Jobname.rst 文件中。用 POST1 查看结果，数据库中的模型必须与用于求解计算的模型相同，Jobname.rst 文件必须可用。

1）检查 Jobname.out 文件是否在所有的子步分析都收敛，如果不收敛，可能不需后处理而确定收敛失败的原因；否则继续进行后处理。

2）进入 POST1。如果用于求解的模型现在不在数据中，则执行 RESUME。

3）读取需要的载荷步和子步结果，可以依据载荷步和子步号或时间识别，然而不能依据时间识别出弧长结果。

GUI：Main Menu > General Postproc > Read Results > Load step。

命令：SET。

可使用 SUBSET 或 APPEND 命令只对选出的部分模型读取或合并结果数据，也可以通过 INRES 命令限制从结果文件到基本数据被写的数据总量，用 ETABLE 命令对选出的单元进行后处理。

如果指定了一个没有结果可用的 Time 值，ANSYS 将进行线性内插计算该 Time 处的结果。在非线性分析中这种线性内插通常将导致某些误差，如图 6-6 所示，因此对于非线性分析，通常应在一个精确地对应于要求子步的 Time 处进行后处理。

4）显示结果。

① 显示已变形的形状：

GUI：Main Menu > General Postproc > Plot Results > Deformed Shapes。

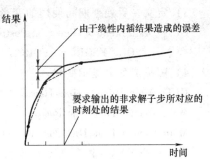

图 6-6 线性内插引起某些误差的结果

命令：PLDISP。

在大变形分析中，一般优先使用真实比例显示（IDSCALE,, 1）。

② 显示应力、应变或任何其他可用项目的等值线：

GUI：Main Menu > General Postproc > Plot Results > Contour Plot > Nodal Solu 或 Element Solu。

命令：PLNSOL 或 PLESOL。

如果邻接单元具有不同材料行为（可能由于塑性或多线性弹性的材料性质、不同的材料类型或邻近单元的死活属性不同而产生），应注意避免结果中的节点应力平均错误。同样可以绘制单元表数据和线单元数据的等值线。

GUI：Main Menu > General Postproc > Element Table > Plot Element Table。

Main Menu > General Postproc > Plot Results > Contour Plot > Line Elem Res。

命令：PLETAB 和 PLLS。

使用 PLETAB 命令（GUI：Main Menu > General Postproc > Element Table > Plot Element Table）绘制单元表数据的等值线，用 PLLS 命令（GUI：Main Menu > General Postproc > Plot Results > Line elem Res）绘制线单元数据的等值线。

列表执行如下：

GUI：Main Menu > General Postproc > Plot Results > Nodal Solution。

Main Menu > General Postproc > List Results > Element Solution。

Main Menu > General Postproc > List Results > Reaction Solution。

命令：PRNSOL（结点结果）、PRESOL（结果）、PRRSOL（反作用力数据）、PRETAB、PRITER（子步总计数据）、NSORT 和 ESORT（列表数据前对其排序）。

许多其他后处理函数在路径上映射结果，记录和参量列表等在 POST1 中可用。对于非线性分析，载荷工况组合通常无效。

2. 用 POST26 查看结果

可以使用 POST26 和时间历程后处理器查看非线性结构的载荷，即历程响应。使用 POST26 比较一个 ANSYS 变量对另一个变量的关系，例如可以用图形表示某一节点处的位移与对应所加载荷的关系或列出该节点处的塑性应变和对应 Time 值间的关系。典型的 POST26 后处理可以遵循如下步骤。

1）根据 Jobname.OUT 文件检查是否在所有要求的载荷步内分析都收敛，不应设计决策建立在非收敛结果的基础上。

2）如果解是收敛的，进入 POST26。如果现有模型不在数据库内，执行 RESUME 命令。

GUI：Main Menu > Time Hist Postproc。

命令：POST26。

3）定义在后处理期间使用的变量。

GUI：Main Menu > Time Hist Postproc > Define Variables。

命令：NSOL、ESOL 和 RFORCL。

4）图形或列表显示变量。

GUI：Main Menu > Time Hist Postproc > Graph Variables。

Main Menu > Time Hist Postproc > List Variables。

Main Menu > Time Hist Postproc > List Extremes。

命令：PLVAR（图形表示变量）、PRVAR 和 EXTREM（列表变量）。

许多其他后处理函数可用于 POST26。

3. 终止运行重新启动

可以通过产生一个 abort 文件（Jobname.abt）停止一个非线性分析，一旦求解成功完成，或收敛失败，程序也将停止分析。如果一个分析在终止前已成功完成一次或多次迭代，可以多次重新启动它。

6.3 装载时矿石对车厢的冲击非线性分析实例

问题描述

为了研究装载时矿石对矿用货车车厢的冲击作用，可以建立图 6-7 所示的简化模型。由于冲击只作用于车厢底板，所以忽略车厢其余部分，车厢悬挂系统用弹簧模拟。现用有限单元法分析矿石以一定速度 v 撞击时车厢的应力、应变和变形，以研究车厢的强度和刚度特性。

材料弹性模量为 2×10^{11} Pa，密度为 7800 kg/m³，泊松比为 0.3，屈服强度为 240.0×10^6 Pa，切变模量为 2×10^8 Pa。

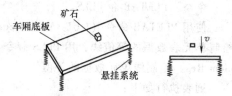

图 6-7 矿石-车厢的简化模型

操作步骤（GUI 方式）

1. 改变任务名

选择菜单 Utility Menu > File > Change Jobname，弹出"Change Jobname"对话框，在"[/FIL-NAM]"文本框中输入"Impact"，单击 OK 按钮。

2. 选择单元类型

选择菜单 Main Menu > Preprocessor > Element Type > Add/Edit/Delete，弹出图 6-8 所示的"Element Types"对话框，单击 Add... 按钮，弹出图 6-9 所示的"Library of Element Types"对话框，

在左侧列表框中选择"Structural Solid",在右侧列表框中选"Brick 8node 185",单击 Apply 按钮;再在左侧列表框中选择"Structural Shell",在右侧列表框中选择"3D 4 Node 181",单击 Apply 按钮;再在左侧列表框中选择"Combination",在右侧列表框中选择"Spring-damper 14",单击 Apply 按钮;再在左侧列表框中选择"Contact",在右侧列表框中选择"4 nd surf 173",单击 Apply 按钮;再在左侧列表框中选择"Contact",在右侧列表框中选择"3D target 170",单击 OK 按钮;单击图6-8所示对话框中的 Close 按钮。

图6-8 "Element Types"对话框

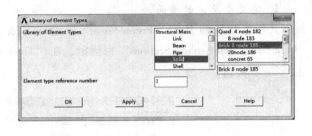

图6-9 "Library of Element Types"对话框

3. 定义材料模型

选择菜单 Main Menu > Preprocessor > Material Props > Material Models,弹出图6-10所示的"Define Material Model Behavior"对话框,在右侧列表框中依次选择"Structural > Linear > Elastic > Isotropic",弹出图6-11所示的"Linear Isotropic Properties for Material Number 1"对话框,在"EX"文本框中输入"2e11"(弹性模量),在"PRXY"文本框中输入"0.3"(泊松比),单击 OK 按钮;再在图6-10所示的"Define Material Model Behavior"对话框的右侧下拉列表框中依次选择"Structural > Nonlinear > Inelastic > Rate Independent > Kinematic Hardening Plasticity > Mises Plasticity > Bilinear",弹出图6-12所示的"Bilinear Kinematic Hardening for Material Number 1"对话框,在"Yield Stss"文本框中输入"240e6"(屈服极限),在"Tang Mods"文本框中输入"2e8"(剪切模量),单击 OK 按钮;再在图6-10所示的"Define Material Model Behavior"对话框的右侧列表框中依次选择"Structural > Density"选项,弹出图6-13所示的"Density for Material Number 1"对话框,在"DENS"文本框中输入"7800"(密度),单击 OK 按钮;然后关闭图6-10所示的"Define Material Model Behavior"对话框。

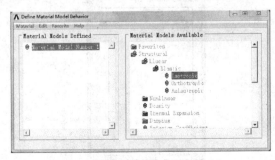

图6-10 "Define Material Model Behavior"对话框

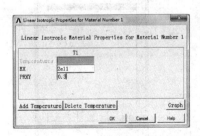

图6-11 "Linear Isotropic Properties for Material Number 1"对话框

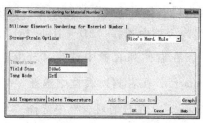
图 6-12 "Bilinear Kinematic Hardening for Material Number 1"对话框

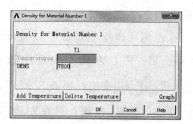
图 6-13 "Density for Material Number 1"对话框

4. 定义壳单元的截面

选择菜单 Main Menu > Preprocessor > Sections > Shell > Lay-up > Add/Edit，弹出图 6-14 所示的 "Create and Modify Shell Sections"对话框，在"Thickness"文本框中输入"0.06"（壳厚度），单击 OK 按钮。

图 6-14 "Create and Modify Shell Sections"对话框

5. 定义实常数

选择菜单 Main Menu > Preprocessor > Real Constants > Add/Edit/Delete，弹出图 6-15 所示的 "Real Constants"对话框，单击 Add... 按钮，弹出图 6-16 所示的 "Element Type for Real Constants"对话框，在列表框中选择 "Type 3 COMBIN14"，单击 OK 按钮，弹出图 6-17 所示的 "Real Constant Set Number 1, for COMBIN14"对话框，在 "K"文本框中输入 "100000"（弹簧刚度），单击 OK 按钮；返回到图 6-15 所示的 "Real Constants"对话框，再次单击 Add... 按钮，再在图 6-16 所示的对话框列表框中选择 "Type 4 CONTA173"，弹出图 6-18 所示的 "Real Constant Set Number 2,

图 6-15 "Real Constants"对话框

图 6-16 "Element Type for Real Constants"对话框

for CONTA173"对话框,在"FKN"文本框中输入"0.01"（法向接触刚度因子）,单击 Add... 按钮,返回到图 6-15 所示的"Real Constants"对话框,单击 Close 按钮。

图 6-17 "Real Constant Set Number 1, for COMBIN 14"对话框

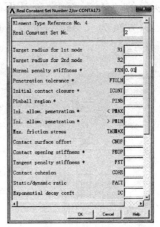

图 6-18 "Real Constant Set Number 2, for CONTA173"对话框

6. 改变视点

选择菜单 Utility Menu > Plot Ctrls > Pan-Zoom-Rotate,在弹出的对话框中,单击 Iso 按钮,或者单击图形窗口右侧显示控制工具条上的 按钮。

7. 创建关键点

选择菜单 Main Menu > Preprocessor > Modeling > Create > Keypoints > In Active CS,弹出图 6-19 所示的"Create Keypoints in Active Coordinate System"对话框,在"Keypoint number"文本框中输入"1",在"Location in active CS"文本框中分别输入"-0.8,0,-1.5",单击 Apply 按钮;在"Keypoint number"文本框中输入"2",在"Location in active CS"文本框中分别输入"-0.8,0,1.5",单击 Apply 按钮;在"Keypoint number"文本框中输入"3",在"Location in active CS"文本框中分别输入"0.8,0,1.5",单击 Apply 按钮;在"Keypoint number"文本框中输入"4",在"Location in active CS"文本框中分别输入"0.8,0,-1.5",单击 OK 按钮。

8. 由关键点创建面

选择菜单 Main Menu > Preprocessor > Modeling > Create > Areas > Arbitrary > Through KPs,弹出拾取窗口,依次拾取上一步创建的关键点 1、2、3、4,单击 OK 按钮。

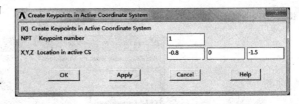

图 6-19 "Create Keypoints in Active Coordinate System"对话框

9. 对面划分单元

选择菜单 Main Menu > Preprocessor > Meshing > Mesh Tool,弹出图 6-20 所示的"Mesh Tool"对话框。在"Element Attributes"下拉列表框中选择"Areas",单击该下拉列表框后面的"Set"按钮,弹出拾取窗口,选择上一步创建的面1,单击拾取窗口的 OK 按钮,弹出"Areas Attributes"对话框,在"TYPE"下拉列表框中选择"2 SHELL181",在"SECT"下拉列表框中选择"1",单击 OK 按钮。

单击"Size Controls"区域中"Global"后面的"Set"按钮,弹出图 6-21 所示的"Global Element Sizes"对话框,在"Element edge length"文本框中输入"0.08",单击"OK"按钮;在图 6-20 所示的"Mesh Tool"对话框的"Mesh"区域,选择单元形状为"Quad"(四边形),选择划分单元的方法为"Map ped"(映射),单击"Mesh"按钮,弹出拾取窗口,拾取面1,单击 OK 按钮。

图 6-20 "Mesh Tool"对话框

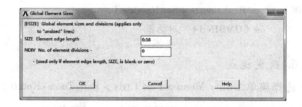

图 6-21 "Global Element Sizes"对话框

10. 创建块

选择菜单 Main Menu > Preprocessor > Modeling > Create > Volumes > Block > By Dimension,弹出图 6-22 所示的"Create Block by Dimensions"对话框,在"X-coordinates"文本框中分别输入"-0.1,0.1",在"Y-coordinates"文本框中分别输入"0.001,0.201",在"Z-coordinates"文本框中分别输入"-0.1,0.1",单击 OK 按钮。

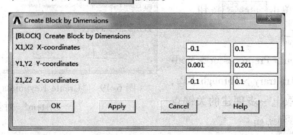

图 6-22 "Create Block by Dimensions"对话框

11. 对体划分单元

选择菜单 Main Menu > Preprocessor > Meshing > Mesh Tool,弹出图 6-20 所示的"Mesh Tool"对话框,在"Element Attributes"下拉列表框中选择"Volumes",单击该下拉列表框后面的"Set"按钮弹出拾取窗口,选择上一步创建的体1,单击拾取窗口的 OK 按钮,弹出"Volume Attributes"对话框,在"TYPE"下拉列表框中选择"1SOLID185",单击 OK 按钮。

单击"Size Controls"区域中"Global"后面的"Set"按钮,弹出图6-21所示的"Global Element Sizes"对话框,在"Element edge length"文本框中输入"0.05",单击 OK 按钮;在图6-20所示的"MeshTool"对话框的 Mesh 区域,选择实体类型为"Volumes",选择单元形状为"Hex"(六面体),选择划分单元的方法为"Mapped"(映射),单击 Mesh 按钮,弹出拾取窗口,拾取体1,单击 OK 按钮,关闭图6-20所示的"MeshTool"对话框。

12. 创建节点

选择菜单 Main Menu > Preprocessor > Modeling > Create > Nodes > In Active CS,弹出图6-23所示的"Create Nodes in Active Coordinate System"对话框,在"Node number"文本框中输入"950",在"Location in active Cs"文本框中分别输入"-0.8,-0.5,-1.5",单击 Apply 按钮;在"Node number"文本框中输入"951",在"Location in active Cs"文本框中分别输入"0.8,-0.5,-1.5",单击"Apply"按钮;在"Node number"文本框中输入"952",在"Location in active Cs"文本框中分别输入"0.8,-0.5,1.5",单击"Apply"按钮;在"Node number"文本框中输入"953",在"Location in active Cs"文本框中分别输入"-0.8,-0.5,1.5",单击 OK 按钮。

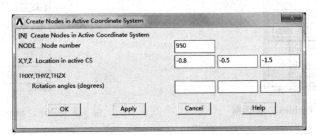

图6-23 "Create Nodes in Active Coordinate System"对话框

13. 为下面所创建单元指定属性

选择菜单 Main Menu > Preprocessor > Modeling > Create > Elements > Elem Attributes,弹出图6-24所示的"Element Attributes"对话框,在"Element type number"下拉列表框中选择"3 COMBIN14",在"Real constant set number"下拉列表框中选择"1",单击 OK 按钮。

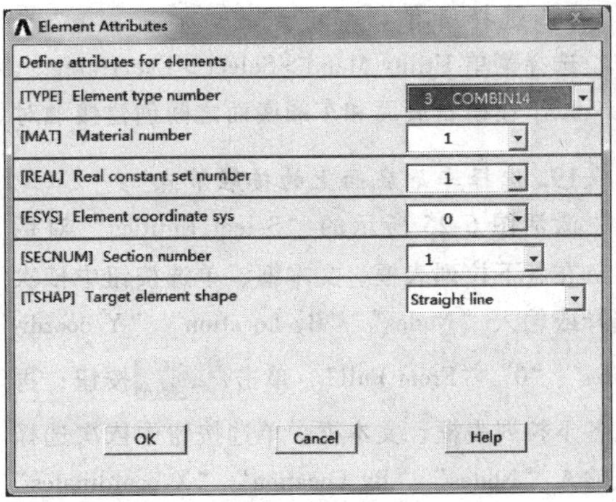

14. 显示节点号

选择菜单 Utility Menu > Plot Ctrls > Numbering,在弹出的"Plot Numbering Controls"对话框中将 Node Numbers(节点号)打开,单击 OK 按钮。

15. 创建弹簧单元

选择菜单 Main Menu > Preprocessor > Modeling > Create > Elements > Auto Numbered > Thru Nodes,弹出拾取窗口,拾取节点1和

图6-24 "Element Attributes"对话框

950，单击拾取窗口中 Apply 按钮，于是在节点 1 和 950 之间创建了一个弹簧单元，重复以上过程，在节点 60 和 951、40 和 952、2 和 953 之间分别创建单元，最后关闭拾取窗口。

16. 选择弹簧单元的固定端节点

选择菜单 Utility Menu > Select > Entities，弹出图 6-25 所示的"Select Entities"对话框，在各下拉列表框、文本框、单选按钮中依次选择或输入"Nodes""By Num/Pick""From Full"，单击 Apply 按钮，弹出图 6-26 所示的"Select nodes"对话框，选择"Min, Max, Inc"，在文本框中输入"950，953，1"，单击 OK 按钮。

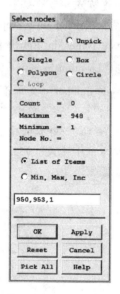

图 6-25 "Select Entities"对话框   图 6-26 "Select nodes"对话框

17. 在弹簧固定端节点上施加约束

选择菜单 Main Menu > Preprocessor > Loads > Define Loads > Apply > Structural > Displacement > On Nodes，弹出选择窗口，单击 Pick All 按钮，弹出图 6-27 所示的"Apply U, ROT on Nodes"对话框，在"Lab2"下拉列表框中选择"All DOF"，单击 OK 按钮。

18. 选择所有

选择菜单 Utility Menu > Select > Everything。

以下在矿石底面和车厢底面之间创建接触对。

19. 选择车厢底面上的接触节点

激活图 6-25 所示的"Select Entities"对话框，在各下拉列表框、文本框、单选按钮中依次选择或输入"Nodes""By Location""Y coordinates""0""From Full"，单击 Apply 按钮；再在各下拉列表框、文本框、单选按钮中依次选择或输入"Nodes""By Location""X coordinates""-0.3，0.3""Reselect"，单击 Apply 按钮；

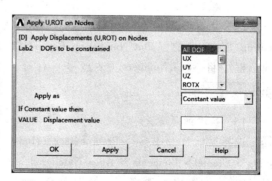

图 6-27 "Apply U, ROT on Nodes"对话框

再在各下拉列表框、文本框、单选按钮中依次选择或输入"Nodes""By Location""Z coordinates""-0.3,0.3""Reselect",单击 Apply 按钮。

20. 为下面所创建单元指定属性

选择菜单 Main Menu > Preprocessor > Modeling > Create > Elements > Elem Attributes,弹出图 6-24 所示的"Element Attributes"对话框,在"Element type number"下拉列表框中选择"5 TARGE170",在"Real constant set number"下拉列表框中选择"2",单击 OK 按钮。

21. 创建目标单元

选择菜单 Main Menu > Preprocessor > Modeling > Create > Elements > Surf/Contact > Surf to Surf,单击弹出对话框中的 OK 按钮,单击随后弹出的拾取窗口 Pick All 按钮。

22. 选择矿石底面上的节点

激活图 6-25 所示的"Select Entities"对话框,在各下拉列表框、文本框、单选按钮中依次选择或输入"Areas""By Num/Pick""From Full",单击 Apply 按钮,弹出拾取窗口,在文本框中输入"4",单击 OK 按钮;再在各下拉列表框、文本框、单选按钮中依次选择或输入"Nodes""Attached to""Areas, all""From Full",单击 OK 按钮。

23. 为下面所创建单元指定属性

选择菜单 Main Menu > Preprocessor > Modeling > Create > Elements > Elem Attributes,弹出图 6-24 所示的对话框,在"Element type number"下拉列表框中选择"4 CONTA173",在"Real constant set number"下拉列表框中选择"2",单击 OK 按钮。

24. 创建接触单元

选择菜单 Main Menu > Preprocessor > Modeling > Create > Elements > Surf/Contact > Surf to Surf,单击弹出对话框中的 OK 按钮,单击随后弹出的拾取窗口中的 Pick All 按钮。

25. 选择所有

选择菜单 Utility Menu > Select > Everything。

26. 指定分析类型

选择菜单 Main Menu > Solution > Analysis Type > New Analysis,弹出图 6-28 所示的"New Analysis"对话框,选中"Transient"单选按钮,单击 OK 按钮,在随后弹出的"Transient Analysis"对话框中,单击 OK 按钮。

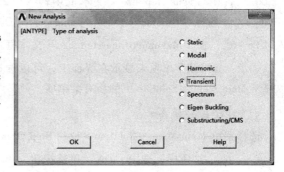

图 6-28 "New Analysis"对话框

27. 施加重力加速度

选择菜单 Main Menu > Solution > Define Loads > Apply > Structural > Inertia > Gravity > Global,弹出图 6-29 所示的"Apply (Gravitational) Acceleration"对话框,在"Global Cartesian Y-comp"文本框中输入"9.8",单击 OK 按钮。

28. 选择矿石上的所有节点

激活图 6-25 所示的 "Select Entities" 对话框,在最上方下拉列表框中选择 "Volumes",单击 `Sele Belo` 按钮。

29. 为矿石节点施加初始速度

选择菜单 Main Menu > Solution > Define Loads > Apply > Initial Condition > Define,弹出拾取窗口,单击 `Pick All` 按钮,弹出图 6-30 所示的 "Define Initial Conditions" 对话框,在 "DOF to be specified" 下拉列表框中选择 "UY",在 "Intial velocity" 文本框中输入 "-8",单击 `OK` 按钮。

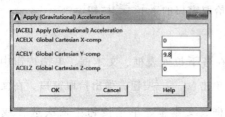 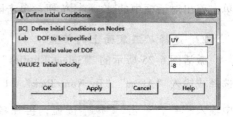

图 6-29 "Apply (Gravitational) Acceleration" 对话框　　图 6-30 "Define Initial Conditions" 对话框

30. 为矿石节点施加约束

选择菜单 Main Menu > Solution > Define Loads > Apply > Structural > Displacement > On Nodes,弹出拾取窗口,单击 `Pick All` 按钮,弹出图 6-27 所示的 "Apply U, ROT on Nodes" 对话框,在 "DOFs to be constrained" 下拉列表框中选择 "UX" "UZ",单击 `OK` 按钮。

31. 选择所有

选择菜单 Utility Menu > Select > Everything。

32. 确定载荷步时间和时间步长

选择菜单 Main Menu > Solution > Load Step Opts > Time/Frequenc > Time-Time Step,弹出图 6-31 所示的 "Time and Time Step Options" 对话框,在 "Time at end of load step" 文本框中输入 "0.0013",在 "Time step size" 文本框中输入 "2.5e-5",选择 "Stepped or ramped b.c." 为 "Stepped",选择 "Automatic time stepping" 为 "ON",在 "Minimum time step size" 文本框中输入 "1e-6",在 "Maximum time step size" 文本框中输入 "4e-5",单击 `OK` 按钮。

提示:如果该菜单项未显示在界面上,可以选择菜单 Main Menu > Solution > Unabridged Menu,以显示 Main Menu > Solution 下的所有菜单项。

33. 激活线性搜索

选择菜单 Main Menu > Solution > Load Step Opts > Nonlinear > Line Search,弹出图 6-32 所示的 "Line Search" 对话框,选中 "ON" 单选按钮,单击 `OK` 按钮。

34. 确定数据库结果文件中所包含的内容

选择菜单 Main Menu > Solution > Load Step Opts > Output Ctrls > DB/Results File,弹出图 6-33 所示的 "Controls for Database and Results File Writing" 对话框,在 "Item to be controlled" 下拉列表框中选择 "All items",选中 "Every substep" 项,单击 `OK` 按钮。

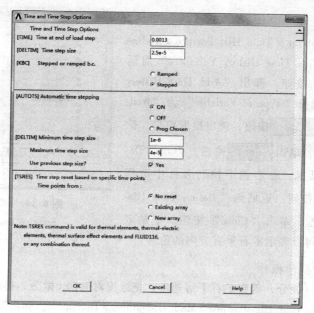

图 6-31 "Time and Time Step Options" 对话框

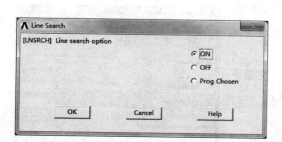

图 6-32 "Line Search" 对话框

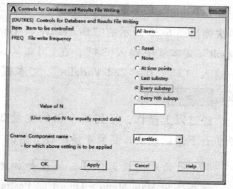

图 6-33 "Controls for Database and Results File Writing" 对话框

35. 求解

选择菜单 Main Menu > Solution > Solve > Current LS，弹出 "Solve Current Load Step" 对话框，单击 OK 按钮，当出现 "Solution is done！" 提示时，求解结束，从下一步开始，进行结果的查看。

36. 关闭节点号

选择菜单 Utility Menu > Plot Ctrls > Numbering，在弹出的 "Plot Numbering Controls" 对话框中将节点号关闭，单击 OK 按钮。

37. 查看结果，用等高线显示 von Mises 应力

选择菜单 Main Menu > General Postproc > Plot Results > Contour Plot > Nodal Solu，弹出图 6-34 所示的 "Contour Nodal Solution Data" 对话框，在列表框中依次选择 "Nodal Solution > Stress > von Mises Stress"，单击 OK 按钮。

38. 定义变量

选择菜单 Main Menu > Time Hist Postpro > Define Variables，弹出"Define Time-History Variables"对话框，单击"Add..."按钮，弹出"Add Time-History Variable"对话框，选择"Type of Variable"为"Nodal DOF result"，单击 OK 按钮，弹出拾取窗口，拾取矿石上的节点880，单击 OK 按钮，弹出"Define Nodal Data"对话框，在右侧下拉列表框中选择"UY"，单击 OK 按钮，返回到"Define Time-History Variables"对话框，单击"Close"按钮。于是定义了一个变量2，它可以表示矿石垂直方向的位移。

图 6-34 "Contour Nodal Solution Data"对话框

39. 对变量进行数学操作

把变量2对时间t微分，得到矿石下落速度；把速度对时间t微分，得到矿石下落的加速度。选择菜单 Main Menu > Time Hist Postpro > Math Operations > Derivative，弹出图6-35所示的"Derivative of Time-History Variables"对话框，在"Reference number for nesult"文本框中输入"3"，在"1st Variable"文本框中输入"2"，在"2nd Variable"文本框中输入"1"，单击 Apply 按钮；再次弹出图6-35所示的"Derivative of Time-History Variables"对话框，在"Reference number for nesult"文本框中输入"4"，在"1st Variable"文本框中输入"3"，在"2nd Varialbe"文本框中输入"1"，单击 OK 按钮。

经过以上操作，得到两个新的变量3和4。变量3是矿石下落的速度，变量4是矿石下落的加速度。

40. 用曲线图显示位移、速度和加速度

选择菜单 Main Menu > Time Hist Postpro > Graph Variables，在所弹出对话框中的"NVAR1"文本框中输入"2"，单击 OK 按钮，结果如图6-36所示。再重复执行两次以上命令，在弹出对话框中的"NVAR1"文本框中分别输入"3"和"4"，单击 OK 按钮，结果如图6-37和图6-38所示。

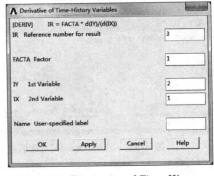

图 6-35 "Derivative of Time-History Variables"对话框

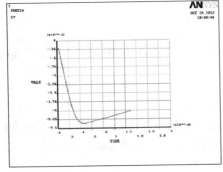

图 6-36 矿石位移

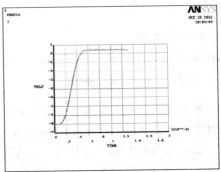

图 6-37 矿石速度

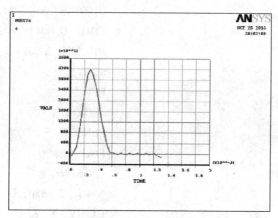

图 6-38 矿石加速度

命令流

```
/CLEAR
/FILNAM, EXAMPLE26
/PREP7
ET, 1, SOLID185
ET, 2, SHELL181
ET, 3, COMBIN14
ET, 4, CONTA173
ET, 5, TARGE170
MP, EX, 1, 2E11
MP, NUXY, 1, 0.3
MP, DENS, 1, 7800
TB, BKIN, 1, 1
TBTEMP, 0
TBDATA,,240E6,2E8
ECTYPE,1,SHELL
SECDATA,0.06
R, 1, 100000
R, 2,,,0.01
/VIEW, 1, 1, 1, 1
K, 1, -0.8, 0, -1.5
K, 2, -0.8, 0, 1.5
K, 3, 0.8, 0, 1.5
K, 4, 0.8, 0, -1.5
A, 1, 2, 3, 4
TYPE, 2
SECN,1
ESIZE, 0.08
AMESH, 1
BLOCK, -0.1, 0.1, 0.001, 0.201, -0.1, 0.1
TYPE, 1
ESIZE, 0.05
VMESH, 1
N,950, -0.8, -0.5, -1.5
N,951, 0.8, -0.5, -1.5
N, 952, 0.8, -0.5, 1.5
N, 953, -0.8, -0.5, 1.5
TYPE, 3
REAL, 1
E, 1, 950
E, 60, 951
E, 40, 952
E, 2, 953
NSEL, S,,, 950, 953, 1
D, ALL, ALL
ALLSEL
NSEL, S, LOC, Y, 0
NSEL, R, LOC, X, -0.3, 0.3
NSEL, R, LOC, Z, -0.3, 0.3
REAL, 2
TYPE, 5
ESURF
ALLS
ASEL, S,,,4
NSLA, S, 1
```

```
REAL, 2                          OUTRES, ALL, ALL
TYPE, 4                          TIME, 0.0013
ESURF                            DELTIM, 2.5E-5, 1E-6, 4E-5
ALLS                             SOLVE
FINI                             FINI
/SOLU                            /POST1
ANTYPE, TRANS                    PLNSOL, S, EQV, 0, 1.0
ACEL, 0, 9.8                     FINI
VSEL, S, , , 1                   /POST26
NSLV, S, 1                       NSOL, 2, 880, U, Y
IC, ALL, UY, , -8                DERIV, 3, 2, 1
D, ALL, UX                       DERIV, 4, 3, 1
D, ALL, UZ                       PLVAR, 2
ALLS                             PLVAR, 3
KBC, 1                           PLVAR, 4
LNSRCH, ON                       FINI
AUTOT, ON
```

6.4 圆盘塑性变形分析实例

问题描述

本实例完成一个圆盘在周期载荷作用下的塑性分析。圆盘加载简图如图6-39所示。在其中心受到一个冲杆的周期作用,由于冲杆被假定是刚性的,因此在建模时不考虑冲杆,而耦合圆盘上和冲杆接触的结点的Y方向上的位移。由于模型和载荷都是轴对称的,因此用轴对称模型计算。求解通过4个载荷步实现。

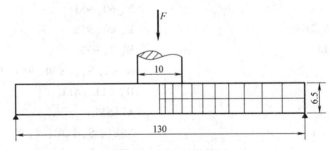

图6-39 圆盘加载简图

圆盘材料的弹性模量为70000MPa,泊松比为0.325,塑性时的应力-应变关系见表6-2。加载历史见表6-3。

表6-2 塑性时的应力-应变关系

应 力	应 变
0.0007857	55×10^6
0.00575	112×10^6
0.02925	172×10^6
0.1	241×10^6

表6-3 加载历史

时 间	载 荷
0	0
1	-6000
2	750
3	-6000

操作步骤（GUI方式）

1. 定义工作文件名及工作标题

1）定义工作文件名：执行 Utility Menu > File > Change Jobname 命令，弹出"Change Jobname"对话框。输入"Kinematic"，选中"New log and error files"复选框，单击 OK 按钮。

2）定义工作标题：执行 Utility Menu > File > Change Title 命令，弹出"Change Title"对话框。输入"The Analysis of Kinematic Hardening"，单击 OK 按钮。

3）关闭坐标符号的显示：执行 Utility Menu > Plot Ctrls > Window Controls > Window Options 命令，弹出"Window Options"对话框。在"Location of triad"下拉列表框中选择"No Shown"选项，单击 OK 按钮。

2. 定义单元类型

1）定义单元类型：执行 Main Menu > Preprocessor > Element Type > All/Edit/Delete 命令，弹出"Element Types"对话框。单击 Add... 按钮，弹出"Library of Element Types"对话框。在左、右列表框中分别选择"Structural Solid"和"Quad 4node 182"选项，单击 OK 按钮。

2）设置单元选项：在"Element Types"对话框中单击 Options... 按钮，弹出"PLANE182 element type options"对话框，如图6-40所示。在"Element behavior"下拉列表框中选择"Axisymmetric"选项，单击 OK 按钮，单击"Element Types"对话框中的 Close 按钮。

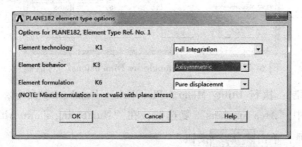

图6-40 "PLANE182 element type options"对话框

3. 定义材料属性

1）定义线弹性材料属性：执行 Main Menu > Preprocessor > Material Props > Material Models 命令，弹出"Define Material Models Behavior"窗口。双击"Material Models Available"列表框中的"Structural > Linear > Elastic > Isotropic"选项，弹出"Linear Isotropic Properties for Material Number 1"对话框。在"EX"和"PRXY"文本框中分别输入"7.0e10"及"0.325"，单击 OK 按钮。

2）定义和填充多线性随动强化数据表：双击"Define Material Models Behavior"对话框中"Material Models Available"列表框中的"Structural > Nonlinear > Inelastic > Rate Independent > Kinematic Hardening Plasticity > Mises Plasticity > Multilinear（General）"选项，弹出图6-41所示的"Multilinear Kinematic Hardening for Material Number 1"对话框。3次单击 Add Point 按钮，将应力-应变对应关系输入相应的文本框中。单击 Graph 按钮可绘制应力-应变关系图，单击 OK 按钮。执行 Material > Exit 命令，完成材料属性的设置。

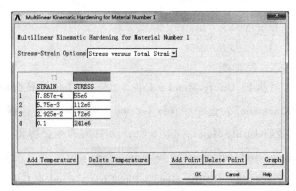

图6-41 "Multilinear Kinematic Hardening for Material Number 1"对话框

4. 建立几何模型

1）生成矩形面：执行 Main Menu > Preprocessor > Modeling > Create > Areas > Rectangle > By Dimensions 命令，弹出图6-42所示的"Create Rectangle by Dimensions"对话框。在"X-coordinates"文本框中输入"0，0.05"，在"Y-coordinates"文本框中输入"0，0.065"，单击 Apply 按钮；在"X-coordinates"文本框中输入"0.05，0.65"，在"Y-coordinates"文本框中输入"0，0.065"，单击 OK 按钮。

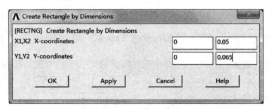

图6-42 "Create Rectangle by Dimensions"对话框

2）打开面编号控制：执行 Utility Menu > Plot Ctrls > Numbering 命令，弹出"Plot Numbering Controls"对话框。选中"Area numbers"复选框，在"Numbering shown with"下拉列表框中选择"Colors&numbers"选项，单击 OK 按钮。

3）面显示操作：执行 Utility Menu > Plot > Areas 命令，面显示操作后生成的结果如图6-43所示。

4）保存数据：单击"ANSYS Toolbar"中的 SAVE_DB 按钮。

5. 生成有限元模型

1）布尔操作：执行 Main Menu > Preprocessor > Modifing > Operate > Booleans > Glue > Areas 命令，弹出拾取框。拾取 A1 和 A2，单击 OK 按钮。

2）打开线编号控制：执行 Utility Menu > Plot Ctrls > Numbering 命令，弹出"Plot Numbering Controls"对话框。选中"Line numbers"复选框，在"Numbering

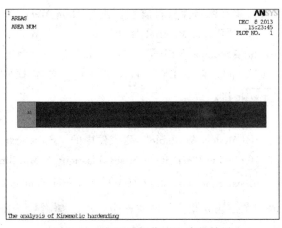

图6-43 面显示操作后生成的结果

shown with" 下拉列表框中选择 "Colors&numbers" 选项，单击 OK 按钮。

3）线显示操作：执行 Utility Menu > Plot > Lines，线显示操作后生成的结果如图 6-44 所示。

4）单元尺寸控制（均匀段）：执行 Main Menu > Preprocessor > Meshing > Size Cntrls > Manual Size > Lines > Picked Lines 命令，弹出拾取框。拾取 L1 和 L3，单击 OK 按钮，弹出 "Element Sizes on Picked Lines" 对话框，如图 6-45 所示。在 "No. of element divisions" 文本框中输入 "3"，清除 "KYNDIV SIZE, NDIV can be changed" 复选框，单击 Apply 按钮。拾取 L2、L4 和 L6，单击 OK 按钮，弹出 "Element Sizes on Picked Lines" 对话框。在 "No. of element divisions" 文本框中输入 "4"，清除 "KYNDIV SIIE, NDIV can be changed" 复选框，单击 Apply 按钮。

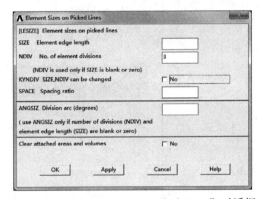

图 6-44　线显示操作后生成的结果　　　图 6-45　"Element Sizes on Picked Lines" 对话框

5）单元尺寸控制（非均匀段）：拾取编号为 L9 和 L10 的线条，弹出 "Element Sizes on Picked Lines" 对话框。在 "No. of element divisions" 和 "Spacing ratio" 文本框中分别输入 "20" 及 "2"，清除 "KYNDIVSIZE, NDIV can be changed" 复选框，单击 OK 按钮。

6）网格划分：执行 Main Menu > Preprocessor > Meshing > Mesh > Areas > Mapped > 3or 4 sided 命令，弹出拾取框。单击 Pick All 按钮，显示的网格如图 6-46 所示。

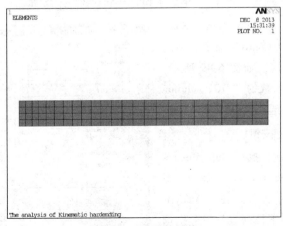

图 6-46　显示的网格

7）设置耦合：执行 Main Menu > Preprocessor > Coupling/Ceqn > Couple DOFs 命令，弹出拾取

框。选择节点9,然后依次选择节点11、10和5。单击 OK 按钮,弹出"Define Coupled DOFs"对话框,如图6-47所示。在"Set reference number"文本框中输入"1",在"Degree-of freedom label"下拉列表框中选择"UY"选项,单击 OK 按钮。这样全部耦合顶部节点的Y向位移,耦合后的显示结果如图6-48所示。

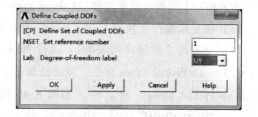

图6-47 "Define Coupled DOFs"对话框

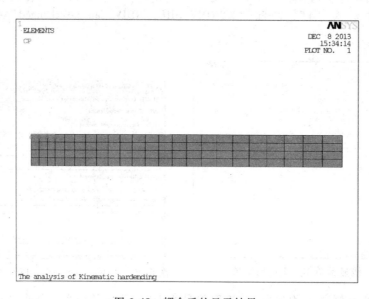

图6-48 耦合后的显示结果

8)保存数据:单击"ANSYS Toolbar"中的 SAVE_DB 按钮。

6. 定义分析类型和设置选项

1)定义分析类型:执行Main Menu > Solution > Analysis Type > New Analysis命令,弹出"New Analysis"对话框。选中"Static"单选按钮,单击 OK 按钮。

2)打开预测器:执行Main Menu > Solution > Analysis Type > Sol'n Controls命令,弹出"Solution Controls"对话框,如图6-49所示。在"Nonlinear Options"区域的"DOF solution predictor"下拉列表框中选择"On for all substep"选项,单击 OK 按钮。

3)设置求解选项控制:执行Main Menu > Solution > Analysis Type > Sol'n Controls命令,弹出"Solution Controls"对话框。在"Analysis Options"和"Frequency"下拉列表框中分别选择"Large Displacement Static"及"Write every substep"选项,在"Time at end of load step"

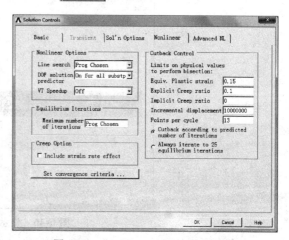

图6-49 "Solution Controls"对话框

文本框中输入"le-6",在"Number of substeps"文本框中输入"1",如图 6-50 所示,单击 OK 按钮。

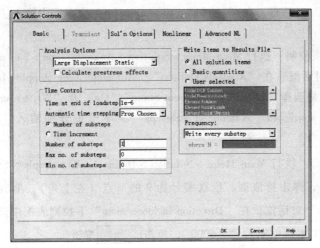

图 6-50 "Solution Controls" 对话框

7. 施加约束及载荷

1) 施加约束条件:执行 Main Menu > Solution > Define Loads > Apply > Structural > Displacement > On Lines 命令,弹出拾取框。拾取 L4,单击 OK 按钮,弹出"Apply U, ROT on Lines"对话框。在"DOFs to be contrained"下拉列表框中选择"UX"选项,单击 Apply 按钮。拾取 L1 和 L9,单击 OK 按钮,弹出"Apply U, ROT on Lines"对话框。在"DOFs to be contrained"下拉列表框中选择"UY"选项,单击 OK 按钮,施加约束条件后的结果如图 6-51 所示。如果弹出警告信息,单击 Close 按钮。

2) 施加集中载荷:执行 Main Menu > Solution > Define Loads > Apply > Structural > Force/Moment > On Nodes 命令,弹出拾取框。拾取编号为 9 的节点(左上角),单击 OK 按钮,弹出"Apply F/M on Nodes"对话框,如图 6-52 所示。在"Direction of force/mom"下拉列表框中选择"FY"选项,单击 OK 按钮。

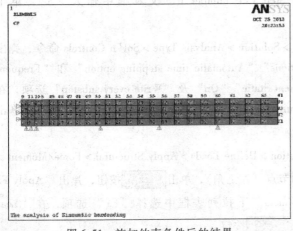

图 6-51 施加约束条件后的结果

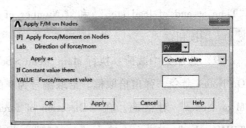

图 6-52 "Apply F/M on Nodes" 对话框

8. 载荷步选项控制及求解运算

1）写入第 1 个载荷步：执行 Main Menu > Solution > Load Step Opts > Write LS File 命令，弹出"Write Load Step File"对话框。在"Load step file number n"文本框中输入"1"，单击 OK 按钮。

2）设置求解选项控制：执行 Main Menu > Solution > Analysis Type > Sol'n Controls 命令，弹出"Solution Controls"对话框。在"Analysis Options""Automatic time stepping option"和"Frequency"下拉列表框中分别选择"Large Displacement Static""On"及"Write every substep"选项，在"Time at end of load step"和"Number of substeps"文本框中分别输入"1"及"10"，单击 OK 按钮。

3）施加集中载荷：执行 Main Menu > Solution > Define Loads > Apply > Structural > Force/Moment > On Nodes 命令，弹出拾取框。拾取编号为 9 的节点（左上角），单击 OK 按钮，弹出"Apply F/M on Nodes"对话框。在"Direction of force/mom"下拉列表框中选择"FY"选项，在"Load TEMP value"文本框中输入"-6000"，单击 OK 按钮。

4）写入第 2 个载荷步：执行 Main Menu > Solution > Load Step Opts > Write LS File 命令，弹出"Write Load Step File"对话框。在"Load Step File number n"文本框中输入"2"，单击 OK 按钮。

5）设置求解选项控制：执行 Main Menu > Solution > Analysis Type > Sol'n Controls 命令，弹出"Solution Controls"对话框。在"Analysis Options""Automatic time stepping option"和"Frequency"下拉列表框中分别选择"Large Displacement Static""On"及"Write every substep"选项，在"Time at end of load step"和"Number of substeps"文本框中分别输入"2"及"10"，单击 OK 按钮。

6）施加集中载荷：执行 Main Menu > Solution > Define Loads > Apply > Structural > Force/Moment > On Nodes 命令，弹出拾取框。拾取编号为 9 的节点（左上角），单击 OK 按钮，弹出"Apply F/M on Nodes"对话框。在"Direction of force/mom"下拉列表框中选择"FY"选项，在"Load TEMP value"文本框中输入"750"，单击 OK 按钮。

7）写入第 3 个载荷步：执行 Main Menu > Solution > Load Step Opts > Write LS File 命令，弹出"Write Load Step File"对话框。在"Load Step File number n"文本框中输入"3"，单击 OK 按钮。

8）设置求解选项控制：执行 Main Menu > Solution > Analysis Type > Sol'n Controls 命令，弹出"Solution Controls"对话框。在"Analysis Options""Automatic time stepping option"和"Frequency"下拉列表框中分别选择"Large Displacement Static""On"及"Write every substep"选项，在"Time at end of load step"和"Number of substeps"文本框中分别输入"3"及"10"，单击 OK 按钮。

9）施加集中载荷：执行 Main Menu > Solution > Define Loads > Apply Structural > Force/Moment > On Nodes 命令，弹出拾取框。拾取编号为 9 的节点（左上角），单击 OK 按钮，弹出"Apply F/M on Nodes"对话框。在"Direction of force/mom"下拉列表框中选择"FY"选项，在"Load TEMP value"文本框中输入"-6000"，单击 OK 按钮。

10）写入第 4 个载荷步：执行 Main Menu > Solution > Load Step Opts > Write LS File 命令，弹出 "Solution Controls" 对话框。在 "Load Step File number n" 文本框中输入 "4"，单击 OK 按钮。

11）保存数据：单击 ANSYS Toolbar > SAVE_DB。

12）求解问题：执行 Main Menu > Solution > Solve > From LS Files 命令，弹出图 6-53 所示的 "Solve Load Step Files" 对话框。在 "Starting LS file number" 和 "Ending LS file number" 文本框中分别输入 "1" 及 "4"，单击 OK 按钮开始求解。求解完毕，弹出 "Solution is done" 对话框，单击 Close 按钮。

9. 通用后处理

1）总位移的显示：执行 Main Menu > General Postproc > Plot Results > Contour Plot > Nodal Solution 命令，弹出 "Contour Nodal Solution Data" 对话框，如图 6-54 所示。在 "Item to be contoured" 列表框中依次选择 "DOF Solution" 和 "Displacement vector sum" 选项，在 "Undisplaced shape key" 下拉列表框中选择 "Deformed shape with undeformed edge" 选项。单击 OK 按钮，总位移云图的显示结果如图 6-55 所示。

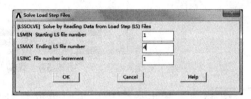

图 6-53 "Solve Load Step Files" 对话框

图 6-54 "Contour Nodal Solution Data" 对话框

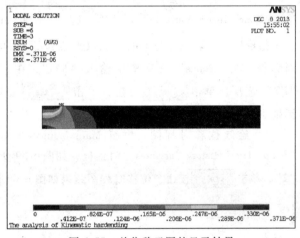

图 6-55 总位移云图的显示结果

2）读入第 3 个载荷步：执行 Main Menu > General Postproc > Read Results > By Load Step 命令，弹出 "Read Results by Load Step Number" 对话框，如图 6-56 所示。在 "LSTEP" 文本框中输入 "3"，单击 OK 按钮。

3）重新显示：执行 Utility Menu > Plot > Replot 命令，载荷步位移云图的显示结果如图 6-57 所示。

10. 时域后处理

1）定义位移变量：执行 Main Menu > Time Hist Postpro > Define Variables 命令，弹出 "Define Time-History Variable" 对话框。单击 Add... 按钮，弹出 "Add Time-History Variable" 对话框，如图 6-58 所示。单击

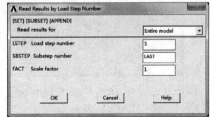

图 6-56 "Read Results by Load Step Number" 对话框

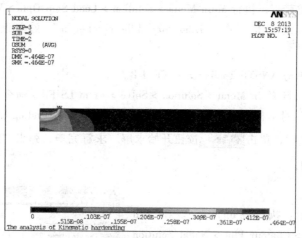

图 6-57 载荷步位移云图的显示结果

 OK 按钮,弹出一个拾取框。拾取编号为 9 的节点(加载处),单击 OK 按钮,弹出"Define Nodal Data"对话框。在"Name"文本框中输入"UY9",在"Item,Comp data item"下拉列表框中选择"UY"选项,单击 OK 按钮。

2)定义反作用力变量:单击"Define Time-History Variable"对话框中的 Add... 按钮,弹出"Add Time-History Variable"对话框。选中"Reaction forces"单选按钮,单击 OK 按钮,弹出一个拾取框。拾取编号为 1 的节点(原点位置),单击 OK 按钮,弹出"Define Nodal Data"对话框。在"Name"文本框中输入"FY1",在"Item,Comp data item"下拉列表框中选择"FY"选项。单击 OK 按钮,单击 Close 按钮,关闭"Define Time-History Variable"对话框。

3)绘制位移时程图:执行 Main Menu > Time Hist Postpro > Graph Variables 命令,弹出"Graph Time-History Variables"对话框,如图 6-59 所示。在"1st variable to graph"文本框中输入"2",单击 OK 按钮,位移时程图结果如图 6-60 所示。

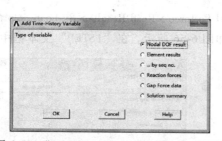

图 6-58 "Add Time-History Variable"对话框

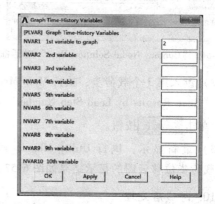

图 6-59 "Graph Time-History Variables"对话框

4)绘制反作用力时程图:执行 Main Menu > Time Hist Postpro > Graph Variables 命令,弹出"Graph Time-History Variables"对话框。在"1st variable to graph"文本框中输入"3",单击 OK 按钮,反作用力时程图结果如图 6-61 所示。

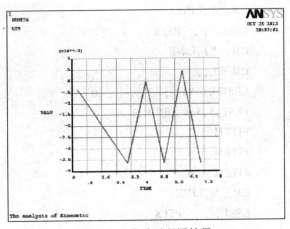
图 6-60　位移时程图结果

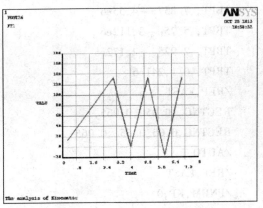
图 6-61　反作用力时程图结果

5）定义坐标标题：执行 Utility Menu > Plot Ctrls > Style > Graphs > Modify Axes 命令，弹出"Axes Modifications for Graph Plots"对话框。在"X-axis Label"和"Y-axis Label"文本框中分别输入"Deformation（m）"及"Force（N）"，单击 OK 按钮。

6）设置 X 轴坐标为节点 9 的 Y 向位移：执行 Main Menu > Time Hist Postpro > Settings > Graph 命令，弹出"Graph Setting"对话框。选中"Single Variable"单选按钮，并在其文本框中输入"2"，单击 OK 按钮。

7）显示载荷与载荷作用点径向位移关系图：执行 Main Menu > Time Hist Postpro > Graph Variable 命令，弹出"Graph Time-History Variable"对话框。在"1st Variable to Graph"文本框中输入"3"，单击 OK 按钮，反作用力-位移关系结果如图 6-62 所示。

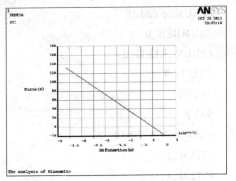
图 6-62　反作用力-位移关系结果

命令流

```
/TITLE,The analysis of Kinematic
/TRIAD,OFF
/REPLOT
WPSTYLE,,,,,,,,1
/VIEW,1,1,1,1
/ANG,1
/REP,FAST
/VIEW,1,,,1
/ANG,1
/REP,FAST
/REP,FAST
/REPLOT,RESIZE
/PREP7
et,1,42
KEYOPT,1,1,0
KEYOPT,1,2,0
KEYOPT,1,3,1
KEYOPT,1,5,0
KEYOPT,1,6,0
MPTEMP,,,,,,,,
MPTEMP,1,0
MPDATA,EX,1,,7e10
MPDATA,PRXY,1,,0.325
TB,KINH,1,1,4,0
```

```
TBTEMP,0
TBPT,,7.857e-4,55e6
TBPT,,5.75e-3,112e6
TBPT,,2.925e-2,172e6
TBPT,,0.1,241e6
/REP,FAST
RECTNG,,0.05,,0.065,
RECTNG,0.05,0.65,,0.065,
/AUTO,1
/REP,FAST
/PNUM,KP,0
/PNUM,LINE,0
/PNUM,AREA,1
/PNUM,VOLU,0
/PNUM,NODE,0
/PNUM,TABN,0
/PNUM,SVAL,0
/NUMBER,0
/PNUM,ELEM,0
/REPLOT
APLOT
SAVE
FLST,2,2,5,ORDE,2
FITEM,2,1
FITEM,2,-2
AGLUE,P51X
/PNUM,KP,0
/PNUM,LINE,1
/PNUM,AREA,0
/PNUM,VOLU,0
/PNUM,NODE,0
/PNUM,TABN,0
/PNUM,SVAL,0
/NUMBER,0
/PNUM,ELEM,0
/REPLOT
LPLOT
WPSTYLE,,,,,,,0
FLST,5,2,4,ORDE,2
FITEM,5,1
FITEM,5,3
CM,_Y,LINE
LSEL,,,,P51X
CM,_Y1,LINE
CMSEL,,_Y
LESIZE,_Y1,,,3,,,,0
FLST,5,3,4,ORDE,3
FITEM,5,2
FITEM,5,4
FITEM,5,6
CM,_Y,LINE
LSEL,,,,P51X
CM,_Y1,LINE
CMSEL,,_Y
LESIZE,_Y1,,,4,,,,0
FLST,5,2,4,ORDE,2
FITEM,5,9
FITEM,5,-10
CM,_Y,LINE
LSEL,,,,P51X
CM,_Y1,LINE
CMSEL,,_Y
LESIZE,_Y1,,,20,2,,,0
FLST,5,2,5,ORDE,2
FITEM,5,1
FITEM,5,3
CM,_Y,AREA
ASEL,,,,P51X
CM,_Y1,AREA
CHKMSH,'AREA'
CMSEL,S,_Y
MSHKEY,1
AMESH,_Y1
MSHKEY,0
CMDELE,_Y
CMDELE,_Y1
CMDELE,_Y2
/PNUM,KP,0
/PNUM,LINE,1
/PNUM,AREA,0
/PNUM,VOLU,0
/PNUM,NODE,1
```

```
/PNUM,TABN,0
/PNUM,SVAL,0
/NUMBER,0
/PNUM,ELEM,0
/REPLOT
FLST,4,4,1,ORDE,3
FITEM,4,5
FITEM,4,9
FITEM,4,-11
CP,1,UY,P51X
SAVE
FINISH
/SOL
ANTYPE,0
CUTCONTROL,CRPLIMITexp,0.1,0
CUTCONTROL,DSPLIMIT,10000000
CUTCONTROL,PLSLIMIT,0.15
PRED,ON,,ON
ANTYPE,0
NLGEOM,1
NSUBST,1,0,0
OUTRES,ERASE
OUTRES,ALL,ALL
TIME,1e-6
SAVE
FINISH
/SOLU
FLST,2,1,4,ORDE,1
FITEM,2,4
DL,P51X,,UX,
FLST,2,2,4,ORDE,2
FITEM,2,1
FITEM,2,9
DL,P51X,,UY,
GPLOT
FLST,2,1,1,ORDE,1
FITEM,2,9
F,P51X,FY,
FLST,2,1,1,ORDE,1
FITEM,2,9
F,P51X,FY,
EPLOT
/REP,FAST
GPLOT
/REP,FAST
FLST,2,1,1,ORDE,1
FITEM,2,9
/REP,FAST
/PNUM,KP,0
/PNUM,LINE,0
/PNUM,AREA,0
/PNUM,VOLU,0
/PNUM,NODE,1
/PNUM,TABN,0
/PNUM,SVAL,0
/NUMBER,0
/PNUM,ELEM,0
/REPLOT
/REP,FAST
SAVE
/REPLOT,RESIZE
ANTYPE,0
CUTCONTROL,CRPLIMITexp,0.1,0
CUTCONTROL,DSPLIMIT,10000000
CUTCONTROL,PLSLIMIT,0.15
LSWRITE,1,
NSUBST,10,0,0
AUTOTS,1
TIME,1
FLST,2,1,1,ORDE,1
FITEM,2,9
F,P51X,FY,-6000
LSWRITE,2,
TIME,2
FLST,2,1,1,ORDE,1
FITEM,2,9
F,P51X,FY,750
LSWRITE,3,
TIME,3
FLST,2,1,1,ORDE,1
FITEM,2,9
F,P51X,FY,-6000
```

```
LSWRITE,4,                    /POST1
SAVE                          /EFACET,1
/STATUS,SOLU                  PLNSOL, U,SUM, 2,1.0
SOLVE                         SET,3,LAST,1,
LSSOLVE,1,4,1,                SET,3,LAST,1,
FINISH                        FINISH
```

6.5 销与销孔接触分析实例

问题描述

以一个插销拔拉过程的分析为例，介绍面-面接触分析的方法。如图 6-63 所示的插销装配在插座中，计算插销拔拉过程中插销和插座体内的应力分布以及接触压力大小。相关几何参数如下：

插销：半径 $r_1 = 0.5\text{cm}$，长度 $L_1 = 2.5\text{cm}$。插座：宽度 $W = 4\text{cm}$，高度 $H = 4\text{cm}$，厚度 $= 1\text{cm}$，插孔半径 $r_2 = 0.49\text{cm}$。插销和插座材料：弹性模量 $E = 3.6 \times 10^7 \text{N/cm}^2$，泊松比 $= 0.3$。

由于插孔的半径比插销的半径要小，所以在插销装配到插座时，插销和插座内都会产生装配预应力。要分析拔拉过程的应力分析，首先要得到预应力的分布，所以本实例分两个载荷步求解：第 1 个载荷步计算预应力，第 2 个载荷步计算拔拉过程的应力分布。

图 6-63　插销装配在插座中

操作步骤（GUI 方式）

1. 定义工作文件名和工作标题

1）定义工作文件名：执行 Utility Menu > File > Change Jobname 命令，在弹出的"Change Jobname"对话框中输入"Pin and Pin Hole"，选中"New log and error files"复选框，单击 OK 按钮。

2）定义工作标题：执行 Utility Menu > File > Change Title 命令，在弹出的"Change Title"对话框中输入"The Contact Analysis of Pin and Pin Hole"，单击 OK 按钮。

3）重新显示：执行 Utility Menu > Plot > Replot 命令。

2. 定义单元类型及材料属性

1）定义单元类型：执行 Main Menu > Preprocessor > Element Type > Add/Edit/Delete 命令，弹出"Element Types"对话框，单击 Add... 按钮，弹出"Library of Element Types"对话框。在左、右下拉列表框中分别选择"Structural Solid"和"Brick 8nodel85"选项，单击 OK 按钮。

2）定义材料属性：执行 Main Menu > Preprocessor > Material Props > Material Models 命令，弹出"Define Material Model Behavior"对话框。双击 Structural > Linear > Elastic > Isotropic，弹出"Linear Isotropic Material Properties for Material Number 1"对话框。在"EX"和"PRXY"文本框中分别输入"36e6"及"0.3"，单击 OK 按钮，执行 Material > Exit 命令。

3. 建立几何模型

1) 生成插座：执行 Main Menu > Preprocessor > Modeling > Create > Volumes > Block > By Dimensions 命令，弹出 "Create Block by Dimensions" 对话框，输入参数 "X1 = Y1 = -2, X2 = Y2 = 2, Z1 = 2.5, Z2 = 3.5"，单击 OK 按钮。

2) 改变视图角度：打开 "Pan-Zoom-Rotate" 工具栏：执行 Utility Menu > Plot Ctrls > Pan-Zoom-Rotate 命令，单击 Iso 按钮，或单击视图控制区的 按钮，得到等视图。

3) 生成圆柱体：执行 Main Menu > Preprocessor > Modeling > Create > Volumes > Cylinder > By Dimensions 命令，弹出 "Create Cylinder by Dimensions" 对话框，输入参数 "RAD1 = 0.49, Z1 = 2.5, Z2 = 3.5"，单击 OK 按钮。

4) 生成插孔：执行 Main Menu > Preprocessor > Modeling > Operate > Booleans > Subtract > Volumes 命令，弹出拾取对话框，拾取编号为 V1 的长方体，单击 OK 按钮，然后拾取编号为 V2 的圆柱体，单击 OK 按钮，得到带插孔的插座，生成结果如图 6-64 所示。

5) 生成插销：执行 Main Menu > Preprocessor > Modeling > Create > Volumes > Cylinder > By Dimensions 命令，弹出 "Create Cylinder by Dimensions" 对话框，输入参数 "RAD1 = 0.5, Z1 = 2, Z2 = 4.5"，单击 OK 按钮，建立一个圆柱体。

6) 打开体积编号：执行 Utility Menu > Plot Ctrls > Numbering 命令，弹出 "Plot Numbering Control" 对话框，选中 "Volume numbers" 复选框，单击 OK 按钮。得到插销和插座的图形，并以不同的颜色显示。打开体积编号显示结果如图 6-65 所示。

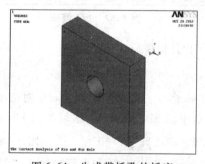

图 6-64 生成带插孔的插座

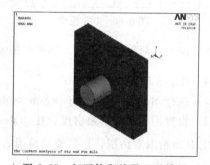

图 6-65 打开体积编号显示结果

7) 切分模型的 1/4：由于问题的对称条件，只需要完整插销和插座模型的 1/4 来进行分析。设置工作平面，以备切分模型。执行 Utility Menu > Workplane > WP Setting 命令，弹出 "WP Setting" 对话框，选中 "Cartesian" 和 "Grid and Triad" 单选按钮，单击 OK 按钮。

① 显示工作平面，执行 Utility Menu > Workplane > Display Working Plane 命令。

② 旋转工作平面，执行 Utility Menu > Workplane > Offset WP by increments 命令，弹出 "Offset WP" 对话框：将 Degrees 滑块拖到 90°（最右端），单击 OK 按钮，将工作平面绕 Y 轴正方向旋转 90°。

③ 切分模型的 1/2，执行 Main Menu > Preprocessor > Modeling > Operate > Booleans > Divide > Volu by workplane 命令，弹出拾取对话框，单击 Pick All 按钮，将模型切分成对称的两部分。

④ 删除模型的 1/2，执行 Main Menu > Preprocessor > Modeling > Delete > Volume and Below 命令，弹出拾取对话框，拾取模型的右半部分（包括半个长方体和半个圆柱），单击 OK 按钮，

得到图 6-66 所示的 1/2 模型。

⑤ 还原工作平面位置，执行 Utility Menu > Workplane > Allign WP with > Global Cartesian 命令。

⑥ 旋转工作平面，执行 Utility Menu > Workplane > Offset WP by increments 命令，弹出"Offset WP"对话框：将 Degrees 滑块拖到 90°（最右端），单击 OK 按钮，将工作平面绕 X 轴正方向旋转 90°。

⑦ 切分模型的 1/4，执行 Main Menu > Preprocessor > Modeling > Operate > Booleans > Divide > Volu by workplane 命令，弹出拾取对话框，单击 Pick All 按钮，再将模型切分成对称的两部分。

⑧ 删除模型的 1/4，执行 Main Menu > Preprocessor > Modeling > Delete > Volume and Below 命令，弹出拾取对话框，拾取模型的上半部分（包括一个 1/4 长方体和一个 1/4 圆柱），单击 OK 按钮，得到图 6-67 所示的 1/4 模型。

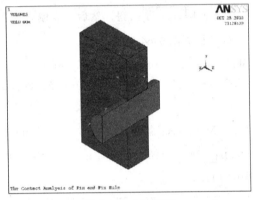

图 6-66　1/2 模型

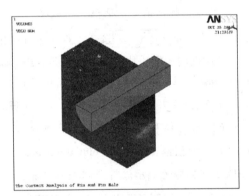

图 6-67　1/4 模型

8）保存几何模型：单击工具条中的 SAVE_DB 按钮，保存几何模型。

4. 划分有限元网格

1）执行 Main Menu > Preprocessor > Meshing > Mesh Tool 命令，打开"Mesh Tool"对话框。

2）设置插销单元网格密度：在"Mesh Tool"对话框中的 Size Control"区域单击 Lines > Set 按钮，弹出拾取对话框，拾取插销前端的水平和垂直直线，单击 OK 按钮，弹出图 6-68 所示的"Element Size of Picked Lines"对话框；在"No. of element divisions"文本框中输入"3"，取消"SIZE, NDIV can be changed"复选框，单击 OK 按钮确定。

3）设置插座单元网格密度：在"Mesh Tool"对话框中的"Size Control"区域单击 Lines > Set 按钮，弹出拾取对话框，拾取插座前端的曲线，单击 OK 按钮，弹出"Element Size of Picked Lines"对话框，在"No. of element divisions"文本框中输入"4"，取消"SIZE, NDIV can be changed"复选框，单击 OK 按钮确定。

4）设置单元形状和网格划分方法：在"Mesh Tool"对话框中的 Mesh，下拉列表框中选择"Volumes"选项，单击"Hex/Wedge"和"Sweep"单选按钮，选择"Auto Src/Trg"选项。

5）单击"Sweep"按钮，弹出拾取对话框，单击 Pick All 按钮，进行网格划分，得到图 6-69 所示的单元模型。

6）单击 Close 按钮，关闭"Mesh Tool"对话框。

7）执行 Utility Menu > Plot Ctrls > Style > Size and Shape 命令，弹出图 6-70 所示"Size and

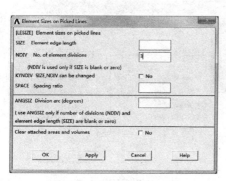

图 6-68 "Element Sizes on Picked Lines" 对话框

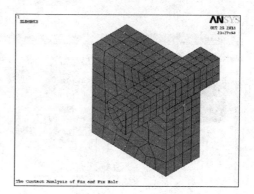

图 6-69 单元模型

Shape"对话框，在"Facets/element edge"下拉列表框中选择"2facets/edge"选项，单击 OK 按钮。

5. 建立接触单元

1）执行 Main Menu > Modeling > Create > Contact pair 命令，弹出"Contact Manager"对话框，如图 6-71 所示。

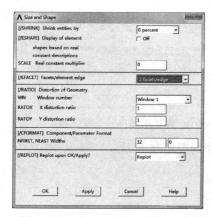

图 6-70 "Size and Shape"对话框

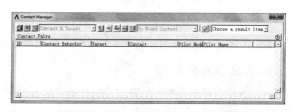

图 6-71 "Contact Manager"对话框

2）单击最左边的按钮，弹出"Contact Wizard（接触向导）"对话框，如图 6-72 所示。

3）在"Target Surface"区域选中"Areas"单选按钮，在"Target Type"区域选中"Flexible"单选按钮，单击"Pick Target..."按钮，弹出拾取对话框，拾取插座上与插销接触的曲面，单击 OK 按钮。

4）单击"Next"按钮，"Contact Wizard"对话框如图 6-73 所示，要求定义接触面。

5）在"Contact Surface"区域选中"Areas"单选按钮，在"Contact Element Type"区域选中"Surface-to-Surface"单选按钮。单击"Pick Contact"按钮，弹出拾取对话框，拾取插销上与插座接触的曲面，单击 OK 按钮。

6）继续单击"Next"按钮，弹出图 6-74 所示的"Contact Wizard"对话框，选中"Include initial penetration"复选框，在"Friction"选项组中在"Material ID"下拉列表框中选择"1"，在"Coefficient of Friction"文本框中输入"0.2"。

7）单击"Creat"按钮，如图 6-75 所示，提示接触单元已经生成。单击 Finish 按钮关闭。

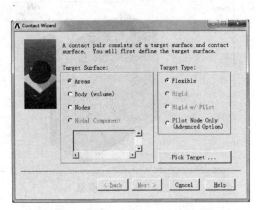

图 6-72 "Contact Wizard" 对话框（一）

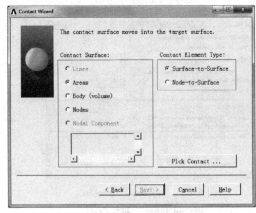

图 6-73 "Contact Wizard" 对话框（二）

图 6-74 "Contact Wizard" 对话框（三）

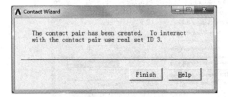

图 6-75 提示接触单元已经生成

8) 关闭 "Contact Manager" 对话框。生成接触对效果图如图 6-76 所示。

6. 定义位移约束

1) 执行 Utility Menu > Plot > Areas 命令，重新绘制面积。

2) 在面上施加对称约束：执行 Main Menu > Solution > Define Loads > Apply > Structural > Displacement > Symmetric B.C. > On Areas 命令，弹出拾取对话框，拾取插座和插销被切分出来的 4 个面，如图 6-77 所示，单击 OK 按钮确定。

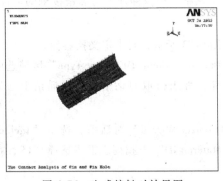

图 6-76 生成接触对效果图

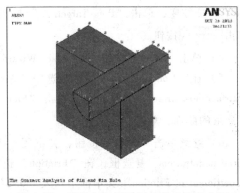

图 6-77 插座和插销被切分出来的 4 个面

3) 执行 Main Menu > Solution > Define Loads > Apply > Structural > Displacement > On Areas 命令，弹出拾取对话框，拾取插座的左侧面，单击 OK 按钮，弹出"Apply U, ROT on Areas"对话框，固定该面的所有自由度。

7. 求解装配预应力

1) 设置求解选项：执行 Main Menu > Solution > Analysis Type > Sol's Control 命令，弹出图 6-78 所示的"Solution Controls"对话框。

2) 在"Analysis Options"下拉列表框中选择"Large Displacement Static"选项，在"Time at end of loadstep"文本框中输入"100"，在"Automatic time stepping"下拉列表框中选择"Off"选项，在"Number of substeps"文本框中输入"1"，单击 OK 按钮确定。

3) 求解：执行 Main Menu > Solution > Solve > Current LS 命令。

4) 绘制装配应力图：执行 Main Menu > General Postproc > Plot Results > Contour Plot > Nodal Solut 命令，在弹出的对话框中选择 Stress > von Mises stress，单击 OK 按钮，得到图 6-79 所示的应力分布图。

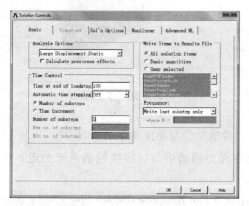

图 6-78　设置求解选项

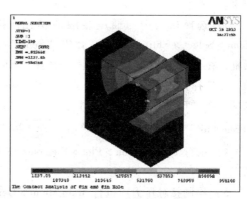

图 6-79　应力分布图

8. 求解拔拉过程

1) 执行 Utility Menu > Plot > Areas 命令，重新绘制面积。

2) 执行 Utility Menu > Select > Entities 命令，弹出"Select Entities"对话框，在选择对象下拉列表框中选择"Nodes"，在选择方式下拉列表框中选择"By Location"，选中"Z Coordinates"单选按钮，在"Min, Max"文本框中输入 Z 坐标为"4.5"，选中"From Full"单选按钮，最后单击 Apply 按钮确定，选取位于 Z = 4.5 处的所有节点。

3) 执行 Main Menu > Solution > Define Loads > Apply > Structural > Displacement > On Nodes 命令，弹出"Apply U, ROT on Nodes"对话框，单击 Pick All 按钮，弹出"Apply U, ROT on Nodes"对话框，在"DOFs to be constrained"下拉列表框中选择"UZ"选项，在"Displacement value"文本框中输入"1.7"，单击 OK 按钮。

4) 执行 Utility Menu > Select > Everything 命令，重新选择所有单元和节点。

5) 设置求解选项：执行 Main Menu > Solution > Analysis Type > Sol's Control 命令，弹出"Solution Controls"对话框。

6) 在"Analysis Options"下拉列表框中选择"Large Displacement Static"选项，在"Time at

end of loadstep"文本框中输入"200",在"Automatic time stepping"下拉列表框中选择"On"选项,在"Number of substeps"文本框中输入"100",在"Max no. of substeps"文本框中输入"10000",在"Min no. of substeps"文本框中输入"10",在"Frequency"下拉列表框中选择"Write every Nth substep"选项,单击 OK 按钮确定。

7) 求解:执行 Main Menu > Solution > Solve > Current LS 命令。

9. 结果后处理

1) 扩展模型:执行 Utility Menu > Plot Ctrls > Style > Symmetry Expansion > Priodic/Cclinc Smmetry 命令,弹出"Priodic/Cclinc Smmetry Expansion"对话框,从中选择"1/4 Dihedral Sym"选项,单击 OK 按钮。得到图 6-80 所示的扩展模型。

2) 执行 Main Menu > General Postproc > Read Results > By time/frequency 命令,弹出"Read Results by time or frequency"对话框,在"TIME"文本框中输入"120",单击 OK 按钮,读入拔拉过程中 TIME = 120 时刻的计算结果。

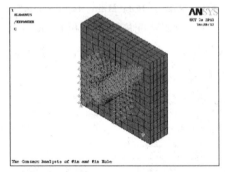

图 6-80 扩展模型

3) 选择插销中与插座接触的单元:执行 Utility Menu > Select > Entities 命令,弹出"Select Entities"对话框,在选择对象下拉列表框中选择"Elements"选项,在选择方式下拉列表框中选择"By Element name"选项,在"Element Name"文本框中输入"174",选中"From Full"单选按钮,最后单击 OK 按钮确定,选择插销中与插座接触的单元。

4) 执行 Utility Menu > Plot > Elements 命令,重绘单元,插销中与插座接触的单元如图 6-81 所示。

5) 绘制接触压力:执行 Main Menu > General Postproc > Plot Results > Contour Plot > Nodal Solution 命令,在弹出的对话框中选择 Contact > Pressure PRES,单击 OK 按钮,得到图 6-82 所示的接触应力分布图。

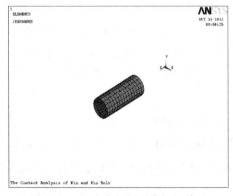

图 6-81 插销中与插座接触的单元

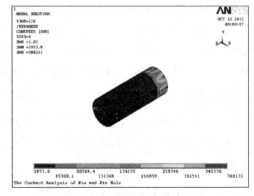

图 6-82 接触应力分布图

6) 执行 Utility Menu > Select > Everything 命令,重新选择所有单元和节点。

7) 读入载荷步 2 结果:执行 Main Menu > General Postproc > Read Results > By Load Step 命令,弹出"Read Results by Load Step number"对话框,在"LSTEP"文本框中输入"2",单击

OK 按钮，读入载荷步 2 计算结果。

8）绘制等效应力分布：执行 Main Menu > General Postproc > Plot Results > Contour Plot > Nodal Solution 命令，在弹出的对话框中选择 Stress > von Mises SEQV，单击 OK 按钮，得到图 6-83 所示的应力分布。

9）绘制拔拉过程的应变变化动画：执行 Utility Menu > Plot Ctrls > Animate > Over Results 命令，弹出图 6-84 所示的 "Animate Over Results" 对话框。

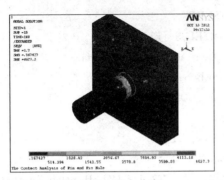

图 6-83 应力分布

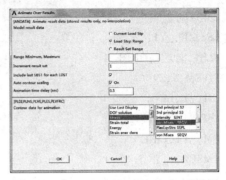

图 6-84 "Animate Over Results" 对话框

10）在 "Model result data" 选项组中选中 "Load Step Range" 单选按钮，在 "Range Minimum, Maximum" 文本框中分别输入 "1" 和 "2"，选中 "Include last SBST for each LDST" 复选框和 "Auto contour scaling" 复选框，在 "Contour data for animation" 后的下拉列表框中分别选择 "Stress" 和 "von Mises SEQV" 选项，单击 OK 按钮，得到拔拉过程的应力变化动画。

命令流

```
/TITLE, The Contact Analysis of Pin and Pin Hole
/REPLOT
/PREP7
ET,1,SOLID185
MPTEMP,,,,,,,
MPTEMP,1,0
MPDATA,EX,1,,36e6
MPDATA,PRXY,1,,0.3
BLOCK,-2,2,-2,2,2.5,3.5,
CYLIND,0.49,,2.5,3.5,0,360,
VSBV,      1,      2
CYLIND,0.5,,2,4.5,0,360,
/PNUM,ELEM,0
/REPLOT
wpstyle,0.05,0.1,-1,1,0.003,0,0,,5
WPSTYLE,,,,,,,,1
wpro,,,90.000000
FLST,2,2,6,ORDE,2
FITEM,2,1
FITEM,2,3
VSBW,P51X
FLST,2,2,6,ORDE,2
FITEM,2,2
FITEM,2,6
VDELE,P51X,,,1
WPCSYS,-1,0
wpro,,90.000000,
FLST,2,2,6,ORDE,2
FITEM,2,4
FITEM,2,-5
VSBW,P51X
FLST,2,2,6,ORDE,2
FITEM,2,2
FITEM,2,6
VDELE,P51X,,,1
```

```
SAVE
FLST,5,2,4,ORDE,2
FITEM,5,4
FITEM,5,-5
CM,_Y,LINE
LSEL, , ,P51X
CM,_Y1,LINE
CMSEL,,_Y
LESIZE,_Y1, , ,3, , , , ,0
FLST,5,1,4,ORDE,1
FITEM,5,29
CM,_Y,LINE
LSEL, , ,P51X
CM,_Y1,LINE
CMSEL,,_Y
FLST,5,2,6,ORDE,2
FITEM,5,1
FITEM,5,3
CM,_Y,VOLU
VSEL, , ,P51X
CM,_Y1,VOLU
CHKMSH,'VOLU'
CMSEL,S,_Y
VSWEEP,_Y1
CMDELE,_Y
CMDELE,_Y1
CMDELE,_Y2
MP,MU,1,0.2
MAT,1
R,3
REAL,3
ET,2,170
ET,3,174
KEYOPT,3,9,0
KEYOPT,3,10,2
R,3,
RMORE,
RMORE,,0
RMORE,0
! Generate the target surface
ASEL,S, , ,24
CM,_TARGET,AREA
TYPE,2
NSLA,S,1
ESLN,S,0
ESLL,U
ESEL,U,ENAME, ,188,189
NSLE,A,CT2
ESURF
CMSEL,S,_ELEMCM
! Generate the contact surface
ASEL,S, , ,20
CM,_CONTACT,AREA
TYPE,3
NSLA,S,1
ESLN,S,0
NSLE,A,CT2 ! CZMESH patch (fsk qt-40109 8/2008)
ESURF
ALLSEL
ESEL,ALL
ESEL,S,TYPE, ,2
ESEL,A,TYPE, ,3
ESEL,R,REAL, ,3
/PSYMB,ESYS,1
/PNUM,TYPE,1
/NUM,1
EPLOT
ESEL,ALL
ESEL,S,TYPE, ,2
ESEL,A,TYPE, ,3
ESEL,R,REAL, ,3
/GRES,cwz,gsav
CMDEL,_TARGET
CMDEL,_CONTACT
/COM,CONTACT PAIR CREATION - END
/MREP,EPLOT
APLOT
FINISH
/SOL
FLST,2,4,5,ORDE,4
FITEM,2,3
```

```
FITEM,2,-4                          FITEM,2,46
FITEM,2,10                          FITEM,2,-49
FITEM,2,26                          FITEM,2,91
DA,P51X,SYMM                        FITEM,2,-100
FLST,2,1,5,ORDE,1                   /GO
FITEM,2,9                           D,P51X, ,1.7, , , ,UZ, , , , ,
!*                                  ALLSEL,ALL
/GO                                 GPLOT
DA,P51X,ALL,                        APLOT
ANTYPE,0                            NSUBST,100,10000,10
NLGEOM,1                            OUTRES,ERASE
NSUBST,1,0,0                        OUTRES,ALL,1
AUTOTS,0                            AUTOTS,1
TIME,100                            TIME,200
/STATUS,SOLU                        /STATUS,SOLU
SOLVE                               SOLVE
/DIST,1,1.08222638492,1             /DIST,1,1.08222638492,1
/REP,FAST                           /REP,FAST
FINISH                              /EXPAND,4,POLAR,HALF, ,90
/POST1                              /REPLOT
!*                                  /EXPAND,4,POLAR,HALF, ,90
/EFACET,1                           /REPLOT
PLNSOL, S,EQV, 0,1.0                SET, , ,1, ,180, ,
/VIEW,1,1,1,1                       222638492,1
/ANG,1                              /REP,FAST
/REP,FAST                           SET, , ,1, ,200, ,
WPSTYLE, , , , , , ,0               /EFACET,1
APLOT                               PLNSOL, S,EQV, 0,1.0
NSEL,S,LOC,Z,4.5                    PLDI, ,
NPLOT                               ANMODE,10,0.5, ,0
FINISH                              SAVE
/SOL                                FINISH
FLST,2,14,1,ORDE,4                  ! /EXIT,NOSAV
```

6.6 本章小结

引起非线性结构的原因很多，主要有状态变化（包括接触）、几何非线性、材料非线性3种类型。

介绍了非线性问题求解的平衡迭代方法、组织级别、收敛容限及自动时间分步等问题。尽管非线性分析比线性分析更加复杂，但处理基本相同，只是在非线性分析的适当过程中添加了需要的非线性特性。非线性静态分析是静态分析的一种特殊形式，如同任何静态分析，处理流程主要由建模、加载求解和查看结果3个主要步骤组成。

通过装载时矿石对车厢的冲击的非线性分析、圆盘塑性变形分析、销与销孔接触分析等实例，介绍了非线性分析的操作步骤与技巧，为解决处理类似实际问题提供了依据和经验。

6.7 思考与练习

1. 概念题

1）ANSYS非线性分析的特点与步骤是什么？
2）非线性结构的特点是什么？
3）纯粹增量式解和牛顿-拉普森迭代求解有何区别？
4）载荷步和子步有何区别？
5）ANSYS控制子步数的方法是什么？

2. 计算操作题

（1）圆盘的大应变分析　图6-85所示为两块钢板压一个圆盘，对此作非线性分析。由于上下两块钢板的刚度比圆盘的刚度大得多，钢板与圆盘壁面之间的摩擦足够大。因此，在建模时只建立圆盘的模型。材料性质如下：弹性模量 EX = 1000MPa，泊松比 PRXY = 0.35，屈服强度 Yield Strength = 1MPa，切变模量 Tang Mod = 2.99MPa。

（2）圆柱壳的非线性屈曲分析　本实例将用弧长分析法进行一个圆柱壳（图6-86）的非线性屈曲分析。一个对边简支圆柱壳的中心作用一个垂直的集中载荷，目的是分析当载荷大小为1000N时 A 和 B 两点的垂直位移。已知材料的弹性模量为 3.1×10^9 Pa，泊松比为0.3。

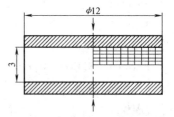

图6-85　圆盘大应变简图

（3）屈曲分析问题　如图6-87所示，确定一个受到轴向加载两端铰支细长杆的临界屈曲载荷。此杆的长度为 L，截面高度为 h，截面面积为 A。由于对称性，可以只对杆的上端进行建模，则上半部分的边界条件变成一端自由、一端固支。为了描述屈曲状态，在 X 方向取10个主自由度，杆的惯性矩为 $I = Ah^2/12 = 0.0052083\text{in}^4$。材料的详细参数（为英制单位）：弹性模量 EX $= 30 \times 10^6$ psi，细杆长度 $L = 200$ in，截面面积 $A = 0.25\text{in}^2$，截面高度 $h = 0.5$ in，施加载荷 $F = 1$ lbf。

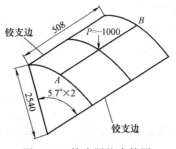

图6-86　简支圆柱壳简图

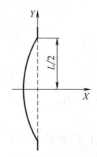

图6-87　两端铰支压杆屈曲分析模型

第 7 章　其他问题分析

前面介绍了 ANSYS 在结构静力学、动力学及非线性问题中的应用,其实还有大量的其他核心技术等待涉及,否则难以全面充分地发挥其对生产力的影响。ANSYS 除结构分析能力外,还具备电磁分析、传热分析以及工业界领先的计算流体动力学(CFD)分析及网格划分技术(CFX 和 ICEM CFD)等。

ANSYS 将 CFD、许多物理求解器及各类 CAE 工具深入整合在一起,可轻松完成整个 CFD 仿真流程,提供了工业界最易用的电磁仿真功能,满足了旋转电机、电磁线圈以及磁铁的设计和制动器市场的仿真需求,具有其他许多软件所具有的传热学与结构力学耦合问题求解的功能。

【本章重点】
- 热分析的步骤及特点。
- CFD 分析的步骤及特点。
- 电磁场分析的步骤及特点。

7.1　热分析

热分析用于计算一个系统或部件的温度分布及其他热物理参数,如热量的获取或损失、热梯度及热流密度(热通量)等。它在许多工程应用中扮演重要角色,如内燃机、涡轮机、换热器、管路系统及电子元件等。

在 ANSYS 的 5 种产品中包含热分析功能,其中 ANSYS/FLOTRAN 不含相变热分析;ANSYS 热分析基于能量守恒原理的热平衡方程,用有限单元法计算各节点的温度并导出其他热物理参数。ANSYS 热分析包括热传导、热对流及热辐射 3 种热传递方式。此外,还可以分析相变、有内热源和接触热阻等问题。

ANSYS 热分析领域有:
1)稳态传热:系统的温度场不随时间变化。
2)瞬态传热:系统的温度场随时间明显变化。

7.1.1　热分析单元

热分析涉及的单元大约有 40 种,其中纯粹用于热分析的有 14 种。

1. 线性
LINK32:2 维 2 节点热传导单元。
LINK33:3 维 2 节点热传导单元。
LINK34:2 节点热对流单元。
LINK31:2 节点热辐射单元。

2. 2D 实体
PLANE55:4 节点四边形单元。

PLANE77：8节点四边形单元。
PLANE35：3节点三角形单元。
PLANE75：4节点轴对称单元。
PLANE78：8节点轴对称单元。

3. 3D 实体
SOLID87：6节点四面体单元。
SOLID70：8节点六面体单元。
SOLID90：20节点六面体单元。

4. 壳
SHELL57：4节点单元。

5. 点
MASS71。

有关单元的详细解释请参阅帮助文件中的"ANSYS Element Reference Guide"。

7.1.2 稳态热分析过程

稳态热分析指稳定的热载荷对系统或部件的影响，通常在进行瞬态热分析以前进行稳态热分析以确定初始温度分布。稳态热分析可以通过有限元计算确定由于稳定的热载荷引起的温度、热梯度、热流率和热流密度等参数。

ANSYS稳态热分析分为建模、施加载荷计算和后处理3个步骤。

1. 建模
1) 确定工作文件名、工作标题与单位。
2) 进入PREP7前处理，定义单元类型并设置单元选项。
3) 定义单元实常数。
4) 定义材料热性能参数，对于稳态传热，一般只需定义热导率，它可以是恒定的或随温度变化的。
5) 创建几何模型并划分网格。

2. 施加载荷计算
(1) 定义分析类型　采用如下方法之一。
GUI：Main Menu > Solution > Analysis Type > New Analysis > ...。
命令：ANTYPE、STATIC和NEW。
如果继续上一次分析，如增加边界条件等，采用如下方法之一。
GUI：Main Menu > Solution > Analysis Type > Restart。
命令：ANTYPE、STATIC和REST。
(2) 施加载荷　可以直接在实体模型或单元模型上施加5种载荷（边界条件）。
1) 恒定温度。通常作为自由度约束施加于温度已知的边界上。执行如下：
GUI：Main Menu > Solution > Define Loads > Apply > Thermal > Temperature。
命令：D。
2) 热流率作为节点集中载荷。主要用于线单元模型中（通常线单元模型不能施加对流或热流密度载荷）。如果输入值为正，代表热流流入节点，即单元获取热量。如果温度与热流率同时施加在一节点上，则 ANSYS 读取温度值进行计算。如果在实体单元的某一节点上施加热流率，则此节点周围的单元要密一些。在两种热导率差别很大的两个单元的公共节点上施加热流率时，尤其要注意。此外尽可能使用热生成或热流密度边界条件，这样结果会更精确些。

GUI：Main Menu > Solution > Define Loads > Apply > Thermal > Heat Flow。

命令：F。

3）对流边界条件。作为面载施加于实体的外表面，计算与流体的热交换，它仅可施加于实体和壳模型上。对于线模型，可以通过对流线单元 LINK34 考虑对流。

GUI：Main Menu > Solution > Define Loads > Apply > Thermal > Convection。

命令：SF。

4）热流密度也是一种面载。当通过单位面积的热流率已知或通过 FLOTRAN CFD 计算得到时，可以在模型相应的外表面施加热流密度。如果输入值为正，代表热流流入单元。热流密度也仅适用于实体和壳单元，它与对流可以施加在同一外表面，但 ANSYS 仅读取最后施加的面载进行计算。

GUI：Main Menu > Solution > Define Loads > Apply > Thermal > Heat Flow。

命令：F。

5）生热率。作为体载施加于单元上，可以模拟化学反应生热或电流生热。单位是单位体积的热流率。

GUI：Main Menu > Solution > Define Loads > Apply > Thermal > Heat Generat。

命令：BF。

（3）确定载荷步选项　对于一个热分析，可以确定普通选项、非线性选项以及输出控制选项。

1）普通选项如下：

① 时间选项。虽然对于稳态热分析，时间选项并没有实际的物理意义，但它提供了一个方便的设置载荷步和载荷子步的方法。执行如下：

命令：TIME。

GUI：Main Menu > Solution > Load Step Opts > Time/Frequenc > Time > Time Step > Time and Substps。

每个载荷步中子步的数量或时间步大小，对于非线性分析，每个载荷步需要多个子步。执行如下：

GUI：Main Menu > Solution > Load Step Opts > Time > Frequenc > Time and Substps

GUI：Main Menu > Solution > Load Step Opts > Time/Frequenc > Time > Time Step。

命令：DELTIM 和 NSUBST。

② 递进或阶跃选项。如果定义阶跃（stepped）选项，载荷值在这个载荷步内保持不变；如果为递进（ramped）选项，则载荷值由上一载荷步值到本载荷步值随每个子步线性变化。执行如下：

GUI：Main Menu > Solution > Load Step Opts > Time/Frequenc > Time > Time Step > Time and Substps。

命令：KBC。

2）非线性选项如下：

① 迭代次数。设置每个子步允许的最多迭代次数，默认值为 25，满足大数热分析问题。执行如下：

GUI：Main Menu > Solution > Load Step Opts > Nolinear > Equilibrium Iter。

命令：NEQIT。

② 自动时间步长。对于非线性问题，可以自动设置子步间载荷的增长，保证求解的稳定性和准确性。执行如下：

GUI：Main Menu > Solution > Load Step Opts > Time/Frequenc > Time > Time Step > Time and Substps。

命令：AUTOTS。

③ 收敛误差。可根据温度和热流率等检验热分析的收敛性。执行如下：

GUI：Main Menu > Solution > Load Step Opts > Nolinear > Convergence Crit。

命令：CNVTOL。

④ 求解结束选项。如果在规定迭代次数内达不到收敛，ANSYS 可停止求解或到下一载荷步继续求解。执行如下：

GUI：Main Menu > Solution > Load Step Opts > Nolinear > Criteria to Stop。

命令：NCNV。

⑤ 线性搜索。使 ANSYS 用 Newton-Raphson 方法进行线性搜索。执行如下：

GUI：Main Menu > Solution > Load Step Opts > Nolinear > Line Search。

命令：LNSRCH。

⑥ 预测矫正。激活每个子步第 1 次迭代对自由度求解的预测矫正。执行如下：

GUI：Main Menu > Solution > Load Step Opts > Nolinear > Predictor。

命令：PRED。

3）输出控制选项如下：

① 控制打印输出。将任何结果数据输出到"*.out"文件中。执行如下：

GUI：Main Menu > Solution > Load Step Opts > Output Ctrls > Solu Printout。

命令：OUTPR。

② 控制结果文件。控制"*.rth"文件中的内容。执行如下：

GUI：Main Menu > Solution > Load Step Opts > Output Ctrls > DB/Results File。

命令：OUTRES。

（4）确定分析选项

① Newton-Raphson 选项（仅对非线性分析有用）。

GUI：Main Menu > Solution > Analysis Type > Analysis Options。

命令：NROPT。

② 选择求解器。可选择 Frontal solver（默认）、Jacobi Conjugate Gradient（JCG）solver、JCG out-of-memory solver、Incomplete Cholesky Conjugate Gradient（ICCG）solver、Pre-Conditioned Conjugate Gradient Solver（PCG）或 Iterative（automatic solver selection option）。执行如下：

GUI：Main Menu > Solution > Analysis Type > Analysis options。

命令：EQSLV。

热分析可选用 Iterative 选项快速求解，但热分析包含 SURF19、SURF22 或超单元、热辐射分析、相变分析及需要 restart an analysis 除外。

③ 确定绝对零度。在进行热辐射分析时，要将目前温度值换算为绝对温度。如果使用的温度单位是摄氏度，此值应设置为 273；如果使用华氏度，则为 460。执行如下：

GUI：Main Menu > Solution > Analysis Type > Analysis Options。

命令：TOFFST。

（5）保存模型　单击 ANSYS 工具栏中的 SAVE_DB 按钮。

（6）求解　执行如下：

GUI：Main Menu > Solution > Current LS。

命令：SOLVE。

3. 后处理

1) ANSYS 将热分析的结果写入"*.rth"文件中，其中包含如下数据。

① 基本数据：节点温度。

② 导出数据：节点及单元的热流密度、节点及单元的热梯度、单元热流率、节点的反作用热流率及其他。

对于稳态热分析，可以使用 POST1 进行后处理，参阅帮助文件中的"ANSYS Basic Analysis Procedures Guide"。

2) 进入 POST1 后读入载荷步和子步。执行如下：

GUI：Main Menu > General Postproc > Read Results > By Load Step。

命令：SET。

可以通过如下 3 种方式查看结果。

① 彩色云图显示。执行如下：

GUI：Main Menu > General Postproc > Plot Results > Contour Plot > Nodal Solution，Element Solu，Elem Table。

命令：PLNSOL、PLESOL 和 PLETAB 等。

② 矢量图显示。执行如下：

GUI：Main Menu > General Postproc > Plot Results > Vector Plot > Predefined。

命令：PLVECT。

③ 列表显示。执行如下：

GUI：Main Menu > General Postproc > List Results > Nodal Solution，Element Solution，Reaction Solu。

命令：PRNSOL、PRESOL 和 PRRSOL 等。

7.1.3 瞬态热分析过程

瞬态热分析计算一个系统的随时间变化的温度场及其他热参数，在工程上一般用其计算温度场并作为热载荷进行应力分析。

瞬态热分析的基本步骤与稳态热分析类似，主要的区别是瞬态热分析中的载荷随时间变化。为表达随时间变化的载荷，必须将载荷-时间曲线分为载荷步。载荷-时间曲线中的每个拐点为一个载荷步，如图 7-1 所示。对于每个载荷步，必须定义载荷值及时间值，同时必须选择载荷步为渐变或阶越。

瞬态热分析中使用的单元与稳态热分析相同。要了解每个单元的详细说明，参阅帮助文件中的"ANSYS Element Reference Guide"；要解每个命令的详细功能，参阅帮助文件中的"ANSYS Command Reference Guide"。

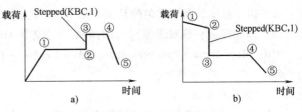

图 7-1 载荷-时间曲线图

ANSYS 瞬态热分析的主要过程分为建模、加载求解和后处理 3 个步骤。

1. 建模

(1) 确定工作文件名、工作标题与单位，进入 PREP7。

(2) 定义单元类型并设置选项。
(3) 定义单元实常数。
(4) 定义材料热性能，一般瞬态热分析要定义热导率、密度及比热容。
(5) 建立几何模型。
(6) 对几何模型划分网格。

2. 加载求解

1）定义分析类型：第1次进行分析或重新进行分析。
GUI：Main Menu > Solution > Analysis Type > New Analysis > Transient。
命令：ANTYPE、TRANSIENT 和 NEW。
接着上次分析继续进行（例如增加其他载荷）。
GUI：Main Menu > Solution > Analysis Type > Restart。
命令：ANTYPE、TRANSIENT 和 REST。

2）获得瞬态热分析的初始条件。

① 定义均匀温度场。如果已知模型的起始温度是均匀的，可设置所有节点初始温度。执行如下：
GUI：Main Menu > Solution > Define Loads > Settings > Uniform Temp。
命令：TUNIF。
如果未输入数据，则默认为参考温度，默认值为零，可通过如下方法设置参考温度。执行如下：
GUI：Main Menu > Solution > Define Loads > Settings > Reference Temp。
命令：TREF。
设置均匀的初始温度，与如下的设置节点的温度（自由度）不同。执行如下：
GUI：Main Menu > Solution > Define Loads > Apply > Thermal > Temperature > On Nodes。
命令：D。
初始均匀温度仅对分析的第1个子步有效，而设置节点温度将保持贯穿整个瞬态分析过程，除非通过如下方法删除此约束。执行如下：
GUI：Main Menu > Solution > Define Loads > Delete > Thermal > Temperature > On Nodes。
命令：DDELE。

② 设置非均匀的初始温度。在瞬态热分析中，节点温度可以设置为不同的值。执行如下：
GUI：Main Menu > Solution > Define Loads > Apply > -Initial Conditn > Define。
命令：IC。
如果初始温度场是不均匀的且又是未知的，必须首先执行稳态热分析确定初始条件。设置载荷（如已知的温度和热对流等），将时间积分设置为 OFF。执行如下：
GUI：Main Menu > Preprocessor > Loads > Load Step Opts > Time/Frequenc > Time Integration。
命令：TIMINT 和 OFF。

3）设置载荷步选项。
设置一个只有一个子步且时间很小的载荷步（例如 0.001）。执行如下：
GUI：Main Menu > Preprocessor > Loads > Load Step Opts > Time/Frequenc > Time and Substps。
命令：TIME。
写入载荷步文件。执行如下：
GUI：Main Menu > Preprocessor > Loads > Load Step Opts > Write LS File。

命令：LSWRITE。
求解。执行如下：
命令：SOLVE。
GUI. Main Menu > Solution > Solve > Current LS。
说明：在第2个载荷步中要删除所有设置的温度，除非这些节点的温度在瞬态分析与稳态分析相同。

① 普通选项如下：
a. 时间：设置每载荷步结束时的时间。执行如下：
GUI：Main Menu > Solution > Load Step Opts > Time/Frequenc > Time and Substps。
命令：TIME。
b. 每个载荷步的载荷子步数或时间增量。对于非线性分析，每个载荷步需要多个载荷子步。时间步长大小关系到计算的精度。步长越小，计算精度越高，计算时间越长。根据线性传导热传递，可按如下公式估计初始时间步长，即

$$ITS = \delta^2/(4\alpha)$$

式中，δ 为沿热流方向热梯度最大处的单元的长度；α 为导温系数，它等于热导率 k 除以密度 ρ 与比热容 c 的乘积，即 $\alpha = k/\rho c$。执行如下：
GUI：Main Menu > Solution > Load Step Opts > Time/Frequenc > Time and Substps。
命令：NSUBST or DELTIM。

如果载荷在这个载荷步是恒定的，需要设为阶越选项；如果载荷值随时间线性变化，则要设置为渐变选项。执行如下：
GUI：Main Menu > Solution > Load Step Opts > Time/Frequenc > Time and Substps。
命令：KBC。

② 非线性选项如下：
a. 迭代次数：每个子步默认的次数为25，这对大多数非线性热分析已经足够。执行如下：
GUI：Main Menu > Solution > -Load Step Opts > Nonlinear > Equilibrium Iter。
命令：NEQIT。
b. 自动时间步长：设置为ON，在求解过程中将自动调整时间步长。执行如下：
GUI：Main Menu > Solution > Load Step Opts > Time/Frequenc > Time and Substps。
命令：AUTOTS。
c. 时间积分效果：设置为OFF，将进行稳态热分析。执行如下：
GUI：Main Menu > Solution > Load Step Opts > Time/Frequenc > Time Integration。
命令：TIMIT。

③ 输出选项如下：
a. 控制打印输出：将任何结果数据输出到"*.out"文件中。执行如下：
GUI：Main Menu > Solution > Load Step Opts > Output Ctrls > Solu Printout。
命令：OUTPR。
b. 控制结果文件：控制"*.rth"中的内容。执行如下：
GUI：Main Menu > Solution > Load Step Opts > Output Ctrls > DB/Results File。
命令：OUTRES。

4）存盘求解。单击ANSYS工具栏中的 SAVE_DB 按钮。执行如下：
GUI：Main Menu > Solution > Current LS。

命令：SOLVE。

3. 后处理

ANSYS 提供两种后处理方式，其中 POST1 对整个模型在某一载荷步（时间点）的结果进行后处理。执行如下：

GUI：Main Menu > General Postproc。

命令：POST1。

POST26 可以对模型中特定点在所有载荷步（整个瞬态过程）的结果进行后处理。

GUI：Main Menu > Time Hist Postproc。

命令：POST26。

1）用 POST 1 进行后处理。

① 进入 POST 1 后，可以读出某一时间点的结果。执行如下：

GUI：Main Menu > General Postproc > Read Results > By Time/Freq。

命令：SET。

如果设置的时间点不在任何一个子步的时间点上，ANSYS 进行线性插值。

② 读出某一载荷步的结果。执行如下：

GUI：Main Menu > General Postproc > Read Results > By Load Step。

然后即可采用与稳态热分析类似的方法，对结果进行彩色云图显示、矢量图显示或打印列表等后处理。

2）用 POST26 进行后处理。

① 定义变量。执行如下：

GUI：Main Menu > Time Hist Postproc > Define Variables。

命令：NSOL、ESOL 或 RFORCE。

② 绘制或列表输出这些变量随时间变化的曲线。

GUI：Main Menu > Time Hist Postproc > Graph Variables。

Main Menu > Time Hist Postproc > List Variables。

命令：PRVAR。

POST26 还提供许多其他功能，如对变量进行数学操作等，参阅帮助文件中的"ANSYS Basic Analysis Procedures Guide"。

7.1.4 耦合分析的过程和步骤

1. ANSYS 的耦合场分析

1）定义　耦合场分析指在有限元分析的过程中考虑两种或多种工程学科（物理场）的交叉作用和相互影响（耦合）。例如压电分析考虑结构和电场的相互作用，主要解决由于所施加位移载荷引起的电压分布问题；反之亦然。其他耦合场分析还有热-应力耦合分析、热-电耦合分析、流体-结构耦合分析、磁-热耦合分析和磁-结构耦合分析等。

2）分析类型　耦合场分析的过程取决于所需解决的问题是由哪些场的耦合作用，该分析最终可归结为如下两种不同方法。

① 顺序耦合方法：按照顺序进行两次或多次相关场分析，它通过把第 1 次场分析的结果作为第 2 次场分析的载荷实现两种场的耦合。例如，顺序热-应力耦合分析将热分析得到的节点温度作为体力载荷施加在后序的应力分析中实现耦合。

② 直接耦合方法：利用包含所有必须自由度的耦合单元类型，仅通过一次求解即可得出耦合场分析结果。在这种情况下，耦合通过计算包含所有必须项的单元矩阵或单元载荷向量实现，例如利用单元 SOLID5、PLANE13 或 SOLID98 可直接进行压电分析。

对于不存在高度非线性相互作用的情况，顺序耦合解法更为有效和方便，因为可以独立进行两种场的分析。例如，顺序热-应力耦合分析可在进行非线性瞬态热分析后进行线性静态应力分析，并用热分析中任意载荷步或时间点的节点温度作为载荷进行应力分析。其中耦合是一个循环过程，迭代在两个物理场之间进行，直到结果收敛到所需要的精度。

直接耦合解法在解决耦合场相互作用具有高度非线性时更具优势，并且可利用耦合公式一次性得到最好的计算结果。例如，压电分析、伴随流体流动的热传导问题，以及电路-电磁场耦合分析。求解这类耦合场相互作用问题都有专门的单元供直接选用，因为直接耦合法一般不会用到热-结构问题中，所以本章不具体介绍，如果需要，参考帮助文件中的"Coupled-Field Analysis Guide"。

2. 顺序耦合场分析

顺序耦合将第 1 个物理分析结果作为第 2 个物理分析的载荷，如果分析完全耦合，那么第 2 个物理分析的结果又影响或成为第 1 个物理分析的载荷。

（1）载荷分类　载荷可分为以下两类：

1）基本物理载荷：非其他物理分析的函数，这种载荷也称为特征边界条件。

2）耦合载荷：其他物理分析的结果。

（2）分析方法　进行顺序耦合场分析可以使用间接法和物理环境法。

1）使用间接法进行顺序耦合场分析（以热结构耦合为例）。

① 进行热分析，可以使用热分析的所有功能，包括传导、对流、辐射和表面效应单元等进行稳态或瞬态热分析。但注意划分单元要充分考虑结构分析的要求，例如在可能有应力集中处的网格要密一些。如果进行瞬态分析，在后处理中要找出热梯度最大的时间点或载荷步。

② 重新进入前处理，将热单元转换为相应的结构单元。表 7-1 所列是热单元和结构单元的对应，可以用菜单转换。执行如下：

GUI：Main Menu > Preprocessor > element type > switch element type > thermal to structure。

表 7-1　热单元和结构单元的对应

热 单 元	结 构 单 元	热 单 元	结 构 单 元
LINK32	LINK1	MASS71	MASS21
LINK33	LINK8	PLANE75	PLANE25
PLANE35	PLANE2	PLANE77	PLANE82
PLANE55	PLANE42	PLANE78	PLANE83
SHELL57	SHELL63	SOLID87	SOLID92
PLANE67	PLANE42	SOLID90	SOLID95
LINK68	LINK8	SHELL157	SHELL63
SOLID70	SOLID45		

注意设置相应的单元选项。例如热单元的轴对称不能自动转换到结构单元中，需要手工设置。在命令流中可将原热单元的编号重新定义为结构单元，并设置相应的单元选项。

a. 设置结构分析，包括热膨胀系数的材料属性及前处理细节，如节点耦合和约束方程等。

b. 读入热分析的结点温度：执行 Main Menu > Solution > Define load > Apply > Structural Temperature > From Thermal Analysis 命令，输入或选择热分析的结果文件名"*.rth"。如果热分析是

瞬态的，还需输入热梯度最大时的时间点或载荷步。节点温度作为体载施加，可以通过 Utility Menu > List > Load > Body load > On all nodes 命令列表输出。

c. 设置参考温度：执行 Main Menu > Solution > Define loads > Setting > Reference temp 命令。

d. 进行求解和后处理。

间接法顺序耦合分析要求前后两个场分析所用的单元和节点数量编号在数据库和结果文件中必须相同。

2）使用物理环境法进行顺序耦合场分析。

① 创建满足所有物理环境的模型要牢记如下问题：每个 ANSYS 实体模型的面或体都要定义对应的单元类型编号、材料属性编号、实常数编号和单元坐标编号，这些参考的编号在所有物理环境中保持不变且对应的属性在每个物理环境中不同。模型中多个物理环境中都要分析的面或体的网格划分必须满足所有物理环境分析的要求。

② 创建物理环境，针对各物理学原理执行该步骤，作为耦合场分析的一部分。

③ 根据各分析手册中的内容确定每个物理分析要设置的内容。

④ 确定每个物理环境中要使用的单元类型。如果在某一物理分析中不涉及某个区域，则设为在分析中将被忽略的零单元（TYPE = 0）。

⑤ 定义材料属性、实常数和单元坐标系，并对应模型中分配的各项目编号。

⑥ 将单元类型、材料、实常数及单元坐标系的编号赋予实体模型的面或体，使用 AATT（Main Menu > Preprocessor > Meshing > Mesh Attributes >...）或 VATT（Main Menu > Preprocessor > Meshing > Mesh Attributes >...）命令。

⑦ 施加基本物理载荷及边界条件，这些条件在此物理分析中所有的迭代过程中相同（对于稳态问题）。

⑧ 设置所有的求解选项。

⑨ 选择一个标题（TITLE），执行 PHYSICS 和 WRITE 命令。

⑩ 清除目前的物理环境，准备创建下一个物理环境。

GUI：Main Menu > Preprocessor > Physics > Environment > Clear。

命令：PHYSICS 和 CLEAR。

1）按以上步骤，准备下一个物理环境。

2）执行 SAVE 命令保存数据文件及物理环境文件指针。

物理环境指所有操作参数及某一物理分析选项全部写入一个物理环境的 ASCII 文件，可用 PHYSICS、WRITE、TITLE、FILENAME、EXT 及 DIR 命令或执行 Main Menu > Preprocessor > physics > environment 或 Main Menu > Solution > physics > environment 命令创建。

3. 直接耦合方法

直接耦合法的步骤与单纯热分析类似，只是在设置单元、材料、载荷、边界及约束时考虑结构，大体上分为建模、加载及求解和后处理 3 个步骤。

(1) 建模

1）确定工作文件名、工作标题与单位。

2）进入 PREP7 前处理，定义单元类型、设置单元选项、定义单元实常数及定义材料性能参数。所选单元一定要是耦合单元，耦合单元有 SOLID5、PLANE13、FLUID29、FLUID30、CONTAC48、CONTAC49、CONTA171、CONTA172、CONTA173、CONTA174、SOLID62、FLUID116、PLANE67、LINK68、SOLID69、SOLID98、CIRCU94、CIRCU124、SHELL157、TRANS126 及 TRANS109。

3）创建几何模型并划分网格。

（2）施加载荷计算

1）定义分析类型。执行如下：

GUI：Main Menu > Solution > Analysis Type >…。

命令：ANTYPE…。

2）施加载荷及边界条件，包括热载荷和结构载荷。执行如下：

GUI：Main Menu > Solution > Define Loads > Apply >…。

命令：D、F 或 SF…。

3）确定载荷步选项，对于一个热应力分析，可以确定普通选项、非线性选项及输出控制。执行如下：

GUI：Main Menu > Solution > Load Step Opts >…。

命令：TIMED、ELTIM、KBC、NEQIT 和 NCNV…。

4）确定分析选项。执行如下：

GUI：Main Menu > Solution > Analysis Type > Analysis Options。

命令：NROPT 和 NCNV…。

5）求解。执行如下：

GUI：Main Menu > Solution > Current LS。

命令：SOLVE。

（3）后处理　同上。

7.1.5　冷却栅管的热分析实例

问题描述

本实例确定一个冷却栅的温度场分布及位移和应力分布。如图 7-2a 所示，一个轴对称的冷却栅结构管内为热流体，管外流体为空气，管道机冷却栅材料均为不锈钢，热导率为 25.96W/(m·℃)，弹性模量为 1.93×10^9 MPa，热膨胀系数为 1.62×10^{-5}/℃，泊松比为 0.3，管内压力为 6.891MPa，管内流体温度为 250℃，对流系数（膜系数）为 249.23W/(m^2·℃)，外界流体（空气）温度为 39℃，对流系数（膜系数）为 62.3W/(m^2·℃)，试求解其温度和应力分布。

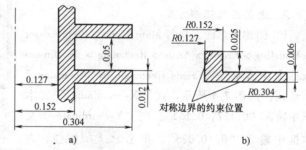

图 7-2　冷却栅管道的示意简图
a) 栅管结构　b) 栅管有限元简化结构

假定冷却栅无限长，根据冷却栅结构的对称性特点可以构造出的有限元分析简化模型如图 7-2b 所示。其上、下边界承受边界约束，管内部承受均布压力。

GUI 操作步骤

1. 定义工作文件名及工作标题

1）定义工作文件名。执行 Utility Menu > File > Change Jobname 命令，弹出"Change Jobname"对话框。在弹出的对话框中输入文件名"Pipe_thermal",单击 OK 按钮。

2)定义工作标题。执行 Utility Menu > File > Change Title 命令,弹出"Change Title"在弹出的对话框中输入"2D Axisymmetrical Pipe_Thermal Analysis",单击 OK 按钮。

3)关闭坐标符号的显示。执行 Utility Menu > Plot Ctrls > Window Controls > Window Options 命令,弹出"Window Options"对话框。在"Location of triad"下拉列表框中选择"No Shown"选项,单击 OK 按钮。

2. 定义单元类型及材料属性

1)定义单元类型。执行 Main Menu > Preprocessor > Element Type > Add/Edit/Delete 命令,弹出"Element Types"对话框。单击 Add... 按钮,弹出"Library of Element Types"对话框。在左、右下拉列表框中分别选择"Thermal Solid"和"Quad 8node 77"选项,单击 OK 按钮。

2)设置单元选项。单击"Element Type"对话框中的 Options... 按钮,弹出"PLANE77 element type options"对话框。在"Element behavior"下拉列表框中选择"Axisymmetrical"选项,单击 OK 按钮,单击 Close 按钮。

3)设置材料属性。执行 Main Menu > Preprocessor > Material Props > Material Models 命令,弹出"Define Material Models Behavior"窗口。双击"Material Model Available"下拉列表框中的"Structural > Linear > Elastic > Isotropic"选项,弹出"Linear Isotropic Material Properties for Material Number 1"对话框。在"EX"和"PRXY"文本框中分别输入"1.93e11"及"0.3",单击 OK 按钮。执行"Thermal > Conductivity > Isotropic"命令,弹出"Conductivity for Material Number 1"对话框,如图 7-3 所示。在"KXX"文本框中输入"25.96",单击 OK 按钮。执行 Material > Exit 命令,完成材料属性的设置。

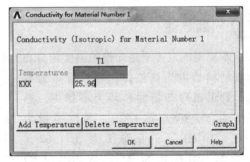

图 7-3 "Conductivity for Material Number 1"对话框

3. 建立几何模型

1)创建矩形面。执行 Main Menu > Preprocessor > Modeling > Create > Areas > Rectangle > By Dimensions 命令,弹出"Create Rectangle by Dimensions"对话框,如图 7-4 所示。在"X-coordinates"文本框中输入"0.127, 0.152",在"Y-coordinates"文本框中输入"0, 0.025",单击 Apply 按钮,在"X-coordinates"文本框中输入"0.127, 0.304",在"Y-coordinates"文本框中输入"0, 0.006"。单击 OK 按钮,生成的矩形面如图 7-5 所示。

2)面相加操作。执行 Main Menu > Preprocessor > Modeling > Operate > Booleans > Add > Areas 命令,弹出一个拾取框,单击 Pick All 按钮。

3)打开线编号控制。执行 Utility Menu > Plot Ctrls > Numbering 命令,弹出"Plot Numbering Controls"对话框,如图 7-6 所示。选中"Line numbers"复选框,在"Numbering shown with"下拉列表框中选择"Colors & numbers"选

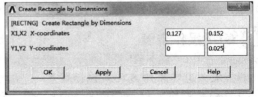

图 7-4 "Create Rectangle by Dimensions"对话框

项，单击 OK 按钮。

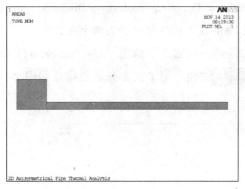

图 7-5 生成的矩形面

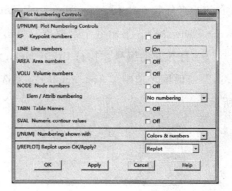

图 7-6 "Plot Numbering Controls" 对话框

4）线倒角。执行 Main Menu > Preprocessor > Modeling > Create > Lines > Line Fillet 命令，弹出一个拾取框。拾取编号为 L11 和 L13 的线，单击 OK 按钮，弹出 "Line Fillet" 对话框，如图 7-7 所示。在 "Fillet radius" 文本框中输入 "0.005"，单击 OK 按钮。

5）显示线。执行 Utility Menu > Plot > Line 命令，圆角处理后生成的结果如图 7-8 所示。

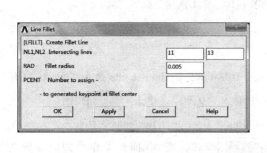

图 7-7 "Line Fillet" 对话框

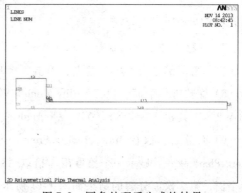

图 7-8 圆角处理后生成的结果

6）生成面。执行 Main Menu > Preprocessor > Modeling > Create > Areas > Arbitrary > By Lines 命令，弹出一个拾取框。拾取编号为 L2、L5 和 L8 的线，单击 OK 按钮。

7）面相加操作。执行 Main Menu > Preprocessor > Modeling > Operate > Booleans > Add > Areas 命令，弹出一个拾取框，单击 Pick All 按钮。

4. 生成有限元模型

1）显示工作平面。执行 Utility Menu > Work Plane > Display Working Plane 命令。

2）打开关键点编号。执行 Utility Menu > Plot Ctrls > Numbering 命令，弹出 "Plot Numbering Controls" 对话框。选中 "KP" 复选框，清除 "Line numbers" 复选框，单击 OK 按钮。

3）平移工作平面。执行 Utility Menu > Work Plane > Offset WP to > Keypoints 命令，弹出一个拾取框。拾取编号为 10 的关键点，单击 OK 按钮。

4）旋转工作平面。执行 Utility Menu > Work Plane > Offset WP By Increments 命令，显示图 7-9 所示的 "Offset WP" 工具栏。在 "XY, YZ, ZX Angles" 文本框中输入 "0, 0, 90"，单击

Apply 按钮。

5）面分解。执行 Main Menu > Preprocessor > Modeling > Operate > Booleans > Divide > Area by Work Plane 命令，显示一个拾取框。单击 Pick All 按钮，将面在工作平面处分为两个面。

6）打开面的编号。执行 Utility Menu > Plot Ctrls > Numbering 命令，弹出"Plot Numbering Controls"对话框。选中"Area number"复选框，单击 OK 按钮，第1次面分解的结果如图7-10所示。

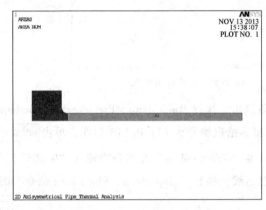

图7-9 "Offset WP"工具栏 　　　　　　　　图7-10 第1次面分解的结果

7）平移工作平面。执行 Utility Menu > Work Plane > Offset WP to > Keypoints 命令，弹出一个拾取框。拾取编号为5的关键点，单击 OK 按钮。

8）旋转工作平面。执行 Utility Menu > Work Plane > Offset WP By Increments 命令，显示"Offset WP"工具栏，在"XY, YZ, ZX Angles"文本框中输入"0,90"，单击 OK 按钮。

9）面分解。执行 Main Menu > Preprocessor > Modeling > Operate > Booleans > Divide > Area by Work Plane 命令，显示一个拾取框。拾取 A3，单击 OK 按钮，将 A3 面在工作平面处分解为两个面，第2次面分解的结果如图7-11所示。

10）创建关键点。执行 Main Menu > Preprocessor > Create > Keypoints > On Line w/Ratio 命令，弹出一个拾取框。拾取编号为 L3 的线，单击 OK 按钮，弹出"Create KP on Line"对话框，如图7-12所示。在"Line ratio（0-1）"文本框中输入"0.24"，单击 OK 按钮，生成一个编号为 11 的关键点。

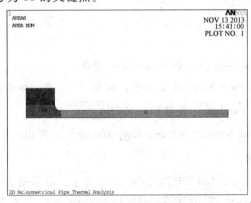
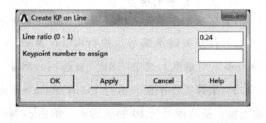

图7-11 第2次面分解的结果 　　　　　　　　图7-12 "Create KP On Line"对话框

11）平移工作平面。执行 Utility Menu > Work Plane > Offset WP to > Keypoint 命令，弹出一个拾取框。拾取编号为 12 的关键点，单击 OK 按钮。

12）旋转工作平面。执行 Utility Menu > Work Plane > Offset WP By Increments 命令，显示"Offset WP"工具栏，在"XY, YZ, ZX Angles"文本框中输入"0, -90"，单击 OK 按钮。

13）面分解。执行 Main Menu > Preprocessor > Modeling > Operate > Booleans > Divide > Area by Work Plane 命令，显示一个拾取框。拾取 A2 和 A4，单击 OK 按钮，将 A2 和 A4 面在工作平面处各自分为两个面，第 3 次面分解的结果如图 7-13 所示。

14）关闭工作平面。执行 Utility Menu > Work Plane > Display Working Plane 命令。

15）打开 Pan-Zoom-Rotate 工具栏。执行 Utility Menu > Plot Ctrls > Plot Ctrls > Pan-Zoom-Rotate 命令，单击 Win Zoom 等按钮可适当缩放图形，或用图形窗口右侧的视图控制按钮完成。

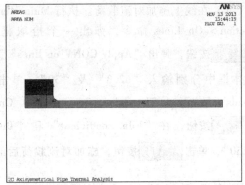

图 7-13　第 3 次面分解的结果

16）线相加操作。执行 Main Menu > Preprocessor > Modeling > Operate > Booleans > Add > Lines 命令，弹出一个拾取框。拾取编号为 L9 和 L14 的线，单击 OK 按钮，弹出"Add Lines"对话框。单击 Apply 按钮，拾取编号为 L7 和 L21 的线，单击 OK 按钮，弹出"Add Lines"对话框。单击 OK 按钮。

17）设置单元尺寸。执行 Main Menu > Preprocessor > Meshing > Size Cntrls > ManulSzie > Global > Size 命令，弹出图 7-14 所示的"Global Element Sizes"对话框。在"Element edge length"文本框中输入"0.003"，单击 OK 按钮。

18）划分映射网格。执行 Main Menu > Preprocessor > Meshing > Mesh > Areas > Mapped > 3 or 4 sided 命令，弹出一个拾取框。拾取编号为 A1、A3、A5 和 A6 的面，单击 OK 按钮，映射网格划分结果如图 7-15 所示。

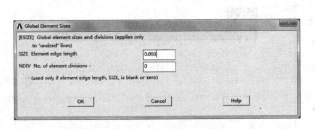

图 7-14　"Global Element Sizes"对话框

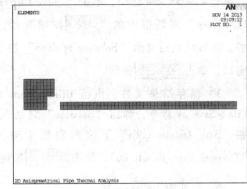

图 7-15　映射网格划分结果

19）对 A7 划分网格。执行 Main Menu > Preprocessor > Meshing > Mesh > Areas > Mapped > By corners 命令，弹出一个拾取框。拾取编号为 A7 的面，单击 OK 按钮。拾取编号为 5、14、9 和 10 的关键点。单击 OK 按钮，A7 网格划分结果如图 7-16 所示。

20）保存网格结果。执行 Utility Menu > File > Save as 命令，弹出"Save as"对话框。在"Save Database To"下拉列表框中输入"Thermal_Pipe_Mesh.db"，单击 OK 按钮。

5. 施加载荷及求解

1）在线上施加对流载荷。执行 Main Menu > Solution > Define Loads > Apply > Thermal > Convection > On Lines 命令，弹出一个拾取框。拾取编号为 L2、L6、L13 和 L11 的线，单击 OK 按钮，弹出"Apply CONV on lines"对话框，如图 7-17 所示。在"VAL1"和"VAL2I"文本框中分别输入"62.3"及"39"，单击 OK 按钮。执行 Main Menu > Solution > Define Loads > Apply > Thermal > Convection > On Lines 命令，拾取编号为 L9 和 L8 的线。单击 OK 按钮，在"Film coefficient"和"Bulk temperature"文本框中分别输入"249.23"及"250"，单击 OK 按钮，施加对流载荷后的模型如图 7-18 所示。

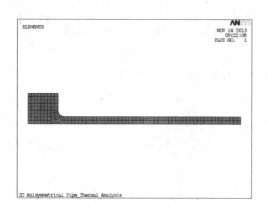

图 7-16 A7 网格划分结果

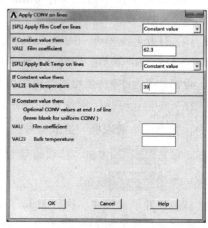

图 7-17 "Apply CONV on lines"对话框

2）求解。执行 Main Menu > Solution > Solve > Current LS 命令，弹出一个提示窗口和"Solve Current Load Step"对话框。确认后执行 File > Close 命令，单击"Solve Current Load Step"对话框中的 OK 按钮开始求解。求解结束后显示"Solution is done"提示窗口，单击 Close 按钮。

3）保存结果文件。执行 Utility Menu > File > Save as 命令，弹出"Save as"对话框。在"Save Database To"下拉列表框中输入"Thermal_Pipe_Result.db"，单击 OK 按钮。

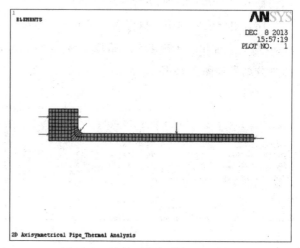

图 7-18 施加对流载荷后的模型

6. 后处理

1）绘制温度分布云图。执行 Main Menu > General Postproc > Plot Results > Contour Plot > Nodal Solu 命令，弹出"Contour Nodal Solution Data"对话框，如图 7-19 所示。在"Items to be contoured"下拉列表框中依次选择"DOF Solution"和"Nodal Temperature"选项，单击 OK 按钮，生成的温度云图如图 7-20 所示。

图 7-19 "Contour Nodal Solution Data" 对话框

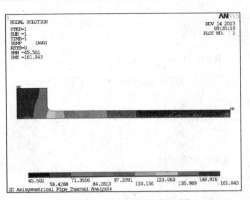

图 7-20 生成的温度云图

2）绘制热流量分布云图。执行 Main Menu > General Postproc > Plot Results > Contour Plot > Nodal Solu 命令，弹出"Contour Nodal Solution Data"对话框，如图 7-21 所示。在"Items to be contoured"下拉列表框中依次选择"Thermal Flux > Thermal flux vector sum"选项，单击 OK 按钮，生成的温度梯度总量云图如图 7-22 所示。

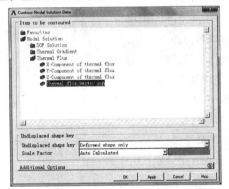

图 7-21 "Contour Nodal Solution Data" 对话框

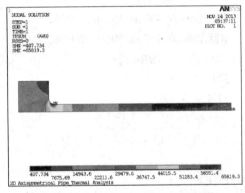

图 7-22 生成的温度梯度总量云图

3）绘制热梯度分布云图。执行 Main Menu > General Postproc > Plot Results > Contour Plot > Nodal Solu 命令，弹出"Contour Nodal Solution Data"对话框。在"Items to be contoured"下拉列表框中依次选择"Thermal gradient > Thermal gradient vector sum"选项，单击 OK 按钮，生成的热梯度总量云图如图 7-23 所示。

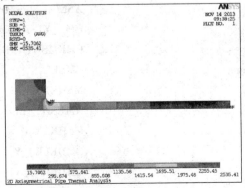

图 7-23 生成的热梯度总量云图

📖 命令流

```
/BATCH
/TITLE,2D Axisymmetrical Pipe_Thermal Analysis
/PREP7
ET,1,PLANE77
KEYOPT,1,1,0
KEYOPT,1,3,1
MPTEMP,,,,,,,,
MPTEMP,1,0
MPDATA,EX,1,,1.93e11
MPDATA,PRXY,1,,0.3
MPTEMP,,,,,,,,
MPTEMP,1,0
MPDATA,KXX,1,,25.96
RECTNG,0.127,0.152,0,0.025,
RECTNG,0.127,0.304,0,0.006,
FLST,2,2,5,ORDE,2
FITEM,2,1
FITEM,2,-2
AADD,P51X
LFILLT,11,13,0.005,,
FLST,2,3,4
FITEM,2,4
FITEM,2,5
FITEM,2,2
AL,P51X
FLST,2,2,5,ORDE,2
FITEM,2,1
FITEM,2,3
AADD,P51X
KWPAVE,    10
wprot,0,0,90
ASBW,    2
KWPAVE,    5
wprot,0,90
ASBW,    3
KL,3,0.24,,
KWPAVE,    12
wprot,0,-90
FLST,2,2,5,ORDE,2
FITEM,2,2
FITEM,2,4
ASBW,P51X
/PNUM,KP,0
/PNUM,LINE,1
/PNUM,AREA,0
/PNUM,VOLU,0
/PNUM,NODE,0
/PNUM,TABN,0
/PNUM,SVAL,0
/NUMBER,0
/PNUM,ELEM,0
/REPLOT
FLST,2,2,4,ORDE,2
FITEM,2,9
FITEM,2,14
LCOMB,P51X, ,0
FLST,2,2,4,ORDE,2
FITEM,2,7
FITEM,2,21
LCOMB,P51X, ,0
ESIZE,0.003,0,
FLST,5,4,5,ORDE,4
FITEM,5,1
FITEM,5,3
FITEM,5,5
FITEM,5,-6
CM,_Y,AREA
ASEL, , , ,P51X
CM,_Y1,AREA
CHKMSH,'AREA'
CMSEL,S,_Y
MSHKEY,1
AMESH,_Y1
MSHKEY,0
CMDELE,_Y
CMDELE,_Y1
CMDELE,_Y2
```

```
AMAP,7,5,14,9,10                    /CMAP,_TEMPCMAP_,CMP
FINISH                              /DELETE,_TEMPCMAP_,CMP
/SOL                                /SHOW,CLOSE
FLST,2,4,4,ORDE,4                   /DEVICE,VECTOR,0
FITEM,2,2                           /STATUS,SOLU
FITEM,2,6                           SOLVE
FITEM,2,11                          FINISH
FITEM,2,13                          /POST1
SFL,P51X,CONV,62.3, ,39,            /EFACET,1
FLST,2,2,4,ORDE,2                   PLNSOL,TEMP,,0
FITEM,2,8                           /EFACET,1
FITEM,2,-9                          PLNSOL,TF,SUM,0
SFL,P51X,CONV,249.3, ,250,          /EFACET,1
/CMAP,_TEMPCMAP_,CMP,,SAVE          PLNSOL,TG,SUM,0
/RGB,INDEX,100,100,100,0            FINISH
/RGB,INDEX,0,0,0,15                 /EXIT,ALL
/REPLOT
```

7.1.6 包含焊缝的金属板热膨胀分析实例

问题描述

某一平板由钢板和铁板焊接而成，焊接材料为铜，平板尺寸为 $1m \times 1m \times 0.2m$，横截面结构如图 7-24 所示。平板初始温度为 800℃，将平板放置于空气中进行冷却，周围空气温度为 30℃，表面传热系数为 $110W/(m^2 \cdot ℃)$。求 10min 后平板内部的温度场及应力场分布（材料性能参数见表 7-2）。

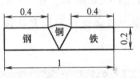

图 7-24 金属板焊接的横截面结构

表 7-2 材料性能参数

材料	温度/℃	弹性模量/GPa	屈服极限/GPa	切变模量/GPa	热导率/[W/(m·℃)]	线膨胀系数/℃$^{-1}$	比热容/[J/(kg·℃)]	密度/(kg/m³)	泊松比
钢	30	206	1.40	20.6	66.6	1.06e-5	460	7800	0.3
	200	192	1.33	19.8					
	400	175	1.15	18.3					
	600	153	0.92	15.6					
	800	125	0.68	11.2					
铜	30	103	0.9	10.3	383	1.75e-5	390	8900	0.3
	200	99	0.85	0.98					
	400	90	0.75	0.89					
	600	79	0.62	0.75					
	800	58	0.45	0.52					
铁	30	118	1.04	1.18	46.5	5.87e-6	450	7000	0.3
	200	109	1.01	1.02					
	400	93	0.91	0.86					
	600	75	0.76	0.69					
	800	52	0.56	0.51					

问题分析

该问题属于瞬态热应力问题,选择整体平板建立几何模型,选取 SOLID5 热-结构耦合单元进行求解。

GUI 操作步骤

1. 定义工作文件名和工作标题

1)定义工作文件名。执行 Utility Menu > File > Change Jobname 命令,弹出"Change Jobname"对话框,输入工作文件名"Exercise4",单击 OK 按钮关闭该对话框。

2)定义工作标题。执行 Utility Menu > File > Change Title 命令,弹出"Change Title"对话框,输入"Thermal Stresses in Sections including Welding Seam",单击 OK 按钮关闭该对话框。

3)重新显示。执行 Utility Menu > Plot > Replot 命令。

2. 定义单元类型

1)设置第 1 类单元类型。执行 Main Menu > Preprocessor > Element Type > Add/Edit/Delete 命令,弹出"Element Types"对话框。单击 Add 按钮,出现"Library of Element Types"对话框,如图 7-25 所示。在两个下拉列表框中分别选择"Coupled Field"和"Vector Quad 13"选项,单击 OK 按钮关闭该对话框。

2)设置第 1 类单元选项。单击 Options... 按钮,出现"PLANE13 element type options"对话框,如图 7-26 所示。在"Element degrees of freedom K1"下拉列表框中选择"UX UY TEMP AZ"选项,其余选项采用默认设置,单击 OK 按钮关闭该对话框。

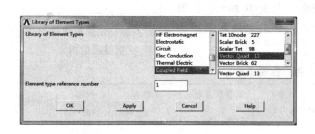

图 7-25 "Library of Element Types"对话框

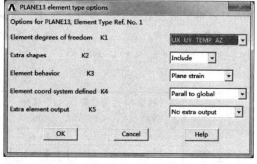

图 7-26 "PLANE13 element type options"对话框

3)设置第 2 类单元类型。单击"Element Types"对话框上的 Add... 按钮,在两个下拉列表框中分别选择"Coupled Field"和"Scalar Brick 5"选项,单击 OK 按钮关闭该对话框。单击"Element Types"对话框上的 Close 按钮,关闭该对话框。

3. 定义材料性能参数

1)执行 Main Menu > Preprocessor > Material Props > Material Models 命令,打开"Define Material Model Behavior"对话框。

2)在"Material Models Available"下拉列表框中依次选择:Thermal > Conductivity > Isotropic 选项,出现"Conductivity for Material Number 1"下拉对话框,在文本框中输入"66.6"热导率,

单击 OK 按钮关闭该对话框。

3）在"Material Models Available"下拉列表框中依次选择："Structural > Thermal Expansion > Secant Coefficient > Isotropic"选项，出现"Thermal Expansion Secant Coefficient for Material Number 1"对话框，在"ALPX"文本框中输入"1.06E-5"（线膨胀系数），单击 OK 按钮关闭该对话框。

4）在"Material Models Available"下拉列表框中依次选择："Structural > Density"选项，在"DENS"文本框中输入"7800"（密度），单击 OK 按钮关闭该对话框。

5）在"Material Models Available"下拉列表框中依次选择"Thermal > Specific Heat"选项，弹出"Specific Heat for Material Number 1"对话框，在"C"文本框中输入"460"（比热容），单击 OK 按钮关闭该对话框。

6）在"Material Models Available"下拉列表框中依次选择："Structural > Linear > Elastic > Isotropic"选项，弹出现"Linear Isotropic Properties for Material Number 1"对话框，单击"Add Temperature"按钮4次，参照图7-27对其进行设置，单击 OK 按钮关闭该对话框。

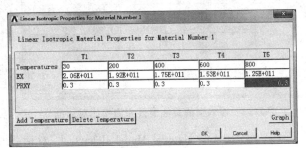

图 7-27 输入钢的弹性模量和泊松比对话框

7）在"Material Models Available"下拉列表框中依次选择：Structural > Nonlinear > Inelastic > Rate Independent > Kinematic Hardening Plasticity > Mises Plasticity > Bilinear 选项，弹出"Bilinear Kinematic Hardening for Material Number 1"对话框，单击"Add Temperature"按钮4次，参照图7-28对其进行设置，单击 OK 按钮关闭该对话框。

8）在"Define Material Model Behavior"对话框中选择 Material > New Model 命令，在"Define Material ID"文本框中输入"2"，单击 OK 按钮关闭该对话框。

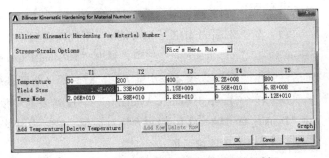

图 7-28 输入钢的屈服强度和切变模量对话框

9）在"Material Models Available"下拉列表框中依次选择："Thermal > Conductivity > Isotropic"选项，弹出"Conductivity for Material Number 2"对话框，在文本框中输入"383"热导率，单击 OK 按钮关闭该对话框。

10）在"Material Model Available"下拉列表框中依次选择："Structural > Thermal Expansion > Secant Coefficient > Isotropic"选项，弹出"Thermal Expansion Secant Coefficient for Material Number 2"对话框，在"ALPX"文本框中输入"1.75e-5"（线膨胀系数），单击 OK 按钮关闭该对话框。

11）在"Material Models Available"下拉列表框中依次选择："Structural > Density"选项，在"DENS"文本框中输入"8900"（密度），单击 OK 按钮关闭该对话框。

12）在"Material Models Available"下拉列表框中依次选择："Thermal > Specific Heat"选项，弹出"Specific Heat for Material Number 2"对话框，在"C"文本框中输入"390"比热容，单击

OK 按钮关闭该对话框。

13）在"Material Models Available"下拉列表框中依次选择："Structural > Linear > Elastic > Isotropic"选项，弹出"Linear Isotropic Properties for Material Number 2"对话框。单击"Add Temperature"按钮4次，参照图7-29对其进行设置，单击 OK 按钮关闭该对话框。

14）在"Material Models Available"下拉列表框中依次选择："Structural > Nonlinear > Inelastic > Rate Independent > Kinematic Hardening Plasticity > Mises Plasticity > Bilinear"选项，弹出"Bilinear Kinematic Hardening for material Number 2"对话框，单击"Add Temperature"按钮4次，参照图7-30对其进行设置，单击 OK 按钮关闭对话框。

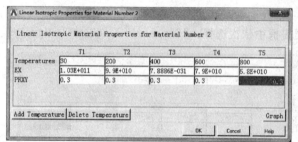
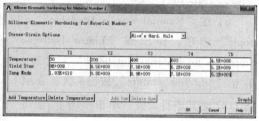

图7-29 输入铜的弹性模量和泊松比对话框　　图7-30 输入铜的屈服强度和切变模量对话框

15）在"Define Material Model Behavior"对话框中选择：Material > Mew Model 命令，弹出"Define Material ID"对话框，在"Define Material ID"文本框中输入"3"，单击 OK 按钮关闭该对话框。

16）在"Material Models Available"下拉列表框中依次选择："Thermal > Conductivity > Isotropic"选项，出现"Conductivity for Material Number 3"对话框，在文本框中输入"46.5"热导率，单击 OK 按钮关闭该对话框。

17）在"Material Models Available"下拉列表框中依次选择："Structural > Thermal Expansion > Secant Coefficient > Isotropic"选项，弹出"Thermal Expansion Secant Coefficient for Material Number 3"对话框，在"ALPX"文本框中输入"5.87e-6"（线膨胀系数），单击 OK 按钮关闭该对话框。

18）在"Material Models Available"下拉列表框中依次选择："Structural > Density"选项，弹出"Density for Material Number 3"对话框，在"DENS"文本框中输入"7000"（密度），单击 OK 按钮关闭该对话框。

19）在"Material Models Available"下拉列表框中依次选择"Thermal > Specific Heat"选项，弹出"Specific Heat for Material Number 3"对话框，在"C"文本框中输入"450"（比热容），单击 OK 按钮关闭该对话框。

20）在"Material Models Available"下拉列表框中依次选择："Structural > Linear > Elastic > Isotropic"选项，弹出"Linear Isotropic Properties for Material Number 3"对话框，单击"Add Temperature"按钮4次，参照图7-31对其进行设置，单击 OK 按钮关闭该对话框。

21）在"Material Models Available"下拉列表框中依次选择："Structural > Nonlinear > Inelastic > Rate Independent > Kinematic Hardening Plasticity > Mises Plasticity > Bilinear"选项，弹出"Bilinear Kinematic Hardening for Material Number 3"对话框，单击"Add Temperature"按钮4次，参照图7-32对其进行设置，单击 OK 按钮关闭该对话框。

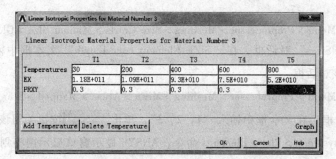

图 7-31 输入铁的弹性模量和泊松比对话框

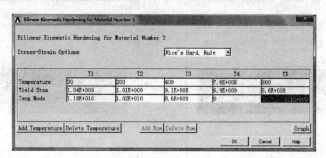

图 7-32 输入铁的屈服强度和切变模量对话框

22）在"Define Material Model Behavior"对话框中选择 Material > Exit 命令，关闭该对话框。

4. 创建几何模型和划分网格

1）执行 Main Menu > Preprocessor > Modeling > Create > Keypoints > In Active CS 命令，弹出"Create Keypoints in Active Coordinate System"对话框，在"NPT Keypoint number"文本框中输入关键点编号"1"，在"X, Y, Z Location in active CS"文本框中依次输入关键点坐标"0、0、0"。单击 Apply 按钮，依次输入以下关键点编号和坐标：

2 (0.5, 0, 0)；3 (1, 0, 0)；4 (0, 0.2, 0)；5 (0.4, 0.2, 0)；6 (0.6, 0.2, 0)；7 (1, 0.2, 0)。

2）执行 Main Menu > Preprocessor > Modeling > Create > Areas > Arbitrary > Through KPs 命令，弹出"Create Area thru"对话框，在文本框中输入"1，2，5，4"，单击 Apply 按钮，再在文本框中输入"2，3，7，6"，单击 OK 按钮关闭该菜单。

3）执行 Utility Menu > Work Plane > Change Active CS to > Global Cylindrical 命令，将当前激活坐标系转变为柱坐标系。

4）执行 Main Menu > Preprocessor > Modeling > Create > Lines > Lines > In Active Coord 命令，弹出"Lines in Active"对话框，在文本框中输入"6，5"，单击 OK 按钮关闭该菜单。

5）执行 Utility Menu > Plot Ctrls > Numbering 命令，弹出"Plot Numbering Controls"对话框，选择"LINE Line numbers"和"AREA Area numbers"选项，使其状态从"Off"变为"On"，其余选项均采用默认设置，单击 OK 按钮关闭该对话框。

6）执行 Main Menu > Preprocessor > Modeling > Create > Areas > Arbitrary > By Lines 命令，弹出"Create Area by L"对话框，在文本框中输入"2，8，9"，单击 OK 按钮关闭该菜单。

7）执行 Utility Menu > Plot > Areas 命令，ANSYS 显示窗口显示所生成的平面几何模型，如图

7-33所示。

8）执行 Main Menu > Preprocessor > Meshing > Size Cntrls > Manual Size > Global > Size 命令，弹出"Global Element Sizes"对话框，在"SIZE Element edge length"文本框中输入"0.05"，单击 OK 按钮关闭该对话框。

9）执行 Main Menu > Preprocessor > Meshing > Mesh > Areas > Mapped > 3 or 4 sided 命令，弹出"Mesh Areas"对话框，在文本框中输入"1，2，3"，单击 OK 按钮关闭该菜单。

10）执行 Utility Menu > Plot > Elements 命令，ANSYS 显示窗口显示网格划分结果，如图 7-34 所示。

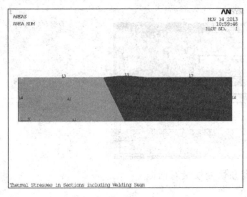

图 7-33 生成的平面几何模型

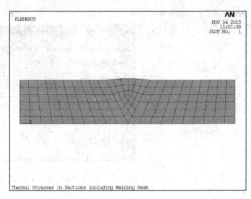

图 7-34 网格划分结果

11）执行 Main Menu > Preprocessor > Meshing > Size Cntrls > Manual Size > Global > Size 命令，弹出"Global Element Sizes"对话框，在"No. of element divisions"文本框中输入"10"，单击 OK 按钮关闭该对话框。

12）执行 Main Menu > Preprocessor > Modeling > Operate > Extrude > Elem Ext Opts 命令，弹出"Element Extrusion Options"对话框，在"Element type number"下拉列表框中选择"2 SOLID5"选项，在"Change default MAT"下拉列表框中选择"1"选项，其余选项采用默认设置，如图 7-35 所示，单击 OK 按钮关闭该对话框。

13）执行 Main Menu > Preprocessor > Modeling > Operate > Extrude > Areas > Along Normal 命令，弹出"Extrude Area by"对话框，在文本框中输入"1"，单击 OK 按钮，弹出"Extrude Area along Normal"对话框，在"Length of extrusion"文本框中输入"1"，单击 OK 按钮关闭该对话框。

14）执行 Main Menu > Preprocessor > Modeling > Operate > Extrude > Elem Ext Opts 命令，弹出"Element Extrusion Options"对话框，在"Change default MAT"下拉列表框中选择"3"选项，其余选项采用默认设置，单击 OK 按钮关闭该对话框。

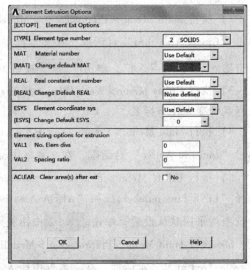

图 7-35 "Element Extrusion Options"对话框

15) 执行 Main Menu > Preprocessor > Modeling > Operate > Extrude > Areas > Along Normal 命令，弹出"Extrude Area by"对话框，在文本框中输入"2"，单击 OK 按钮，弹出"Extrude Area Along Normal"对话框，在"Length of extrusion"文本框中输入"1"，单击 OK 按钮关闭该对话框。

16) 执行 Main Menu > Preprocessor > Modeling > Operate > Extrude > Elem Ext Opts 命令，弹出"Element Extrusion Options"对话框，在"Change default MAT"下拉列表框中选择"2"选项，其余选项采用默认设置，单击 OK 按钮关闭该对话框。

17) 执行 Main Menu > Preprocessor > Modeling > Operate > Extrude > Areas > Along Normal 命令，弹出"Extrude Area by"对话框，在文本框中输入"3"，单击 OK 按钮，弹出"Extrude Area Along Normal"对话框，在"Length of extrusion"文本框中输入"-1"，单击 OK 按钮关闭该对话框。

提示：负值表示拖拉方向与面的法线方向相反。

18) 执行 Utility Menu > Plot Ctrls > View Settings > Viewing Direction 命令，弹出"Viewing Direction"对话框，在"Coords of view point"文本框中依次输入"1，1，1"，如图 7-36 所示，单击 OK 按钮关闭该对话框。

19) 执行 Utility Menu > Plot > Volumes 命令，ANSYS 显示窗口显示拖拉面生成体的结果，如图 7-37 所示。

图 7-36 "Viewing Direction"对话框　　图 7-37 拖拉面生成体的结果

20) 执行 Main Menu > Preprocessor > Meshing > Clear > Areas 命令，弹出"Clear Areas"对话框，在文本框中输入"1，2，3"，单击 OK 按钮关闭该菜单。

21) 执行 Main Menu > Preprocessor > Numbering Ctrls > Merge Items 命令，弹出"Merge Coincident or Equivalently Defined Items"对话框，如图 7-38 所示，在"Type of item to be merge"下拉列表框中选择"All"选项，单击 OK 按钮关闭该对话框。

22) 执行 Main Menu > Preprocessor > Numbering Ctrls > Compress Numbers 命令，弹出"Compress Numbers"对话框，在"Item to be compressed"下拉列表框中选择"All"选项，单击 OK 按钮关闭该对话框。

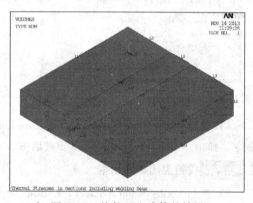

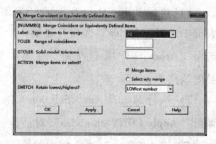

图 7-38 "Merge Coincident or Equivalently Defined Items"对话框

23）执行 Utility Menu > Select > Everything 命令。

24）执行 Utility Menu > File > Save as 命令，弹出"Save Database"对话框，在"Save Database to"文本框中输入"exercise41.db"，保存上述操作过程，单击 OK 按钮关闭该对话框。

5. 加载求解

1）执行 Main Menu > Solution > Analysis Type > New Analysis 命令，弹出"New Analysis"对话框，选择分析类型为"Transient"，单击 OK 按钮，弹出"Transient Analysis"对话框，采用其默认设置，单击 OK 按钮关闭该对话框。

2）执行 Main Menu > Solution > Load Step Opts > Time/Frequenc > Time Integration > Amplitude Decay 命令，弹出"Time Integration Controls"对话框，参照图 7-39 对其进行设置，单击 OK 按钮关闭该对话框。

3）执行 Main Menu > Solution > Analysis Type > Sol'n Controls 命令，弹出"Solution Controls"对话框，选择"Basic"选项卡，参照图 7-40 对其进行设置，单击 OK 按钮关闭该对话框。

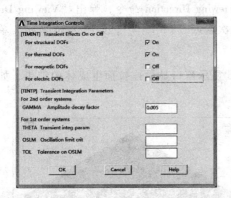
图 7-39 "Time Integration Controls"对话框

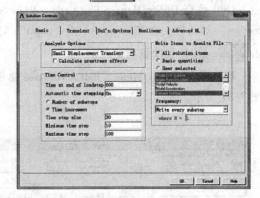
图 7-40 "Solution Controls"对话框

4）执行 Main Menu > Solution > Define Loads > Apply > Structural > Temperature > Uniform Temp 命令，弹出"Uniform Temperature"对话框，在"Uniform temperature"文本框中输入"800"，单击 OK 按钮关闭该对话框。

5）执行 Utility Menu > Select > Entities 命令，弹出"Select Entities"对话框，在第 1 个下拉列表框中选择"Areas"选项，在第 2 个下拉列表框中选择"By Num/Pick"选项，在第 3 个选项组中选中"Unselect"单选按钮，单击 OK 按钮，弹出"Unselect areas"对话框，在文本框中输入"6，13"，单击 OK 按钮关闭该菜单。

6）执行 Utility Menu > Select > Entities 命令，弹出"Select Entities"对话框，在第 1 个下拉列表框中选择"Nodes"选项，在第 2 个下拉列表框中选择"Attached to"选项，在第 3 个选项组中选中"Areas, all"单选按钮，在第 4 个选项组中选中"From Full"单选按钮，单击 OK 按钮关闭该菜单。

7）执行 Main Menu > Solution > Define Loads > Apply > Thermal > Convection > On Nodes 命令，弹出"Apply CONV on nodes"对话框，单击 Pick All 按钮，弹出"Apply CONV on nodes"对话框，在"Film coefficient"文本框中输入"110"，在"Bulk temperature"文本框中输入"30"，如图 7-41 所示，单击 OK 按钮关闭该对话框。

8)执行 Utility Menu > Select > Everything 命令。

9)执行 Main Menu > Solution > Solve > Current LS 命令,弹出"Solve Current Load Step"对话框,单击 OK 按钮,ANSYS 开始求解计算。求解结束后,ANSYS 显示窗口出现"Note"提示框,单击 Close 按钮关闭该对话框。

10)执行 Utility Menu > File > Save as 命令,弹出"Save Database"对话框,在"Save Database to"文本框中输入"exercise42.db",保存求解结果,单击 OK 按钮关闭该对话框。

6. 查看求解结果

1)执行 Main Menu > General Postproc > Read Results > Last Set 命令。

2)执行 Main Menu > General Postproc > Plot Results > Contour Plot > Nodal Solu 命令,弹出"Contour Nodal Solution Data"对话框,选择"Nodal Solution > DOF Solution > Nodal Temperature"选项,单击 OK 按钮,ANSYS 显示窗口显示如图 7-42 所示的温度场分布等值线图。

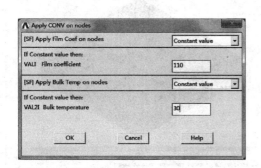

图 7-41 "Apply CONV on nodes"对话框　　图 7-42 温度场分布等值线图

3)执行 Main Menu > General Postproc > Plot Results > Contour Plot > Nodal Solu 命令,弹出"Contour Nodal Solution Data"对话框,选择"Nodal Solution > DOF Solution > X-Component of displacement"选项,单击 OK 按钮,ANSYS 显示窗口显示如图 7-43 所示的 X 方向位移场分布等值线图。

4)执行 Main Menu > General Postproc > Plot Results > Contour Plot > Nodal Solu 命令,弹出"Contour Nodal Solution Data"对话框,选择"Nodal Solution > DOF Solution > Y-Component of displacement"选项,单击 OK 按钮,ANSYS 显示窗口显示如图 7-44 所示的 Y 方向位移场分布等值线图。

5)执行 Main Menu > General Postproc > Plot Results > Contour Plot > Nodal Solu 命令,弹出"Contour Nodal Solution Data"对话框,选择"Nodal Solution > DOF Solution > Z-Component of displacement"选项,单击 OK 按钮,ANSYS 显示窗口显示如图 7-45 所示的 Z 方向移场分布等值线图。

6)执行 Main Menu > General Postproc > Plot Result > Contour Plot > Nodal Solu 命令,弹出"Contour Nodal Solution Data"对话框,选择"Nodal Solution > Stress > X-Component of stress"选项,单击 OK 按钮,ANSYS 窗口显示 X 向(径向)应力场分布等值线图,如图 7-46 所示。

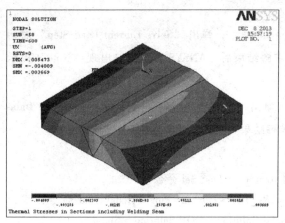 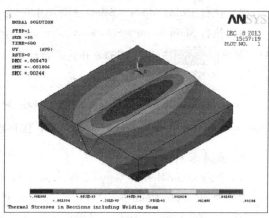

图 7-43　X 方向位移场分布等值线图　　　　图 7-44　Y 方向位移场分布等值线图

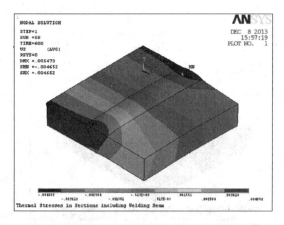 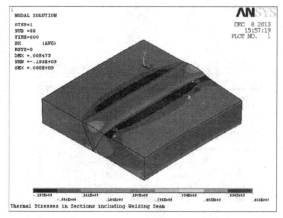

图 7-45　Z 方向位移场分布等值线图　　　　图 7-46　X 方向应力场分布等值线图

7）执行 Main Menu > General Postproc > Plot Result > Contour Plot > Nodal Solu 命令，弹出"Contour Nodal Solution Data"对话框，选择"Nodal Solution > Stress > Y-Component of stress"选项，单击 OK 按钮，ANSYS 窗口显示 Y 向（轴向）应力场分布等值线图，如图 7-47 所示。

8）执行 Main Menu > General Postproc > Plot Result > Contour Plot > Nodal Solu 命令，弹出"Contour Nodal Solution Data"对话框，选择"Nodal Solution > Stress > Z-Component of stress"选项，单击 OK 按钮，ANSYS 窗口显示 Z 向（周向）应力场分布等值线图，如图 7-48 所示。

9）执行 Main Menu > General Postproc > Plot Result > Contour Plot > Nodal Solu 命令，弹出"Contour Nodal Solution Data"对话框，选择"Nodal Solution > Stress > von Mises stress"选项，单击 OK 按

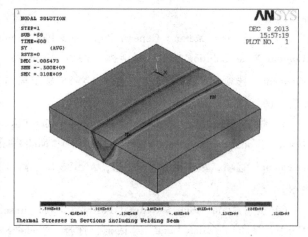

图 7-47　Y 方向应力场分布等值线图

钮，ANSYS窗口显示等效应力场分布等值线图，如图7-49所示。

10）执行Utility Menu > File > Exit命令，弹出"Exit from ANSYS"对话框，选中"Quit-No Save!"单选按钮，单击 OK 按钮，关闭ANSYS。

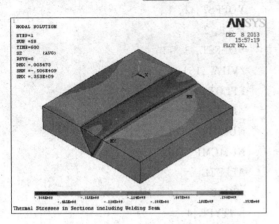

图7-48 Z方向应力场分布等值线图

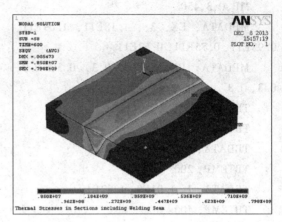

图7-49 等效应力场分布等值线图

命令流

```
/FILNAME,EXERCISE4
/TITLE, THERMAL STRESSES IN SECTIONS INCLUDING WELDING SEAM
/PREP7
ET,1,PLANE13
KEYOPT,1,1,4
ET,2,SOLTD5
MP,ALPX,1,1.06E-5
MP,KXX,1,66.6
MP,DENS,1,7800
MP,C,1,460
MPTEMP, , 30, 200,400, 600, 800
MPDATA, EX, 1 , , 2.06E11, 1.92E11, 1.75E11, 1.53E11, 1.25E11
MPDATA, PRXY, 1, , 0.3, 0.3, 0.3, 0.3, 0.3
TB,BKIN, 1, 5
TBTEMP, 30
TBDATA,1,1.40E9,2.06E10
TBTEMP, 200
TBDATA, 1, 1.33E9, 1.98E10
TBTEMP, 400
TBDATA, 1, 1.15E9, 1.83E10
TBTEMP, 600
TBDATA, 1, 0.92E9, 1.56E10
TBTEMP, 800
TBDATA, 1, 0.68E9, 1.12E10
MP,ALPX,2,1.75E-5
MP,KXX,2,383
MP,DENS, 2, 8900
MP,C,2,390
MPDATA, EX, 2,, 1.03E11, 0.99E11, 0.90E11 , 0.79E11, 0.58E11
MPDATA, PRXY, 2,, 0.3, 0.3, 0.3, 0.3, 0.3
TB, BKIN, 2, 5
TBTEMP, 30
TBDATA,1,0.9E9,1.03E10
TBTEMP, 200
TBDATA, 1, 0.85E9, 0.98E10
TBTEMP, 400
TBDATA, 1, 0.75E9, 0.89E10
TBTEMP, 600
TBDATA, 1, 0.62E9, 0.75E10
TBTEMP, 800
TBDATA,1, 0.45E9, 0.52E10
```

```
MP,ALPX,3,5.87E-6
MP,KXX,3,46.5
MP,DENS,3,7000
MP,C,3,450
MPDATA, EX, 3,, 1.18E11, 1.09E11, 0.93E11, 0.75E11, 0.52E11
MPDATA, PRXY, 3,, 0.3, 0.3, 0.3, 0.3, 0.3
TB, BKIN, 3, 5
TBTEMP, 30
TBDATA,1,1.04E9,1.18E10
TBTEMP, 200
TBDATA, 1, 1.01E9, 1.02E10
TBTEMP, 400
TBDATA, 1, 0.91E9, 0.86E10
TBTEMP, 600
TBDATA, 1, 0.76E9, 0.69E10
TBTEMP, 800
TBDATA, 1, 0.56E9, 0.51E10
K,1
K,2,0.5
K,3,1
K,4,0,0.2
K,5,0.4,0.2
K,6,0.6,0.2
K,7,1,0.2
A,1,2,5,4
A,2,3,7,6
CSYS,1
L,6,5
/PNUM,LINE,1
/PNUM,AREA,1
LPLOT
AL,2,8,9
APLOT
MSHKEY,1
ESIZE,0.05
AMESH,1,3,1
EPLOT
ESIZE,,10
TYPE,2
NAT,1
VOFFST,1,1
MAT,3
VOFFST,2,1
MAT,2
VOFFST,3,-1
/VIEW,1,1,1,1
EPLOT
ACLEAR,1,3,1
NUM4RG,ALL
NUMCMP,ALL
ALLSEL
/SOLU
ANTYPE,4
TRNOPT, FULL
TIMINT, 1, STRUCT
TIMINT,1,THERN
TININT,0,MAG
TIMINT,0,ELECT
TINTP, 0.005,,, -1, 0.5, 0.2
TIME,600
DELTIM,30,10,100
AUTOTS,ON
KBC,1
OUTRES,,ALL
BFUNIF,TEMP,800
ASEL,U,,,6,13,7
NSLA,S,1
SF, ALL, CONV, 110, 30
ALLSEL
SOLVE
FINISH
/POST1
SET,LAST
PLNSOL,TEMP
PLNSOL,U,X
PLNSOL,U,Y
PLNSOL,U,Z
PLNSOL,S,X
PLNSOL,S,Y
PLNSOL,S,Z
```

```
PLNSOL,S,EQV                                    /EXIT,ALL
FINISH
```

7.2 流体动力学分析

流体力学应用范围广，分析过程复杂，目前出现了不少完成计算流体动力学（CFD）分析的软件，ANSYS 中的 FLOTRAN 工具即是其一，对层流、湍流、2D 及 3D 流体流动、流体内传热、液固及气固耦合等问题都能较好地处理。

7.2.1 FLOTRAN CFD 分析的概念与基本步骤

1. FLOTRAN CFD 分析

ANSYS 中的 FLOTRAN CFD 分析是一个用于分析 2D 及 3D 流体流动场的先进工具，适用于 FLOTRAN CFD 分析的 FLUID 141 和 FLUID 142 单元。

1) FLOTRAN CFD 可解决如下问题：
① 作用于气动翼（叶）型上的升力和阻力。
② 超音速喷管中的流场。
③ 弯管中流体的复杂的 3D 流动。

2) FLOTRAN 还具有如下功能：
① 计算发动机排气系统中气体的压力及温度分布。
② 研究管路系统中热的层化及分离。
③ 使用混合流研究来估计热冲击的可能性。
④ 用自然对流分析来估计电子封装芯片的热性能。
⑤ 对含有多种流体的（由固体隔开）热交换器进行研究。

2. FLOTRAN 分析的类型

FLOTRAN 可执行层流或湍流、传热或绝热、压缩或不可压缩、牛顿流或非牛顿流和多组分传输分析。这些分析类型并不相互排斥，例如一个层流分析可以是传热的或是绝热的，一个湍流分析可以是可压缩或不可压缩的。

（1）层流或湍流分析　层流中的速度场都是平滑而有序的，高黏性流体（如石油等）的低速流动通常是层流。湍流分析用于处理由于流速足够高和黏性足够低而引起湍流波动的流体流动情况，ANSYS 中的二方程湍流模型可计算在平均流动下湍流速度波动的影响。如果流体的密度在流动过程中保持不变或流体压缩时只消耗很少能量，该流体可认为是不可压缩的，不可压缩流的温度方程将忽略流体动能的变化和黏性耗散。

（2）传热或绝热分析　流体分析中通常还会求解流场中的温度分布情况，如果流体性质不随温度而变，就可不解温度方程而使流场收敛。在共轭传热问题中，要在同时包含流体区域和非流体区域（即固体区域）的整个区域上求解温度方程。在自然对流传热问题中，流体由于温度分布的不均匀性而导致流体密度分布的不均匀性，从而引起流体的流动，与强迫对流问题不同，自然对流通常没有外部的流动源。

（3）可压缩或不可压缩流分析　对于高速气流，由很强的压力梯度引起的流体密度的变化将显著地影响流场的性质，ANSYS 对于这种流动情况会使用不同的计算方法。

（4）牛顿流或非牛顿流分析　应力与应变率之间成线性关系的这种理论并不能足以解释很多

流体的流动,对于这种非牛顿流体,ANSYS 提供了 3 种黏性模型和一个用户自定义的子程序。

(5) 多组分传输分析 这种分析通常是用于研究有毒流体物质的稀释或大气中污染气体的传播情况,也可用于研究有多种流体同时存在(但被固体相互隔开)的热交换分析。

3. FLOTRAN 分析步骤

一个典型 FLOTRAN 分析的步骤如下:

(1) 确定问题的区域 必须确定分析问题的明确范围,将问题的边界设置在条件已知处。如果不知道精确的边界条件,而必须假定时,不要将分析的边界设在靠近感兴趣区域和求解变量变化梯度大处。如果不知道问题中梯度变化最大处,则需要作一个试探性的分析,然后根据结果修改分析区域。

(2) 确定流体的状态 流体的特征是流体性质、几何边界及流场的速度幅值的函数。FLOTRAN 能求解的流体包括气流和液流,其性质可随温度显著变化,FLOTRAN 中的气流只能是理想气体。用户须确定温度对流体的密度、黏性和热导率的影响是否重要,在大多数情况下,近似认为流体性质是常数,即不随温度而变化,均可得到足够精确的解。通常用雷诺数判别流体是层流或湍流,它反映了惯性力和黏性力的相对强度。通常用马赫数判别流体是否可压缩,流场中任意一点的马赫数是该点流体速度与该点声速之比值。当马赫数大于 0.3 时,应考虑用可压缩算法求解;当马赫数大于 0.7 时,可压缩算法与不可压缩算法之间有极其明显的差异。

(3) 生成有限元网格 用户必须事先确定流场中何处流体的梯度变化较大并适当调整网格。例如,如果使用了湍流模型,靠近壁面区域的网格密度必须比层流模型密得多,如果过粗,该网格不能在求解中捕捉到由于巨大的变化梯度对流动造成的显著影响;相反,那些长边与低梯度方向一致的单元可以有很大的长宽比。

为了得到精确的结果,应使用映射网格划分,因其能在边界上更好地保持恒定的网格特性。有些情况下,用户希望用六面体单元捕捉高梯度区域的细节,而在非关键区使用四面体单元,这时可以令 ANSYS 在界面处自动生成金字塔单元。

对流动分析,尤其是湍流,在近壁处使用金字塔单元可能导致不正确的结果,因此这种区域不应使用。楔形单元可能对容易划分为三角形网格后拖动生成复杂的曲面很有好处。对快速求解,可以在近壁处使用楔形单元;对于准确求解,应在这些区域使用六面体单元。

(4) 施加边界条件 可在划分网格前后对模型施加边界条件,此时要考虑模型所有的边界条件。如果没有加上与某个相关变量的条件,则该变量沿边界的法向值的梯度将被假定为零。求解中,可在重启动之间改变边界条件的值。如果需改变边界条件的值或忽略了某边界条件,可无须重启动,除非该改变引起了分析的不稳定。

(5) 设置 FLOTRAN 分析参数 为了使用诸如湍流模型或求解温度方程等选项,用户必须激活它们,诸如流体性质等特定项目的设置与所求解的流体问题的类型相关。

(6) 求解 通过在查看求解过程中相关变量的改变率可以监视求解的收敛性及稳定性,这些变量包括速度、压力、温度、动能(ENKE 自由度)和动能耗散率(ENDS 自由度)等湍流量,以及有效黏性(EVIS)。一个分析通常需要多次重启动。

(7) 检查结果 可对输出结果进行后处理或在打印输出文件中检查结果,此时用户应使用自己的工程经验估计所用的求解手段、定义的流体性质及所加边界条件的可信程度。

4. FLOTRAN 分析中产生的文件

在 ANSYS 中进行的大多数流体分析均通过多次中断和重启动完成,通常分析人员需要在每次重启动之间改变诸如松弛系数等参数或开关某些项(如求解温度方程的开关)。每当继续一个分析时，ANSYS 自动将数据附加在如下所有的由 FLOTRAN 单元产生的文件中。

(1) 结果文件（Jobname.rfl） FLOTRAN 分析的结果并不自动保存在 ANSYS 的数据库中，每次求解之后程序将一个结果集附加在结果文件 Jobname.rfl 中。用户可根据结果文件的内容及程序控制结果文件的更新频率，ANSYS 命令手册中对 FLDATA5 和 OUTP 命令的介绍详细说明了结果文件基于用户选择而保存的内容。

在一个稳态 FLOTRAN 分析中，不限制结果文件保存的结果集数，在求解的初期保存多个结果可以比较各结果集之间的变化，并使用不同选项或松弛系数从一个分析的较早状态重新开始分析。

开始一个新分析时（在其第 1 次迭代前），ANSYS 保存一个结果，然后在中断发生时保存结果。在这些事件之间，用户还可通过设置将一些中间结果附在结果文件中，这样即可从较早的分析状态开时，通过激活一些不同的选项和特征来重新分析。例如，可以通过这种方式来提高分析的稳定性。

使用 ANSYS 的覆盖频率选项是一个明智的方法，它可周期性地保存和更新一个临时的结果集。这样，当由于断电或其他系统原因而发生求解中断时，总可以有一个可用的结果用于重新开始分析。设置覆盖频率的方式如下：

GUI：Main Menu > Solution > FLOTRAN Set Up > Execution Ctrl。

命令：FLDATA2、ITER 和 OVER，value。

设置附加频率的方法如下：

GUI：Main Menu > Solution > FLOTRAN Set Up > Execution Ctrl。

命令：FLDATA2、ITER 和 APPE，value。

(2) 打印文件（Jobname.pfl） 该文件包含所有 FLOTRAN 输入参数的完整记录，并在执行一个求解命令时保存一次，以完整地记录整个分析历程。同时记录所有激活变量的收敛过程，以及一个对结果的总结。即每个性质和自由度的最大最小值，这些记录的频率由用户设置。记录的其他量为记录量的平均值、质量流的边界、质量平衡的计算、所有热传导和热源的相关信息。

(3) 壁面文件（Jobname.rsw） 该文件包含壁面切应力及 Y-Plus 信息。

(4) 残差文件（Jobname.rdf） 该文件包括当前结果的收敛好坏程度。在求解过程的每个阶段，流场、性质场和温度场都用于对每个自由度计算系数矩阵和强迫函数。如果求解完全收敛，这些矩阵和强迫函数将会生成一个与理论速度场相同的速度场，同时矩阵方程的残差也会变得很小。要得到一个残差文件，必须至少执行一次迭代。

求解过程发生振荡时，残差的幅值将显示分析的错误所在。矩阵的主对角元素对残差做归一化处理，这种归一化使用户可比较自由度的值及其残差。

对每个激活的自由度计算残差并将其存入残差文件的方法如下：

GUI：Main Menu > Solution > FLOTRAN Set Up > Additional Out > Residual File。

命令：FLDATA5、OUTP、RESI 和 TRUE。

要读取残差文件可执行 Main Menu > General > Postprocl > FLOTRAN2.1A 或 FLREAD 命令。

(5) 调试文件（Jobname.dbg） 该文件包含数学求解器的有关信息。

(6) 结果备份文件（Jobname.rfo） 该文件包含结果文件数据的一个备份。

(7) 重启动文件（Jobname.cfd） 该文件包含 FLOTRAN 的数据结构。

通常 FLOTRAN 在一个重启动的起始处计算数据结构，对于一个大模型，这种计算将消耗大量的时间。为避免这种重新计算，可要求 FLOTRAN 将数据结构保存在重启动文件 Jobname.cfd 中，FLOTRAN 从 ANSYS 的数据库中产生该文件。

读写 Jobname.cfd 文件的方法如下：
GUI：Main Menu > Preprocessor > FLOTRAN Set Up > Restart Options > CFD Restart File。
命令：FLDATA32、REST、RFIL 和 T。

可将 RFIL 状态设置为 ON（开）或 OFF（关），为 ON，则 FLOTRAN 开始执行分析时将读入重启动文件。若此时重启动文件不存在，则创建一个。

如果在改变了边界条件后进行重启动分析，则必须覆盖已存在的 .cfd 文件，以使 ANSYS 能用新的边界条件重新分析。覆盖 .cfd 文件的方法如下：
GUI：Main Menu > Preprocessor > FLOTRAN Set Up > Restart Options > CFD Restart File。
命令：FLDATA32、REST、WFIL 和 T。

这使得 FLOTRAN 在下一载荷步产生一个新的重启动文件，并自动将 RFIL 状态设置为关闭。新的重启动文件产生后，用 FLDATA32、REST、RFIL 和 T 命令使随后的重启动能使用新这个文件。

5. FLOTRAN 分析中的注意事项

（1）FLOTRAN 分析中的局限性　在同一次分析中不能改变求解的区域；单元不支持自由流面边界条件；ANSYS 的某些特征不能同 FLOTRAN 单元一起使用；使用 FLOTRAN 单元时不能使用某些命令或菜单；使用 ANSYS 的 GUI 时，程序只能显示在菜单和对话框中的 FLOTRAN Set Up 部分要求的特征和选项。

（2）使用 FLOTRAN 单元的限制　使用 FLOTRAN 单元时，要避免使用 ANSYS 的某些特征和命令，至少要注意在使用 FLOTRAN 单元时与其他分析稍微有些不同。使用无效命令时，程序给出相应的警告或错误信息。同时，使用 FLOTRAN 单元要注意如下问题：

1）FLOTRAN 单元不能和其他单元联合使用。

2）节点坐标系必须与总体坐标系一致。

3）/CLEAR 命令并不破坏已有 FLOTRAN 结果文件，这有助于防止用户不小心破坏求得的结果，用户必须在操作系统中才能删除无用的结果文件。

4）CP 命令通过对自由度进行耦合来形成周期边界条件，ANSYS 命令手册对该命令的描述是可以只对某些自由度进行耦合。执行 FLOTRAN 分析时，周期边界的所有自由度均将被耦合。用户不能对同一个单元中的节点进行耦合，相邻单元间节点耦合也很困难。

5）ADAPT 命令不适用于 FLOTRAN 分析。

6）不能用 ANTYPE 命令引入 FLOTRAN 的瞬态分析。

7）FLOTRAN 分析不支持自动时间步长功能。

8）如果通过 BFCUM、BFDELE 或 BFUNIF 定义节点热源，则 ANSYS 在内部用 BFE 命令代替。

9）不能使用 LDREAD 或 FORC 命令将电磁载荷转换到 FLOTRAN 分析中，而必须使用相应的宏转换。

10）FLOTRAN 分析不能使用 CE、CECMOD、CEDELE 和 DEINTF 命令。

11）FLOTRAN 分析不能使用 CNVTOL 命令设置收敛容差。

12）不能用 DSYM 命令来定义 FLOTRAN 的对称和反对称边界条件。

13）FLOTRAN 不支持旋转坐标系中的角加速度向量。

14）在 FLOTRAN 分析中，使用 FLDATA4 或 TIME 命令，而不是 DELTIM 命令定义一个载荷步的时间。

15）对于 FLOTRAN 分析，不能使用 DESOL 命令或 PRESOL 命令修改节点的热（HEAT）、流（FLOW）或流密（FLUX）结果。

16）FLOTRAN 分析不允许将积分点的结果外推到节点上（ERESX 命令）。

17）FLOTRAN 分析不允许通过镜像操作形成单元。

18）FLOTRAN 分析不能用 KBC 命令施加渐变载荷，必须用多个载荷步逐渐改变载荷。

19）FLOTRAN 分析不允许用 LCCALC、LCDEF、LCFA 和 LCFI 等命令执行不同载荷状况之间的运算操作。

20）NCNV 命令中的收敛工具不能用于 FLOTRAN 中相互独立的求解器。

21）FLOTRAN 分析不允许用 NEQUIT 命令来定义非线性分析的平衡迭代数。

22）FLOTRAN 分析要求节点坐标系必须是总体的笛卡儿坐标系，故不能用 N、NMODIF、和 NROTAT 命令的旋转（rotational）域。

23）FLOTRAN 分析中的 FLDATA2、1TER 命令和 FLDATA4、TIME 命令用来控制一个载荷步中的总体迭代数。

24）FLOTRAN 分析不允许用户自定义单元。

25）FLOTRAN 分析中，FLDATA2、1TER 和 FLDATA4、TIME 命令用来控制写入数据库中的结果。

26）PRNLD 命令不能用于 FLOTRAN 分析中，因其不能将边界条件作为可打印的单元节点载荷保存。

27）FLOTRAN 分析中没有节点反力解。

28）部分和预定义求解选项（PSOLVE 命令定义）不适用 FLOTRAN 各自独立的求解器。

29）TIME 命令不能用在 FLOTRAN 分析中。

30）FLOTRAN 用 FLDATA1、SOLU 命令，而不是 TIMINT 命令定义瞬态载荷步。

31）FLOTRAN 用 FLDATA4、TIME 命令，而非 TRNOPT 命令定义瞬态分析选项。

7.2.2 管内流动分析实例

图 7-50 所示是一个 2D 的导流管分析区域模型图，首先分析一个雷诺数为 400 的层流情况，然后改变流场参数重新分析，最后扩大分析区域计算其湍流情况，采用国际单位制。

几何尺寸：进口段长 4m，进口段高 1m，过渡段长 2m，出口段高 2.5m，层流分析时出口段长 6m，湍流分析时出口段长 18m。

图 7-50 分析区域模型图

用 FLUID 141 单元来做 2D 分析，该实例包括作如下 3 个分析：

（1）雷诺数为 400 的假想流的层流分析。

（2）降低流体黏性后（即增大雷诺数）的假想流的层流分析。

（3）雷诺数约为 260000 的空气流的湍流分析。

分析时假定进口速度均匀并垂直于进口流场方向上的流体速度为零。在所有壁面上施加无滑移边界条件（即所有速度分量为零），假定流体不可压缩且其性质为恒值。在这种情况下，压力就可只考虑相对值，因此在出口处施加的压力边界条件是相对压力为零。

第 1 次分析时流场为层流，可以通过雷诺数判定，公式如下

$$Re = \rho v D_h / \mu$$

式中，ρ 为流体密度；v 为流速；D_h 为根据湿周计算的当量直径；μ 为动力粘度。

第 2 次分析时将流体黏性降低到原来的 1/2（雷诺数相应增大）后在第 1 次分析的基础上重启动分析。

对于内流来说,当雷诺数达到 2000~3000 时,流场即由层流过渡到湍流。故第 3 次分析(空气流,雷诺数约为 260000)时,流场是湍流。对于湍流分析,导流管的后端应加长,以使流场能得到充分发展。此时应在该次求解之前改变 ANSYS 的工作名,以防止程序在上一次分析结果的基础上做重启动分析。

流体性质为:假设流体密度为 $1kg/m^3$,流体黏性第 1 次分析为 $0.01kg/(m \cdot s)$,第 2 次分析为 $0.05kg/(m \cdot s)$,空气密度为 $1.205kg/m^3$,空气黏性为 $1.8135 \times 10^{-5}kg/(m \cdot s)$,进口速度为 $2.0m/s$,出口压力为 0。

GUI 操作步骤

1. 设置分析选择和指定文件名

(1) 设置分析选项　执行 Main Menu > Preferences 命令,弹出图 7-51 所示的 "Preferences For GUI Filtering" 对话框,选中 "FLOTRAN CFD" 复选框,单击 OK 按钮。

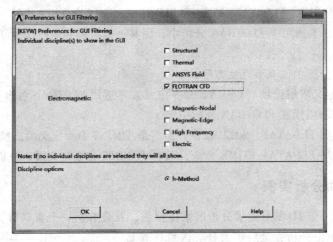

图 7-51 "Preferences For GUI Filtering" 对话框

(2) 定义工作文件名　执行 Utility Menu > File > Change Jobname 命令,弹出 "Change Jobname" 对话框,如图 7-52 所示。在 "Enter new jobname" 文本框中输入 "Flotran",选中 "New log and error files?" 后的复选框,单击 OK 按钮。

(3) 定义工作标题　执行 Utility Menu > File > Change Title 命令,弹出 "Change Title" 对话框。在 "Enter new title" 文本框中输入 "The CFD analysis of a 2D Pipe",单击 OK 按钮。

(4) 关闭坐标符号的显示执行 Utility Menu > Plot Ctrls > Window Controls > Window Options 命令,弹出 "Window Options" 对话框。在 "Location of triad" 下拉列表框中选择 "No Shown" 选项,单击 OK 按钮。

(5) 定义单元类型　执行 Main Menu > Preprocessor > Element Type > Add/Edit/Delete 命令,弹出 "Element Types" 对话框。单击 Add... 按钮,弹出图 7-53 所示的 "Library of Element Types" 对话框。在左、右列表框中分别选择 "FLOTRAN CFD" 和 "2D FLOTRAN 141" 选项,单击 OK 按钮。单击 Close 按钮,完成单元类型的设置。

2. 生成分析区域的几何模型

该步骤定义 3 个面,分别表示进口和出口的两个矩形面,以及一个表示过渡段的面。

(1) 生成两个矩形面　执行 Main Menu > Preprocessor > Modeling > Create > Areas > Rectangle > By Dimensions 命令，弹出 "Create Rectangle by Dimensions" 对话框。按图 7-54 所示输入数据，单击 Apply 按钮。再输入 "6, 12" 及 "0, 2.5"，单击 OK 按钮。

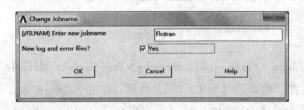

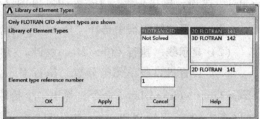

图 7-52　"Change Jobname" 对话框　　　　图 7-53　"Library of Element Types" 对话框

(2) 保存数据　单击 "ANSYS Toolbar" 中的 SAVE_DB 按钮。

(3) 生成切线

1) 执行 Main Menu > Preprocessor > Modeling > Create > Lines > Lines > Tan to 2 Lines 命令，弹出一个拾取框。拾取编号为 L3 的线（第 1 条切线），单击 OK 按钮。拾取该线的右端且编号为 3 的关键点（作为第 1 切点），单击 OK 按钮。拾取编号为 L7 的线（第 2 条切线），单击 OK 按钮。最后拾取该线的左端且编号为 8 的关键点（作为第 2 切点），单击 OK 按钮。

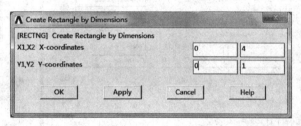

图 7-54　"Create Rectangle by Dimensions" 对话框

2) 执行 Main Menu > Preprocessor > Modeling > Create > Lines > Lines > Straight line 命令，弹出一个拾取框。拾取编号为 2 和 5 的关键点，单击 OK 按钮，生成切线的结果如图 7-55 所示。

(4) 生成面操作　执行 Main Menu > Preprocessor > Modeling > Create > Areas > Arbitrary > Through KPs 命令，弹出一个拾取框。拾取编号为 2、5、8 和 3 的关键点，单击 OK 按钮，生成的几何模型结果如图 7-56 所示。

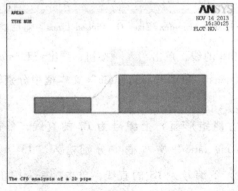

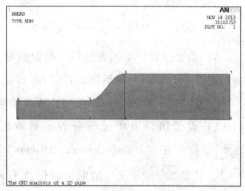

图 7-55　生成切线的结果　　　　　　　　图 7-56　生成的几何模型结果

(5) 保存几何模型　执行 Utility Menu > File > Save as 命令，弹出 "Save as" 对话框。在相应文本框中输入文件名 "Flotran_geom"，单击 OK 按钮。

3. 生成有限元模型

(1) 定义单元形状：执行 Main Menu > Preprocessor > Meshing > Mesher Opts 命令，弹出图7-57 所示的"Mesher Options"对话框。在"Midside node placement"下拉列表框中选择"No Midside nodes"选项，单击 OK 按钮，弹出图7-58 所示的"Set Element Shape"对话框。在"2D Shape key"下拉列表框中选择"Quad"选项，单击 OK 按钮。

(2) 显示线　执行 Utility Menu > Plot > Lines 命令。

(3) 设置进口段单元等分数　执行 Main Menu > Preprocessor > Meshing > Size Cntrls > Manual Size > Lines > Picked Lines 命令，弹出一个拾取框。拾取编号为 L3 和 L1 的线，单击 Apply 按钮，弹出图7-59 所示的"Element Sizes On Picked Lines"对话框。在"No. of element divisions"和"Spacing ratio"文本框中分别输入"12"及"-2"，单击 OK 按钮，弹出拾取框。

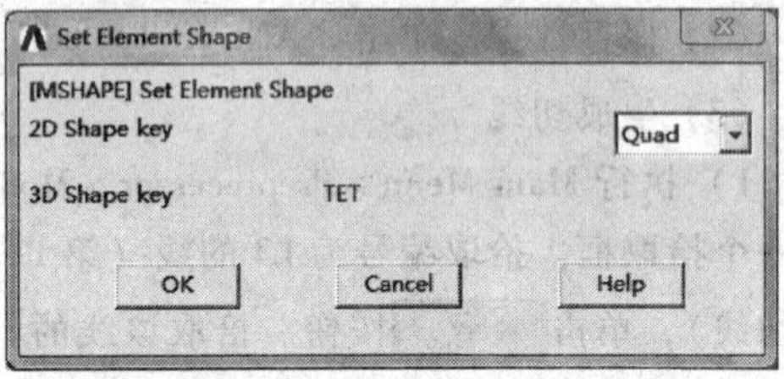

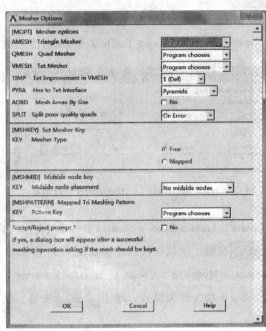

图 7-57　"Mesher Options"对话框　　图 7-58　"Set Element Shape"对话框

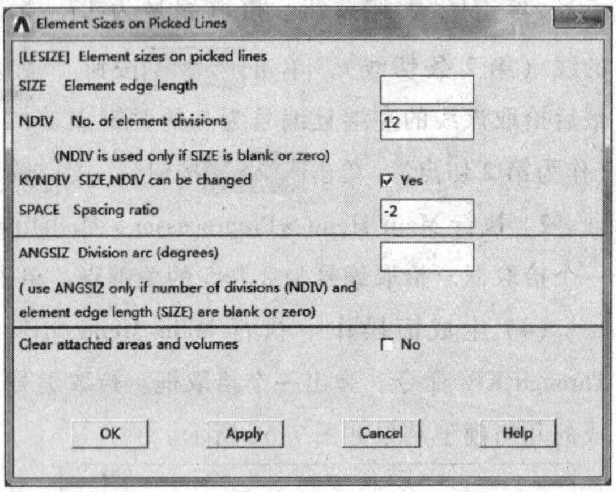

图 7-59　"Element Sizes On Picked Lines"对话框

(4) 设置过渡段单元等分数　拾取编号为 L9 和 L10 的线，单击 Apply 按钮，弹出"Element Sizes on Picked Lines"对话框。在"No. of element divisions"和"Spacing ratio"文本框中分别输入"9"及"1"，单击 Apply 按钮，弹出拾取框。

(5) 设置出口段单元等分数　拾取出口区（右侧矩形面）上编号为 L7 的直线，单击 Apply 按钮。在"No. of element divisions"和"Spacing ratio"文本框中分别输入"13"及"0.4"，单击 Apply 按钮。拾取出口区（右侧矩形面）下编号为 L5 的直线，单击 Apply 按钮。在"Spacing ratio"文本框中输入"2.5"，单击 Apply 按钮。

(6) 在垂线上设置单元等份数　拾取编号为 L4、L2、L8 和 L6 的直线，单击 OK 按钮，在"No. of element divisions"和"Spacing ratio"文本框中分别输入"10"及"-2"，单击

（7）划分有限元网格 执行 Main Menu > Preprocessor > Meshing > Mesh > Areas > Free 命令，弹出一个拾取框。单击 Pick All 按钮，生成的有限元网格如图 7-60 所示。

（8）保存数据 执行 Utility Menu > File > Save as 命令，弹出"Save as"对话框。在相应文本框中输入文件名 Flotran_mesh，单击 OK 按钮。

4. 生成并应用新的工具栏按钮

在作类似于该例的分析时，定义一些诸如能自动选择出与某条线相关的所有节点和关闭坐标系符号显示等的工具栏按钮，有助于方便地建立模型。本节建立两个分别实现上述功能的工具栏按钮。

（1）生成选择与线相关的节点按钮 执行 Utility Menu > Menu Ctrls > Edit Toolbar 命令，弹出图 7-61 所示的"Edit Toolbar/Abbreviations"对话框。在"Selection"文本框中输入"*ABBR, NSL, nsll,, 1"，单击 Accept 按钮。

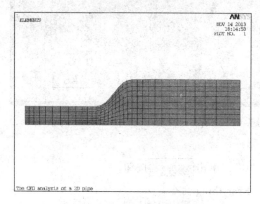 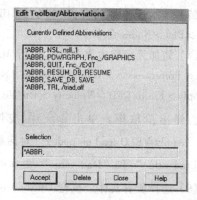

图 7-60 生成的有限元网格　　　　图 7-61 "Edit Toolbar/Abbreviations"对话框

（2）生成一个开/关坐标系符号的按钮 在"Selection"文本框中输入"*ABBR, tri, /triad, off"，单击 Accept 按钮。然后单击 Close 按钮，完成按钮生成操作。

在工具栏中单击刚生成的 TRI 按钮，执行 Utility Menu > Plot > Replot 命令，GUI 中的原坐标系符号消失。

5. 施加边界条件

在模型进口处加 X 方向速度为 2 和其他方向速度为零的进口速度条件，在所有壁面处加两个方向速度都为零的速度条件，在出口处加零压力边界条件。

（1）显示节点 执行 Utility Menu > Plot > Nodes 命令。

（2）选择进口处的节点 执行 Utility Menu > Select > Entities 命令，弹出"Select Entities"工具栏。在上面的两个下拉列表框中分别选择"Nodes"和"By Num/Pick"选项，单击 OK 按钮，弹出一个拾取框。选中"Box"单选按钮，在模型左侧进口边的所有节点周围拖动拉出一个方框，单击 OK 按钮。

（3）施加 X 方向的速度 执行 Main Menu > Solution > Define Loads > Apply > Fluid/CFD > Velocity > On Nodes 命令，弹出一个拾取框。单击 Pick All 按钮，弹出图 7-62 所示的"Apply VELO load on nodes"对话框。在"Load value"和"VY a load value"文本框中分别输入"2"及"0"，

单击 OK 按钮。

（4）显示线　执行 Utility Menu > Plot > Lines 命令。

（5）选择上下壁面的 6 条线　执行 Utility Menu > Select > Entities 命令，弹出"Select Entities"对话框。在两个下拉列表框中分别选择"Lines"和"By Num/Pick"选项，单击 OK 按钮。拾取编号为 L3、L1、L9、L10、L7 和 L5 的线，单击 OK 按钮。

（6）选择所选择线上的所有节点　单击工具栏中的"NSL"按钮。

（7）显示所选择的节点　执行 Utility Menu > Plot > Nodes 命令。

（8）施加无滑移边界条件　执行 Main Menu > Preprocessor > Loads > Define Loads > Apply > Fluid/CFD > Velocity > On Nodes 命令，弹出拾取框。单击 Pick All 按钮，弹出"Apply VELO load on nodes"对话框。在"Load value"和"load value"文本框中均输入"0"，单击 OK 按钮。

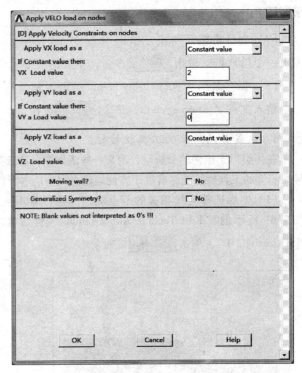

图 7-62　"Apply VELO load on nodes"对话框

（9）选择所有实体　执行 Utility Menu > Select > Everything 命令。

（10）显示所有的节点　执行 Utility Menu > Plot > Nodes 命令。

（11）在出口节点上施加零压力载荷　Main Menu > Solution > Define Loads > Apply > Fluid/CFD > Pressure DOF > On Nodes 命令，弹出一个拾取框，选中"Box"单选按钮。在模型右侧出口边的所有节点周围拖动拉出一个方框，弹出图 7-63 所示的"Apply PRES on nodes"对话框。在"Pressure value"文本框中输入"0"，单击 OK 按钮。

（12）选择所有实体　执行 Utility Menu > Select > Everything 命令。

（13）显示所有的实体　执行 Utility > Menu > Plot > Multi-Plots 命令，所有施加边界条件的结果如图 7-64 所示。

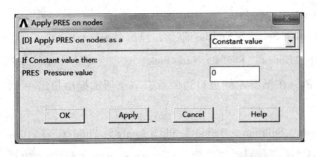

图 7-63　"Apply PRES on nodes"对话框

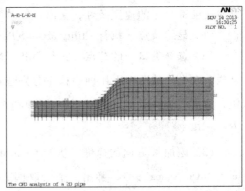

图 7-64　所有施加边界条件的结果

(14) 保存数据 单击"ANSYS Toolbar"中的 SAVE_DB 按钮。

6. 求解层流

首先建立流体性质,然后设置选项并开始求解。

(1) 设置流体性质 执行 Main Menu > Solution > FLOTRAN Set Up > Fluid Properties 命令,弹出图 7-65 所示的"Fluid Properties"对话框。在"Density"下拉列表框中选择"Constant"选项,单击 OK 按钮,弹出图 7-66 所示的"CFD Flow Properties"对话框。在"Density property type CONSTANT"文本框中输入"1"(恒值密度),在"Viscosity property type CONSTANT"文本框中输入"0.01"(恒值黏性),单击 OK 按钮。

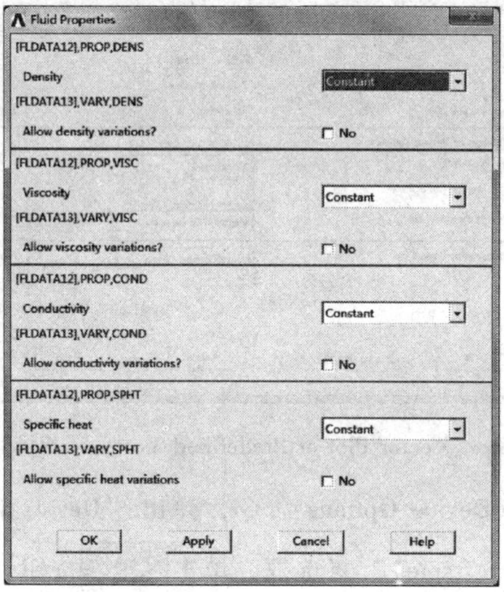

图 7-65 "Fluid Properties"对话框

图 7-66 "CFD Flow Properties"对话框

(2) 设置迭代次数 执行 Main Menu > Solution > FLOTRAN Set Up > Execution Ctrl 命令,弹出图 7-67 所示的"Steady State Control Settings"对话框。在"Global iterations"文本框中输入"20",单击 OK 按钮。

(3) 求解运行 执行 Main Menu > Solution > Run FLOTRAN 命令,开始进行求解,迭代过程图 7-68 所示。出现"Solution is done"对话框时,表示求解过程结束,单击 Close 按钮。

(4) 保存计算结果 执行 Utility Menu > File > Save as 命令,在弹出的对话框中输入文件名"Flotran_resu_l",单击 OK 按钮。

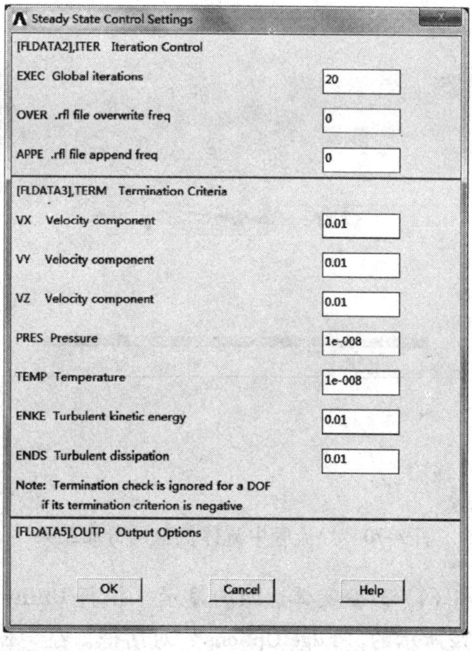

7. 查看层流分析的结果

(1) 调入最后迭代步的结算结果 执行 Main Menu > General Postproc > Read Results > Last Set 命令。

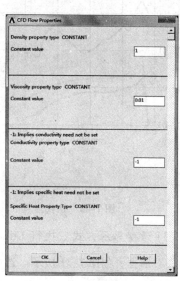

图 7-67 "Steady State Control Settings"对话框

（2）以向量方式显示速度分布结果　执行 Main Menu > General Postproc > Plot Results > Vector Plot > Predefined 命令，弹出"Vector Plot of Predefined Vectors"对话框，如图 7-69 所示。在"Vector item to be plotted"左右列表框中分别选择"DOF solution"和"Velocity V"选项，单击 OK 按钮，导流管中流体流速的分布结果如图 7-70 所示。

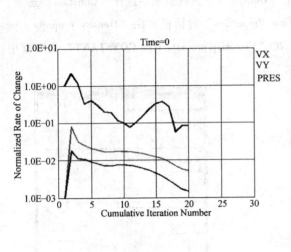

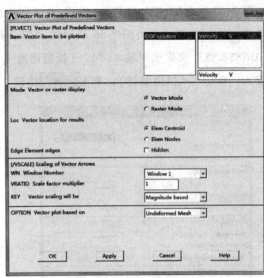

图 7-68　迭代过程　　　　　　　　　图 7-69　"Vector Plot of Predefined Vectors"对话框

（3）改变显示方式　执行 Utility Menu > Plot Ctrls > Device Options 命令，弹出"Device Options"对话框，如图 7-71 所示。选中"Vector mode（wire frame）"复选框，单击 OK 按钮。

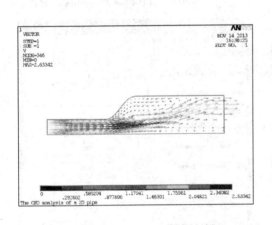

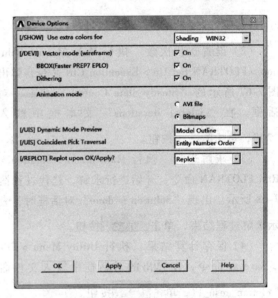

图 7-70　导流管中流体流速的分布结果　　　　图 7-71　"Device Options"对话框

（4）改变实体边缘的显示　执行 Utility Menu > Plot Ctrls > Style > Edge Options 命令，弹出图 7-72 所示的"Edge Options"对话框。在"Edge tolerance angle"文本框中输入"1"，在"Element Outline for non-contour/contour plots"和"Replot upon OK/Apply"下拉列表框中分别选择"Edge

Only/All"及"Replot"选项,单击 `OK` 按钮。

8. 确定流体黏性

空气和水等常见流体的黏性都低于上例中的假想流体黏性。将该黏性缩小为原来的1/2,将相应增大雷诺数。

(1) 改变流体的黏性 执行 Main Menu > Solution > FLOTRAN Set Up > Fluid Properties 命令,弹出"Fluid Properties"对话框。单击 `OK` 按钮,弹出"CFD Flow Properties"

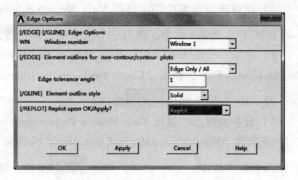

图 7-72 "Edge Options"对话框

对话框。在"Viscosity property type"文本框中输入"0.005"恒值黏性,单击 `OK` 按钮。

(2) 再运行求解 执行 Main Menu > Solution > Run FLOTRAN 命令,弹出图 7-73 所示的第 2 次迭代结果跟踪图,直到出现"Solution is done"对话框,表示求解过程结束,单击 `Close` 按钮。

(3) 调入最后迭代步的结算结果 执行 Main Menu > General Postproc > Read Results > Last Set 命令。

(4) 以向量方式显示速度分布结果 执行 Main Menu > General Postproc > Plot Results > Vector Plot > Predefined 命令,弹出"Vector Plot of Predefined Vectors"对话框。在"Vector item to be plotted"左右列表框中分别选择"DOF solution"及"Velocity V"选项,单击 `OK` 按钮,第 2 次计算结果如图 7-74 所示。

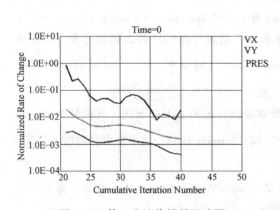

图 7-73 第 2 次迭代结果跟踪图

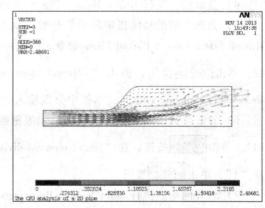

图 7-74 第 2 次计算结果

(5) 保存第 2 次计算结果 执行 Utility Menu > File > Save as 命令,在弹出的对话框中输入文件名"Flotran_resu_2",单击 `OK` 按钮。

9. 进行湍流分析

从低黏性分析的结果可看出回流区已延伸到出口边界之后,若希望流体在出口前得到充分发展,则必须给其更多空间。对于空气则尤其更应如此,因其黏性比上面的 0.001 还低。下面在完成的层流分析基础上作一个空气的湍流分析,此时要延长问题的求解区域并对延长部分重新划分网格、重新施加边界条件并激活湍流模型。在求解之前还必须改变工作名。

(1) 为重新生成有限元模型而执行的操作

1)删除压力边界条件。执行 Main Menu > Solution > Define Loads > Delete > Fluid/CFD > Pressure DOF > On Nodes 命令,弹出一个拾取框,单击 Pick All 按钮。

2)生成一个矩形面。执行 Main Menu > Preprocessor > Modeling > Create > Areas > Rectangle > By Dimensions 命令,弹出 "Create Rectangle by Dimensions" 对话框。在相应文本框中输入 "12,24" 及 "0,2.5",单击 OK 按钮。

3)合并关键点。执行 Main Menu > Preprocessor > Numbering Ctrls > Merge Items 命令,弹出图 7-75 所示的 "Merge Coincident or Equivalently Defined Items" 对话框。在 "Type of item to merge" 下拉列表框中选择 "All" 选项,单击 OK 按钮,忽略随后弹出的警告信息。

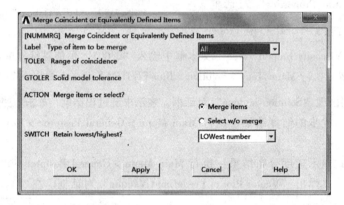

图 7-75 "Merge Coincident or Equivalently Defined Items" 对话框

4)显示线。执行 Utility Menu > Plot > Lines 命令。

5)为新生成的垂线指定单元等分数。执行 Main Menu > Preprocessor > Meshing > Size Cntrls > Manual Size > Lines > Picked Lines 命令,弹出一个拾取框。拾取新出口区最右侧编号为 L12 的垂线,单击 OK 按钮,弹出 "Element Sizes on Picked Lines" 对话框。在 "No. of element divisions" 和 "Spacing ratio" 文本框中分别输入 "10" 及 "-2",单击 Apply 按钮。

6)对新生成的两条平行线指定单元等份数。拾取新出口区的上下两条线,其编号为 L13 和 L11,单击 OK 按钮,在 "No. of element divisions" 和 "Spacing ratio" 文本框中分别输入 "20" 及 "1",单击 OK 按钮。

7)划分网格。执行 Main Menu > Preprocessor > Meshing > Mesh > Areas > Free 命令,弹出一个拾取框。拾取编号为 A4 的新的出口区,单击 OK 按钮。

8)保存数据。单击 "ANSYS Toolbar" 中的 SAVE_DB 按钮。

(2)为施加湍流分析的载荷而执行的操作

1)显示节点。执行 Utility Menu > Plot > Nodes 命令。

2)在未施加边界条件的上下壁面的节点施加无滑移边界条件。执行 Main Menu > Solution > Define Loads > Apply > Fluid/CFD > Velocity > On Nodes 命令,弹出一个拾取框,选择 "Box" 单选按钮。分别在未施加边界条件的上和下壁面节点周围拖动拉出一个矩形框,单击 OK 按钮,弹出 "Apply VELO load on nodes" 对话框。在 "Load value" 和 "VY a load value" 文本框中均输入 "0",单击 OK 按钮。

3) 在出口节点上施加零压力载荷。执行 Main Menu > Solution > Define Loads > Apply > Fluid/CFD > Pressure DOF > On Nodes 命令，弹出一个拾取框。选中"Box"单选按钮，在新的模型右侧出口边的所有节点周围拖动拉出一个方框，单击 OK 按钮，弹出"Apply PRES on nodes"对话框。在"Pressure value"文本框中输入"0"，单击 OK 按钮。

(3) 为改变 FLOTRAN 分析选项和流体性质而执行的操作

1) 进行湍流设置。执行 Main Menu > Solution > FLOTRAN Set Up > Solution Options 命令，弹出图 7-76 所示的"FLOTRAN Solution Options"对话框。在"Laminar or turbulent?"下拉列表框中选择"Turbulent"选项，单击 OK 按钮。

2) 指定迭代次数。执行 Main Menu > Solution > FLOTRAN Set Up > Execution Control 命令，弹出"Steady State Control Settings"对话框。在"Global iterations"文本框中输入"60"，单击 OK 按钮。

3) 改变流体为空气。执行 Main Menu > Solution > FLOTRAN Set Up > Fluid Properties 命令，弹出"Fluid Properties"对话框。在

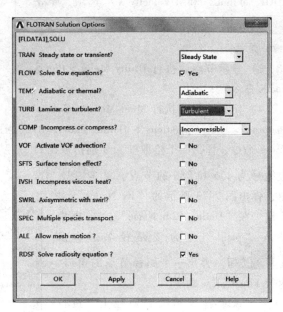

图 7-76 "FLOTRAN Solution Options"对话框

"Density"和"Viscosity"下拉列表框中均选择"AIR"选项，单击 OK 按钮，弹出一个对话框。单击 OK 按钮，确认所用的流体性质是空气。

4) 改变工作文件名。执行 Utility Menu > File > Chang Jobname 命令，在弹出的"Waring"对话框中单击 Close 按钮。在弹出的"Chang Jobname"对话框中输入"turb"作为新的工作名，单击 OK 按钮。

5) 求解运算。执行 Main Menu > Solution > Run FLOTRAN 命令，湍流分析的跟踪迭代结果如图 7-77 所示。若出现"Solution is done"对话框，则求解过程结束。

6) 保存第 3 次计算结果。执行 Utility Menu > File > Sav eas 命令，在弹出的对话框中输入文件名"Flotran_resu_3"，单击 OK 按钮。

(4) 为以向量图和路径图方式显示流体速度结果而执行的操作

1) 调入最后迭代步的结算结果。执行 Main Menu > General Postproc > Read Results > Last Set 命令。

2) 以向量方式显示速度分布结果。执

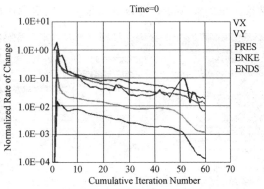

图 7-77 湍流分析的跟踪迭代结果

行 Main Menu > General Postproc > Plot Results > Vector Plot > Predefined 命令，弹出"Vector Plot of Predefined Vectors"对话框。在"Vector item to be plotted"左右列表框中分别选择"DOF solution"和"Velocity V"选项，单击 OK 按钮，速度分布的向量显示结果如图 7-78 所示。

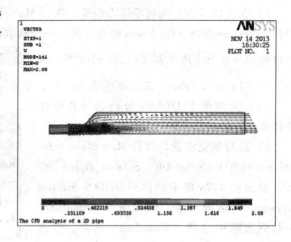

3）显示节点。执行 Utility Menu > Plot > Nodes 命令。

4）定义路径。执行 Main Menu > General Postproc > Path Operations > Define Path > By Nodes 命令，弹出一个拾取框。分别拾取出口边编号为 406 和 386 的节点。单击 OK 按钮，弹出图 7-79 所示的"By Nodes"对话框。在"Define Path Name"文本框中输入"pathl"作为该路径名，单击 OK 按钮。弹出一个路径节点的窗口，执行 File > Close 命令。

图 7-78 速度分布的向量显示结果

5）映射计算结果到路径上。执行 Main Menu > General Postproc > Path Operations > Map onto Path 命令，弹出图 7-80 所示的"Map Result Items onto Path"对话框。在"User label for item"文本框中输

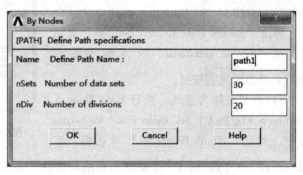

图 7-79 "By Nodes"对话框

入"Velocity"，在"Item to be mapped"左右列表框中分别选择"DOF solution"和"Velocity VX"选项，单击 OK 按钮。

6）以图形显示路径上的速度分布。执行 Main Menu > General Postproc > Path Operations > Plot Path Item > On Graph 命令，弹出图 7-81 所示的"Plot of Path Items on Graph"对话框。在"Path items to be graphed"列表框中选择"VELOCITY"选项，单击 OK 按钮，出口处流体速度的分布结果如图 7-82 所示，可以看出该路径图显示流场仍未得到充分发展。

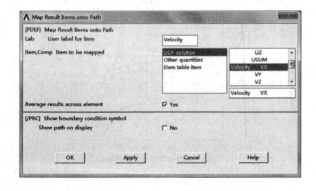

图 7-80 "Map Result Items onto Path"对话框

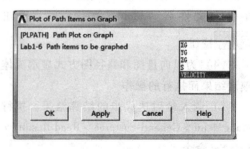

图 7-81 "Plot of Path Items on Graph"对话框

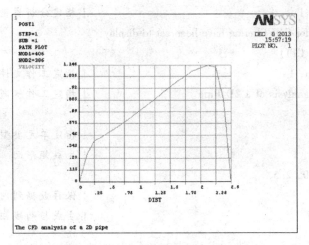

图 7-82 出口处流体速度的分布结果

7)设置图形显示时等值线的条数。执行 Utility Menu > Plot Ctrls > Style > Contours > Uniform Contours 命令,弹出图 7-83 所示的"Uniform Contours"对话框。在"Number of contours"文本框中输入"25",单击 按钮。

8)绘制压力等值线图。执行 Main Menu > General Postproc > Plot Results > Contour Plot > Nodal Solu 命令,弹出图 7-84 所示的"Contour Nodal Solution Data"对话框。在"Item to be contoured"列表框中分别选择"DOF solution > Pressure"选项,单击 按钮,节点结果的压力分布图如图 7-85 所示。

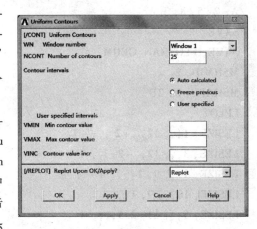

图 7-83 "Uniform Contours"对话框

图 7-84 "Contour Nodal Solution Data"对话框

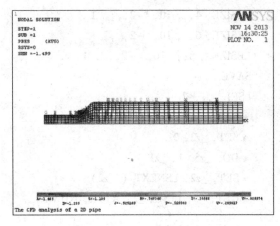

图 7-85 节点结果的压力分布图

命令流

/BATCH

```
KEYW, PR_CFD, 1                             !指定分析类型为 FLOTRAN CFD
ICOM, Preferences for GUI filtering have been set to display:
/COM, FLOTRAN CFI)
/FILNAME, flotran, 1                        !指定工作文件名
/TITLE, the CFD analysis of a 2D Pipe       !指定工作标题
/PREP7
ET, 1, FLUID141                             !指定单元类型
RECTNG, 0, 4, 0, 1                          !生成矩形面
RECTNG, 6, 12, 0, 2.5
SAVE                                        !保存数据到内存
L2TAN, -3, -7                               !生成与两线相切的线
SAVE
LSTR, 2, 5                                  !由关键点生成一条线
A, 2, 5, 8, 3                               !由关键点生成面
SAVE
SAVE, FLOTRAN_GEOM                          !保存几何模型到文件
MSHMID, 2                                   !设置单元选项
MSHAPE, 0, 2D
LPLOT                                       !显示线
LESIZE, 1,,, 12, -2 ,,,, 1                  !对线指定单元等份数
LESIZE, 3,,, 12, -2 ,,,, 1
LESIZE, 9,,, 9, 1 ,,,, 1
LESIZE, 10,,, 9, 1 ,,,, 1
LESIZE, 5,,, 13, 2.5 ,,,, 1
LESIZE, 7,, 13, 2.5 ,,,, 1
LESIZE, 2,,, 10, -2 ,,,, 1
LESIZE, 4,,, 10, -2 ,,,, 1
LESIZE, 6,,, 10, -2 ,,,, 1
LESIZE. , 8,,, 10, -2 ,,,, 1
SAVE
LSEL ,,,, 7
*GET, _zl, LINE,, COUNT                     !将线7的比率进行调整
*SET, _z2, 0
*DO, _z5, 1, _z1
*SET, _z2, LSNEXT ( _z2)
*GET, _3, LINE, _2, ATTR, NDNX
```

7.3 电磁场分析

磁场分析可使用 ANSYS 的独立模块, 如 ANSYS/Emag 或 ANSYS/Multiphysics, ANSYS/University High 产品中也能进行电磁场分析。

7.3.1 电磁场分析的基本步骤与概念

1. 适用场合

ANSYS 可分析与电磁场相关的多方面问题，如电感、电容、阻抗、磁通量密度、磁场强度、磁通泄漏、涡流、电场分布、磁力线、特征频率、力和力矩、运动效应，以及电路和能量损失等。可有效地适用于如下所列各类设备的分析。

1）电力发电机。
2）磁带及磁盘驱动器。
3）变压器。
4）波导。
5）螺线管传动器。
6）谐振腔。
7）电动机。
8）开关。
9）磁成像系统。
10）天线辐射。
11）图像显示设置传感器。
12）滤波器。
13）等离子体装置。
14）回旋加速器。
15）电解槽。
16）磁悬浮装置。

ANSYS 磁场分析的有限元公式由磁场的 Maxwell 方程组导出，通过将标量势或矢量势等引入 Maxwell 方程组中并考虑其电磁性质关系，开发适合于有限元分析的方程组。

ANSYS 的其他功能增强了软件的电磁分析能力和灵活性。例如，用户可方便地选择 MKS、CGS 或其他一些单位制作为电磁场分析的单位制。作为标准的 Frontal 求解器的替代者，PCG、ICCG 和 JCG 迭代求解器非常适用于求解电磁场问题，因为它们提供了电磁场分析问题的快速解法。使用 2D 和 3D 无限边界单元，则不需要建立环绕电磁设备的无限介质（如空气）的大模型，从而可以采用更小的模型并降低对计算机资源的需求。

ANSYS 提供了丰富的线性和非线性材料的表达方式，包括各向同性或正交各向异性的线性磁导率，材料的 $B\text{-}H$ 曲线和永久性磁体的退磁曲线。后处理功能允许计算磁力线、磁通密度和磁场强度并进行力、力矩、源输入能量、感应系数、端电压和其他参数。ANSYS 的电场分析功能可用于研究电场 3 个方面的问题：电流传导、静电分析和电路分析。感兴趣的典型物理量包括电流密度、电场强度、电势分布、电通量密度、传导产生的焦耳热、贮能、力、电容、电流，以及电势降等。

使用通用 ANSYS 进行电磁场有限元分析的主要优点之一是耦合场的分析功能。磁场分析的耦合场载荷可被自动耦合到结构、流体及热单元上。此外，在对电路耦合器件的电磁场分析时，电路可被直接耦合到导体或电源上，同时也可涉及运动的影响。

2. 计算的量

ANSYS 在电磁场分析中要计算的主要量如下：

1) 磁场强度。
2) 磁通密度。
3) 磁力及磁矩。
4) 电感。
5) 涡流。
6) 磁漏。
7) 品质因子。
8) 特征频率。
9) 能量损耗。
10) S-参数。
11) 反射被损耗。
12) 阻抗。

ANSYS 软件在电磁分析中，其电磁场的来源有：直流电流或外加电压，永久性磁体，运动导体，外加磁场。

3. 确定维数

确定电磁场分析中的维数的情况如下：

1) 在忽略终端效应、模型位于 X-Y 平面、电流方向只沿 X-Y 面的法线方向（Z 方向）和磁场只具有 X-Y 面内的分量等电磁场分析中，可使用 2D 平面分析。

2) 在模型位于 X-Y 平面、电流方向只沿 X-Y 面的法线方向（圆周 Z 方向）和磁场只具有 X-Y 面内的分量等电磁场分析中，可使用 2D 轴对称分析。

3) 在计算的设备无对称性、电流不只沿一个方向流动和可描述 2D 分析无法实现的计算等电磁场分析中可使用 3D 分析。

4. 类型

ANSYS 中电磁场分析的类型如下：

(1) 2D 静态磁场分析　分析直流电（DC）或永久性磁体所产生的磁场，用矢势法（MYP）。

(2) 2D 谐波磁场分析　分析低频交流电流（AC）或交流电压缩产生的磁场，用矢势法。

(3) 2D 瞬态磁场分析　分析随时间任意变化的电流或外场所产生的磁场，用矢势法。

(4) 3D 静态磁场分析　分析直流电或永久性磁体所产生的磁场，用基于单元边的方法或标势法。

(5) 3D 谐波磁场分析　分析低频交流电所产生的磁场，用基于单元边的方法。这种方法适用于大部分谐波磁场分析。

(6) 3D 瞬态磁场分析　分析随时间任意变化的电流或外场所产生的磁场，用基于单元边的方法。这种方法适用于大部分瞬态磁场分析。

(7) 3D 静态磁场分析　基于节点，用矢势法。

(8) 3D 谐波磁场分析　基于节点，用矢势法。

(9) 3D 瞬态磁场分析　基于节点，用矢势法。

5. 概念

(1) 自由度　有限元计算中的主自由度是磁势或磁通量，其他磁场量由这些主自由度给出。具体问题中的自由度可以是磁矢势、磁标势和磁通量，根据所选单元类型和单元选项选择。

(2) 标势法　对于大多数 3D 静态分析，建议使用标势法。这种方法可将电流源按"基元"

建模，而不是单元。这样电流源可以不是有限元的一部分，只是在相应位置考虑其对磁场的作用。它不受模型其他部分的限制，建立模型更容易。标势法具有如下特点。

1）可用块形（六面体）、楔形、金字塔形和四面体形单元。
2）电流源用"基元"（原始实体）定义。
3）可含永久性磁体。
4）允许线性和非线性磁导率。
5）可用节点耦合和约束方程。

此外，标量法电流源建模较方便，这是因为可以用简单基元（线圈及电流排等）在相应位置考虑对磁场的作用。

(3) 矢势法 基于节点方法中的一种（标势法是另一种节点法），其节点自由度要比标势法多，A_x、A_y和A_z，即X、Y和Z方向的磁矢量势。在载压或电路耦合分析中还可以引入另外3个自由度：电流（CURR）、电动势降（EMP）和电势（VOLT）。2D磁分析必须采用矢势法，此时主自由度只有A_z。

矢势法中的电流源（导电区域）要作为整个有限元模型的一部分，因为其节点自由度更多，所以运算速度较慢。矢势定义如下：

$$B = \nabla \times A$$

式中，B为磁通量密度；A为磁矢势。A有A_x、A_y和A_z共3个分量，在2D平面分析和轴对称分析中只有A_z不为零。ANSYS在每个有限元节点上求解A_z，然后据此计算其他场量，如磁通量密度（B）。

(4) 基于单元边分析。该方法只能用于3D分析，对大多数3D谐波分析和瞬态分析都推荐使用这种方法。该方法中的自由度与单元边有关系，而与单元节点无关。它提供了3D低频静态和动态电磁场的求解能力。这种方法与基于节点的矢势法相比计算更精确，特别是当模型中有铁区存在时，但在如下情况下要用矢势法：

1）模型中存在着运动效应和电路耦合时。
2）模型要求电路和速度效应时。
3）模型中的单元存在楔形退化时。
4）所分析的模型中无铁区时。
5）进行高频电磁分析时。

ANSYS具有计算电磁场传播特性和给定结构波传播特性的高频电磁分析功能。

大多数高频设备都采用电磁波载带信息，基于这种原因，在这些设备设计中频率起着关键作用。当信息载波信号的波长与导波设备的大小相当时，应做高频分析。ANSYS具有时间-谐波和模态高频两种分析技术。

(5) ANSYS中可用于模拟电磁现象的单元

1）一维单元：CIRCU124。
2）二维单元：PLANE13、PLANE53、PLANE121、PLANE67、INFIN9及INFIN110。
3）三维单元：SOURC36、SOLID96、SOLID97、INTER115、SOLID117、SOLID122、SOLID123、INFIN47、SOLID62和SOLID98等。

注意，并非上述所有单元均可应用于所有的电磁分析类型，详细情况请参阅帮助中的ANSYS的单元参考。

6. 分析步骤

与其他有限元分析相类似，ANSYS的电磁场分析主要包括创建物理环境、建立模型和划分网格并赋予特性、加边界条件和载荷（励磁）、求解，以及后处理并查看计算结果 5 个主要步骤。在查看计算结果时，可以查看磁力线、磁力或力矩、线圈电阻或电感等，可以选择列表显示、图形矢量显示或等值线显示、沿路径显示和单元表数据计算显示等。

7.3.2 2D 静态电磁场分析实例

问题描述

图 7-86 所示为一个螺线管电磁制动器的结构图（尺寸单位为 cm），以 2D 轴对称模型进行分析。假定线圈电流较小，铁座没有达到饱和，只需进行一次线性迭代分析。一般情况下要为模型周围的空气建模，以正确反映磁漏现象。为了简化分析，不考虑模型周围的磁漏。即不为周围的空气建模，只需在模型外表面加磁力线平行边界条件。

其相关参数为线圈匝数 $n=650$，电流 $I=1.0\mathrm{A}$。材料特性是空气的磁导率为 $1\mathrm{H/m}$，电枢有磁导率为 $2000\mathrm{H/m}$，铁芯的磁导率为 $1000\mathrm{H/m}$，线圈的磁导率为 $1\mathrm{H/m}$。

在后处理中用 Maxwell 应力张量方法和虚功方法分别处理转子的受力，还可得到磁场强度以及线圈电感等数据。

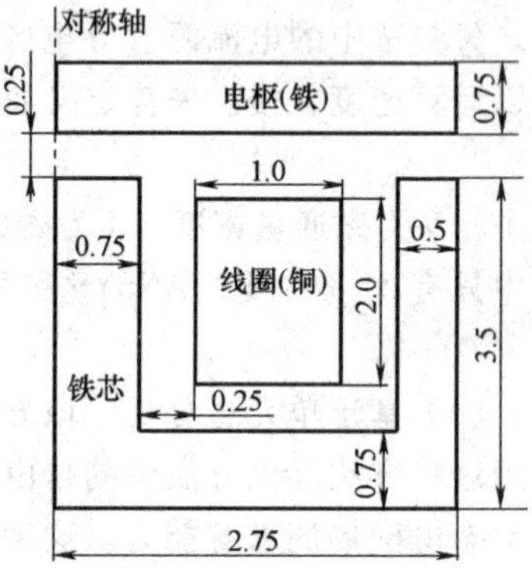

GUI 操作步骤

1. 定义工作标题和文件名

（1）指定工作文件名。执行 Utility Menu > File > Change Jobname 命令，弹出"Change Jobname"对话框。在"Enter new Name"文本框中输入"Emage_2D"，单击 OK 按钮。选中"New log and error files?"选项后的复选框"Yes"。

图 7-86 电磁制动器的结构图

（2）指定工作标题。执行 Utility Menu > File > Change Title 命令，弹出"Change Title"对话框。输入"2D Solenoid Actuator Static Analysis"，单击 OK 按钮。

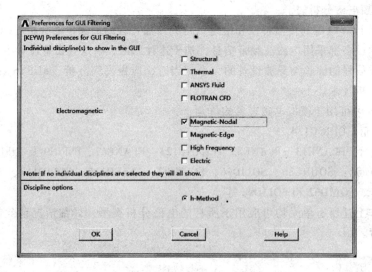

图 7-87 "Preferences for GUI Filtering"对话框

(3) 指定电磁分析选项。执行 Main Menu > Preferences 命令，弹出图 7-87 所示的 "Preferences for GUI Filtering" 对话框。选中 "Magnetic-Nodal" 复选框，单击 OK 按钮。

(4) 关闭坐标符号的显示。执行 Utility Menu > Plot Ctrls > Window Controls > Window Options 命令，弹出 "Window Options" 对话框。在 "Location of triad" 下拉列表框中选择 "No Shown" 选项，单击 OK 按钮。

2. 定义单元类型和材料属性

(1) 定义单元类型　执行 Main Menu > Preprocessor > Element Type > Add/Edit/Delete 命令，弹出 "Element Types" 对话框。单击 Add... 按钮，弹出 "Library of Element Types" 对话框，如图 7-88 所示。在 "Library of Element Types" 左右列表框中分别选择 "Magnetic Vector" 和 "Quad 8node53" 选项，单击 OK 按钮。

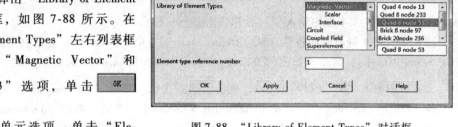

图 7-88 "Library of Element Types" 对话框

(2) 设置单元选项　单击 "Element Types" 对话框中的 Options... 按钮，弹出图 7-89 所示的 "PLANE53 element type options" 对话框。在 "Elements Behavior" 下拉列表框中选择 "Axisymmetric" 选项，单击 OK 按钮。单击 Close 按钮，完成单元类型的设置。

(3) 定义第 1 种材料的特性　执行 Main Menu > Preprocessor > Material Props > Material Models 命令，弹出 "Define Material Model Behavior" 对话框。双击 "Material Models Available" 列表框中的 "Electromagnetics > Relative Permeability > Constant" 选项，弹出图 7-90 所示的 "Permeability for Material Number 1" 对话框。在 "MURX" 文本框中输入 "1"，单击 OK 按钮。

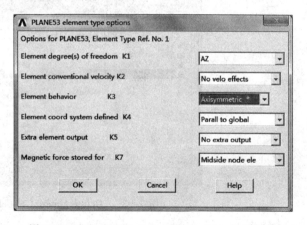

图 7-89 "PLANE53 element type options" 对话框

(4) 定义第 2 种材料的特性　从 "Define Material Model Behavior" 对话框下拉菜单执行 Material > New Model... 命令，弹出图 7-91 所示的 "Define Material ID" 对话框。在 "Define Material ID" 文本框中输入 "2"（材料编号），单击 OK 按钮，双击 "Material Models Available" 列表框中的 "Electromagnetics > Relative Permeability > Constant" 选项，弹出 "Permeability for Material Number 2" 对话框。在 "MURX" 文本框中输入 "1000"，单击 OK 按钮。

(5) 定义第 3 种材料的特性　从 "Define Material Model Behavior" 对话框下拉菜单执行 Material > New Model... 命令，弹出 "Define Material ID" 对话框。在 "Define Material ID" 文本框中输入 "3"（材料编号），单击 OK 按钮。双击 "Material Models Available" 列表框中的 "Electro-

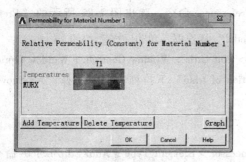
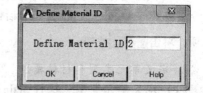

图 7-90 "Permeability for Material Number 1" 对话框　　图 7-91 "Define Material ID" 对话框

magnetics > Relative Permeability > Constant" 选项，弹出 "Permeability for Material Number 3" 对话框。在 "MURX" 文本框中输入 "1"，单击 OK 按钮。

（6）定义第 4 种材料的特性　从 "Define Material Model Behavior" 对话框下拉菜单执行 Material > New Model... 命令，弹出 "Define Material Model Behavior" 对话框。在 "Define Material ID" 文本框中输入 "4"（材料编号），单击 OK 按钮，双击 "Material Models Available" 列表框中的 "Electromagnetics > Relative Permeability > Constant" 选项，弹出 "Permeability for Material Number 4" 对话框。在 "MURX" 文本框中输入 "2000"，单击 OK 按钮。执行 "Define Material Model Behavior" 对话框下拉菜单 Material > Exit 命令（图 7-92），退出该对话框。

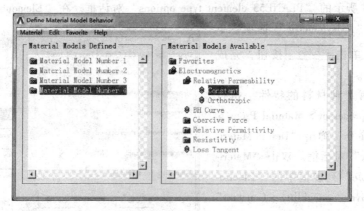

图 7-92 "Define Material Model Behavior" 对话框

（7）输入参数　执行 Utility Menu > Parameters > Scalar Parameters 命令，弹出图 7-93 所示的 "Scalar Parameters" 的对话框。在 "Selection" 本框中输入如下 17 个参数，每输入一个参数，单击 Accept 按钮确认，输入所有的参数后单击 Close 按钮。"N = 650，I = 1.0，TA = 0.75，TB = 0.75，TC = 0.50，TD = 0.75，WC = 1.0，HC = 2.0，GAP = 0.25，SPACE = 0.25，WS = 1.5，HS = 2.75，W = 2.75，HB = 3.5，H = 4.5，ACOIL = WC * HC，DENS = N * I/ACOIL"。注意，ANSYS 中不区分字母的大小写。

3. 生成几何模型

（1）生成 4 个矩形面　执行 Main Menu > Preprocessor > Modeling > Create > Areas > Rectangle > By Dimensions 命令，弹出 "Create Rectangle by Dimensions" 对话框。如图 7-94 所示，输入 "X1 = 0，X2 = w" 及 "Y1 = 0，Y2 = tb"，单击 Apply 按钮。输入 "0，W" 及 "B，HB"，单击

Apply 按钮。输入"TA, TA + WS"及"0, H",单击 Apply 按钮。输入"TA + SPACE, TA + SPACE + WC, TB + SPACE"及"TB + SPACE + HC",单击 OK 按钮,生成 4 个矩形面。

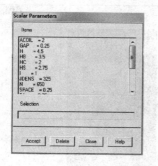

图 7-93 "Scalar Parameters"对话框

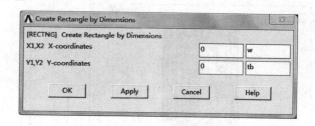

图 7-94 输入数据

(2) 打开面编号控制 执行 Utility Menu > Plot Ctrls > Numbering 命令,弹出图 7-95 所示的 "Plot Numbering Controls"对话框。选中"Area numbers"复选框,单击 OK 按钮。

(3) 显示面:执行 Utility Menu > Plot > Areas 命令,生成面的结果如图 7-96 所示。

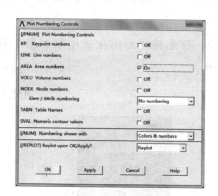

图 7-95 "Plot Numbering Controls"对话框

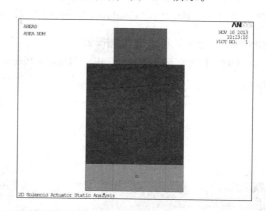

图 7-96 生成面的结果

(4) 面重叠操作 执行 Main Menu > Preprocessor > Modeling > Operate > Booleans > Overlap > Areas 命令,弹出一个拾取框。单击 Pick All 按钮,面重叠操作后的生成结果如图 7-97 所示。

(5) 保存数据 单击"ANSYS Toolbar"中的 SAVE_DB 按钮。

(6) 生成两个矩形面 执行 Main Menu > Preprocessor > Modeling Create > Areas > Rectangle > By Dimensions 命令,弹出"Create Rectangle by Dimensions"对话框。输入"0, W"及"0, HB + GAP",单击 Apply 按钮。输入"0, W"及"0, H",单击 OK 按钮,生成的两个新矩形面如图 7-98 所示。

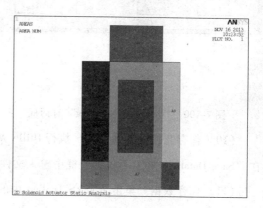

图 7-97 面重叠操作后的生成结果

(7) 二次面重叠操作 执行 Main Menu > Preprocessor > Modeling > Operate > Booleans > Over-

lap > Areas 命令，弹出一个拾取框。单击 Pick All 按钮，二次面重叠操作后的生成结果如图 7-99 所示。

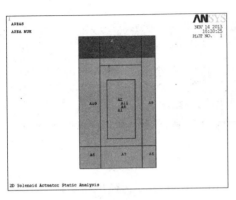
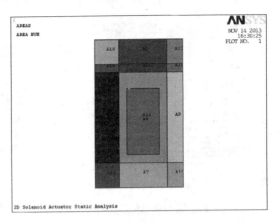

图 7-98 生成的两个新矩形面　　　　　　图 7-99 二次面重叠操作后的生成结果

（8）压缩面编号　执行 Main Menu > Preprocessor > Numbering Ctrls > Compress Numbers 命令，弹出图 7-100 所示的"Compress Numbers"对话框。在"Item to be compressed"下拉列表框中选择"All"选项，单击 OK 按钮。

（9）重新显示　执行 Utility Menu > Plot > Replot 命令，压缩编号后的生成结果如图 7-101 所示。

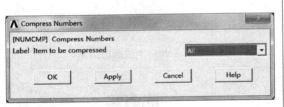
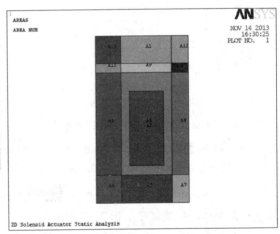

图 7-100 "Compress Numbers"对话框　　　图 7-101 压缩编号后的生成结果

（10）保存几何模型到文件　执行 Utility Menu > File > Save as 命令，弹出"Save as"对话框。在"Save Database To"下拉列表框中输入文件名"Emage_2D_geom.Db"，单击 OK 按钮。

（11）保存数据　单击 ANSYS Toolbar 中的 SAVE_DB 按钮。

4. 生成有限元模型

（1）赋予面特性　执行 Main Menu > Preprocessor > Meshing > Mesh Attributes > Picked Areas 命令，弹出一个拾取框。拾取编号为 A2 的面，单击 OK 按钮，弹出图 7-102 所示的"Area Attributes"对话框。在"Material number"下拉列表框中选择"3"选项，单击 Apply 按钮。拾取

编号为 A1、A12 和 A13 的面，单击 OK 按钮。在"Material number"下拉列表框中选择"4"选项，单击 Apply 按钮。拾取编号为 A3、A4、A5、A7 和 A8 的面，单击 OK 按钮。在"Material number"下拉列表框中选择"2"选项，单击 OK 按钮，完成面特性的设置。

（2）按材料属性显示面　执行 Utility Menu > Plot Ctrls > Numbering 命令，弹出图 7-103 所示的"Plot Numbering Controls"对话框。在"Elem/Attrib numbering"下拉列表框中选择"Material numbers"选项，单击 OK 按钮，按材料属性显示面的结果如图 7-104 所示。

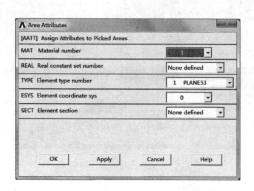 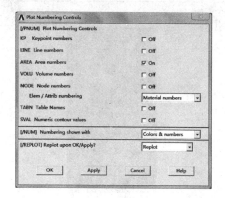

图 7-102　"Area Attributes"对话框　　　　图 7-103　"Plot Numbering Controls"对话框

（3）保存数据　单击"ANSYS Toolbar"中的 SAVE_DB 按钮。
（4）选择所有的实体　执行 Utility Menu > Select > Everything 命令。
（5）指定智能网格划分的等级　执行 Main Menu > Preprocessor > Meshing > Size Cntrls > Smart Size > Basic 命令，弹出图 7-105 所示的"Basic Smart Size Settings"对话框。在"Size Level"下拉列表框中选择"4"选项，单击 OK 按钮。

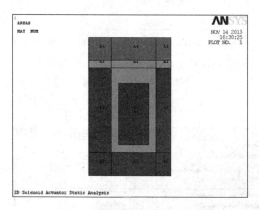 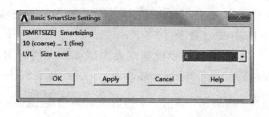

图 7-104　按材料属性显示面的结果　　　　图 7-105　"Basic Smart Size Settings"对话框

（6）智能化划分网格　执行 Main Menu > Preprocessor > Meshing > Mesh > Areas > Free 命令，弹出一个拾取框。单击 Pick All 按钮，生成的有限元网格如图 7-106 所示。

（7）保存网格数据　执行 Utility Menu > File > Save as 命令，弹出"Save as"对话框。在"Save Database To"下拉列表框中输入文件名"Emage_2D_mesh"，单击 OK 按钮。

（8）选择电枢上的所有单元　执行 Utility Menu > Select > Entities 命令，弹出"Select Entities"

工具栏。在上面两个下拉列表框中分别选择"Elements"和"By Attributes"选项,选中"Material Num"单选按钮,在"Min,Max"文本框中输入"4",单击 OK 按钮。

(9) 将所选单元生成一个组件　执行 Utility Menu > Select > Comp/Assembly > Create Component 命令,弹出图 7-107 所示的"Create Component"对话框。在"Component name"文本框中输入"ARM"(组件名),在"Component is made of"下拉列表框中选择"Elements"选项,单击 OK 按钮。

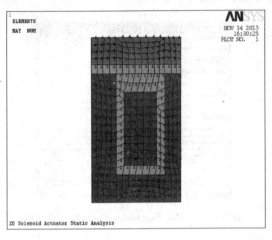

图 7-106　生成的有限元网格

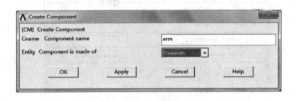

图 7-107　"Create Component"对话框

5. 施加载荷并求解

(1) 为电枢施加边界条件　执行 Main Menu > Solution > Define Loads > Apply > Magnetic > Flag > Comp.Force/Torque 命令,弹出图 7-108 所示的"Apply Magnetic Force Boundary Conditions"对话框。选择组件名"ARM",单击 OK 按钮。

(2) 选择所有实体　执行 Utility Menu > Select > Everything 命令。

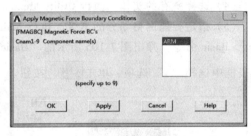

图 7-108　"Apply Magnetic Force Boundary Conditions"对话框

(3) 将模型单位制改成米制单位　执行 Main Menu > Preprocessor > Modeling > Operate > Scale > Areas 命令,弹出一个拾取框。单击 Pick All 按钮,弹出图 7-109 所示的"Scale Areas"对话框。在"Scale factors"文本框中依次输入"0.01,0.01,1",在"Existing areas will be"下拉列表框中选择"Moved"选项,单击 OK 按钮。

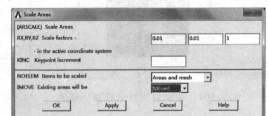

图 7-109　"Scale Areas"对话框

(4) 选择线圈上的所有单元　执行 Utility Menu > Select > Entities 命令,弹出"Select Entities"对话框,在最上面的两个下拉列表框中选择"Element"和"By Attributes"选项,选中"Material Num"单选按钮,在"Min,Max,Inc"文本框中输入"3",单击 OK 按钮。

(5) 在所选单元上施加线圈的电流密度　执行 Main Menu > Solution > Define Loads > Apply > Magnetic > Excitation > Curr Density > On Elements 命令，弹出一个拾取框。单击 OK 按钮，弹出图 7-110 所示的 "Apply JS on Elems" 对话框。在 "Curr density value（JSZ）" 文本框中输入 "DENS/（0.01**2）"，单击 OK 按钮。

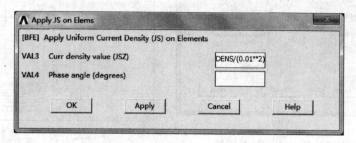

图 7-110 "Apply JS on Elems" 对话框

(6) 选择所有实体　执行 Utility Menu > Select > Everything 命令。

(7) 选择外围节点　执行 Utility Menu > Select > Entities 命令，弹出 "Select Entities" 对话框，在最上面的两个下拉列表框中选择 "Nodes" 和 "Exterior" 选项，单击 Sele All 按钮，单击 OK 按钮。

(8) 施加磁力线平行条件　执行 Main Menu > Solution > Define Loads > Apply > Magnetic > Boundary > Vector porten > Flux Par'l > On Nodes，弹出一个拾取框，单击 Pick All 按钮。

(9) 选择所有实体　执行 Utility Menu > Select > Everything 命令。

(10) 求解运算　执行 Main Menu > Solution > Solve > Electromagnet > Static Analysis > Opt & Solv 命令，弹出图 7-111 所示的 "Magnetostatics Options and Solution" 对话框。单击 OK 按钮开始求解运算，直到出现 "Solution is done" 对话框，表示求解结束。

(11) 保存计算结果到文件　执行 Utility Menu > File > Save as 命令，

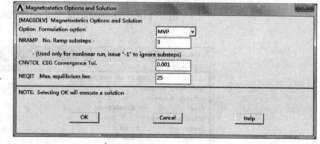

图 7-111 "Magnetostatics Options and Solution" 对话框

弹出一个对话框。在 "Save Database To" 下拉列表框中输入文件名 "Emage_2D_RESU"，单击 OK 按钮。

6. 查看计算结果

(1) 查看磁力线分布　执行 Main Menu > General Postproc > Plot Results > Contour Plot > 2D Flux lines 命令，弹出图 7-112 所示的 "Plot 2D Flux Lines" 对话框，在 "Number of contour lines" 文本框中输入 "9"。单击 OK 按钮，磁力线的分布如图 7-113 所示。

(2) 计算电枢的磁力　执行 Main Menu > General Postproc > Elec&Mag Calc > Component Based > Force 命令，弹出图 7-114 所示的 "Summarize Magnetic Forces" 对话框。在 "Component name(s)" 列表框中选择 "ARM"（组件名），单击 OK 按钮，弹出图 7-115 所示的 "fmagsum.out"

窗口。其中列出了磁力的大小，确认后执行 File > Close 命令。

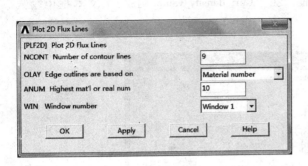

图 7-112 "Plot 2D Flux Lines" 对话框

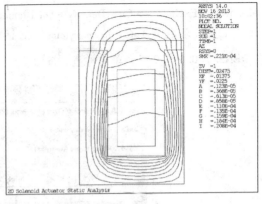

图 7-113 磁力线的分布

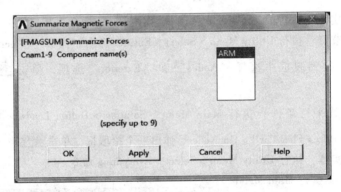

图 7-114 "Summarize Magnetic Forces" 对话框

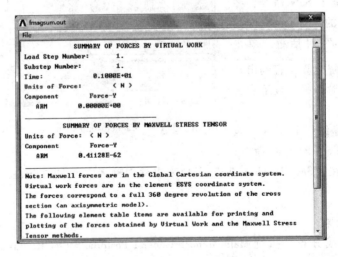

图 7-115 "fmagsum.out" 窗口

（3）矢量显示磁流密度　执行 Main Menu > General Postproc > Plot Results > Vector Plot > Predefined 命令，弹出图 7-116 所示的 "Vector Plot of Predefined Vectors" 对话框。在 "Vector item to be plotted" 左右列表框中分别选择 "Flux & gradient" 和 "Mag flux dens B" 选项，单击 OK 按钮，磁流密度的矢量显示结果如图 7-117 所示。

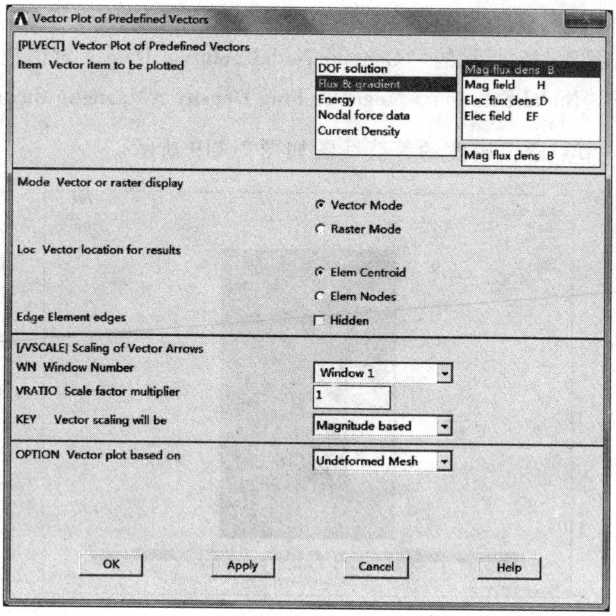

图 7-116 "Vector Plot of Predefined Vectors" 对话框

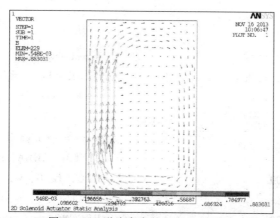

图 7-117 磁流密度的矢量显示结果

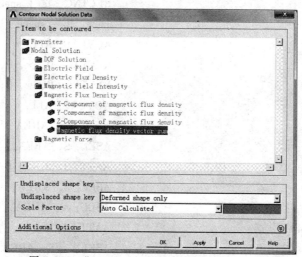

图 7-118 "Contour Nodal Solution Data" 对话框

(4) 显示节点的磁流密度 执行 Main Menu > General Postproc > Plot Results > Contour Plot > Nodal Solu 命令，弹出图 7-118 所示的 "Contour Nodal Solution Data" 对话框。在 "Item to be contoured" 列表框中选择 "Nodal Solution > Magnetic Flux Density > Magnetic flux density vector sum" 选项，单击 OK 按钮，节点磁流密度的等值线图如图 7-119 所示。

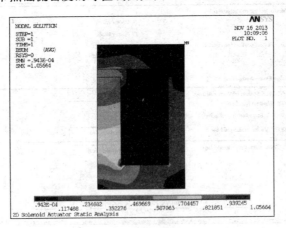

图 7-119 节点磁流密度的等值线图

命令流

```
/PREP7
/TITLE, 2D Solenoid Actuator Static Analysis
ET, 1, PLANE53
KEYOPT, 1, 3, 1
MP, MURX, 1, 1
MP, MURX, 2, 1000
MP, MURX, 3, 1
MP, MURX, 4, 2000
x = .01
n = 650
i = 1.0
ta = .75 * x
tb = .75 * x
tc = .5 * x
td = .75 * x
wc = 1 * x
hc = 2 * x
gap = .25 * x
space = .25 * x
ws = wc + 2 * space
hs = hc + .75 * x
w = ta + ws + tc
hb = tb + hs
h = hb + gap + td
acoil = wc * hc
jdens = n * i / acoil
/PNUM, AREA, 1
RECTNG, 0, w, 0, tb
RECTNG, 0, w, tb, hb
RECTNG, ta, ta + ws, 0, h
RECTNG, ta + space, ta + space + wc, tb + space, tb + space + hc
AOVLAP, ALL
RECTNG, 0, w, 0, hb + gap
RECTNG, 0, w, 0, h
AOVLAP, ALL
NUMCMP, AREA
ASEL, S, AREA, , 2
AATT, 3, 1, 1, 0
ASEL, S, AREA, , 1
ASEL, A, AREA, , 12, 13
AATT, 4, 1, 1
ASEL, S, AREA, , 3, 5
```

```
ASEL,   A, AREA,, 7, 8              NSEL, EXT
AATT, 2, 1, 1, 0                    D, ALL, AZ, 0
/PNUM, MAT, 1                       ALLSEL, ALL
APLOT                               MAGSOLV
ALLSEL, ALL                         SAVE
SMRTSIZE, 4                         FINISH
AMESH, ALL                          /POST1
ESEL, S, MAT,, 4                    PLF2D
CM, ARM, ELEM                       FMAGSUM
FMAGBC, 'ARM ~                      PLVECT, B,,,, VECT, ELEM, ON
ALLSEL, ALL                         /GRAPHICS, POWER
FINISH                              AVRES, 2
/SOLU                               PLNSOL, B, SUM
ESEL, S, MAT,, 3                    ESEL, S, MAT,, 3
BFE, ALL, JS, 1,,, jdens            SRCS, n,,, 1
ESEL, ALL                           FINISH
```

7.4 DesignXplorer 概述

1. DesignXplorer 介绍

ANSYS DesignXplorer 是 ANSYS 软件的一个附加模块，在弹性材料结构分析和静态线性热分析中，可以用来求解较大范围内的结果。ANSYS DesignXplorer 支持以下几类设计参数：

1）离散单元和单元组件，典型的应用包括开孔和加强设计等，通过计算存在或删除单元或单元组件的结果，可以对开孔和加强等进行设计。在离散单元设计分析中，首先需要创建相应的单元组件作为离散的参数，因此，对于开孔设计，首先也必须创建填充孔的单元组件。

注意：离散参数在传热分析中不可用。

2）材料特性，包括结构分析中的弹性模量、材料密度、泊松比和热分析中的导热性等。

3）实常数或截面参数，包括壳单元 SHELL181 的壳厚度、质量单元 MASS21 的质量和弹簧单元 COMBIN14 的刚度等。

4）热应力分析中的温度变化。

5）几何参数，但需要通过 ANSYS MeshMorpher 建立可变参数模型，然后定义模型中的参数为设计变量。

6）惯性载荷。

7）表面效应单元的面载荷。

ANSYS Design Xplorer 得到的结果需要在单独的后处理应用程序 Solution Viewer 中查看：在 ANSYS 环境中进入 Solution Viewer，然后进行交换操作，可以进行设计评估和优化等操作。Solution Viewer 提供下列工具进行设计评估和优化：

1）设计曲线（Design Curves）。

2）设计手册（Design Handbook）。

3）柱形图（Histograms）。

4）响应面（Response Surface）。
5）设计扫描（Design Sweeps）。
6）误差分析（Tolerance Analyses）。
7）优化设计（Optimization）。
8）等值线图（Contour Plots）。

2. Design Xplorer 的基本操作

在 ANSYS 中，使用 DesignXplorer 的基本操作部分包括：

（1）进行预应力分析 预应力分析的过程为普通 ANSYS 分析的过程，主要为静态结构分析和静态热分析等，详细过程可参考本书的相关内容。

（2）进行设计分析 设计分析包括以下几个步骤：

1）进入 VT 处理器。
2）设置结果输出文件。
3）设置近似处理方法。
4）定义设计变量。
5）定义结果变量数值精度。
6）设置求解方法。
7）使用 VT 求解器进行求解。
8）使用 Solution Viewer 查看分析结果。
9）在 Solution Viewer 进行优化等操作。

3. DesignXplorer 的交互方式

每个 DesignXplorer 命令都有一个相应的对话框。这些都可以在 DesignXplorer VT 下拉菜单中找到。每个菜单项映射到相应的 ANSYS DesignXplorer 命令见表 7-3。

表 7-3　ANSYS DesignXplorer 命令

DesignXplorer VT 菜单	命令项	命令
DesignXplorer VT 　Setup 　　Frequency 　　Temperature Load 　　Material Property 　　Real Constant 　　Section Property 　　Discrete Variable 　　Result Quantity 　　Modify	Frequency	VTFREQ
	Temperature Load	VTTEMP
	Material Property	VTMP
	Real Constant	VTREAL
	Section Property	VTSEC
	Discrete Variable	VTDISC
	Result Quantity	VTRSLT
	Modify	VTVMOD
DesignXplorer VT 　Setup 　Solution 　　Results File 　　Solution Method 　　Solve	Results File	VTRFIL
	Solution Method	VTMETH
	Solve	SOLVE
DesignXplorer VT 　Setup 　Solution 　Postprocessing 　　SolutionViewer	SolutionViewer	VTPOST

（续）

	Status	VTSTAT
⊟ DesignXplorer VT 　⊞ Setup 　⊞ Solution 　⊞ Postprocessing 　⊟ Other 　　▫ Status 　　▫ Clear Database	Clear Database	VTCLR

4. DesignXplorer 支持的单元类型及特性

在 ANSYS14.0 中，DesignXplorer 支持的单元类型及特性见表 7-4。

表 7-4 支持的单元类型及特性

单元	材料特性	实常数	离散	结果变量
LINK180	EX, EY, EZ, NUXY, NUYZ, NUXZ, GXY, GYZ, GXZ, ALPX, ALPY, ALPZ, DENS		X	MASS, RF, U
SHELL181	EX, EY, EZ, NUXY, NUYZ, NUXZ, GXY, GYZ, GXZ, ALPX, ALPY, ALPZ, DENS	TK	X	MASS, S, RF, U
PLANE182	EX, EY, EZ, NUXY, NUYZ, NUXZ, GXY, GYZ, GXZ, ALPX, ALPY, ALPZ, DENS		X	MASS, S, RF, U
PLANE183	EX, EY, EZ, NUXY, NUYZ, NUXZ, GXY, GYZ, GXZ, ALPX, ALPY, ALPZ, DENS		X	MASS, S, RF, U
SOLID185	EX, EY, EZ, NUXY, NUYZ, NUXZ, GXY, GYZ, GXZ, ALPX, ALPY, ALPZ, DENS		X	MASS, S, RF, U
SOLID186	EX, EY, EZ, NUXY, NUYZ, NUXZ, GXY, GYZ, GXZ, ALPX, ALPY, ALPZ, DENS		X	MASS, S, RF, U
SOLID187	EX, EY, EZ, NUXY, NUYZ, NUXZ, GXY, GYZ, GXZ, ALPX, ALPY, ALPZ, DENS		X	MASS, S, RF, U
SOLID272	EX, EY, EZ, PRXY, PRYZ, PRXZ (or NUXY, NUYZ, NUXZ) ALPX, ALPY, ALPZ (or CTEX, CTEY, CTEZ or THSX, THSY, THSZ), DENS, GXY, GYZ, GXZ, BETD		X	MASS, S, RF, U
SOLID273	EX, EY, EZ, PRXY, PRYZ, PRXZ (or NUXY, NUYZ, NUXZ) ALPX, ALPY, ALPZ (or CTEX, CTEY, CTEZ or THSX, THSY, THSZ), DENS, GXY, GYZ, GXZ, BETD		X	MASS, S, RF, U
SOLID285	EX, EY, EZ, PRXY, PRYZ, PRXZ (or NUXY, NUYZ, NUXZ) ALPX, ALPY, ALPZ (or CTEX, CTEY, CTEZ or THSX, THSY, THSZ), DENS, GXY, GYZ, GXZ, BETD		X	MASS, S, RF, U
BEAM188	EX, EY, EZ, NUXY, NUYZ, NUXZ, GXY, GYZ, GXZ, ALPX, ALPY, ALPZ, DENS		X	MASS, RF, U
BEAM189	EX, EY, EZ, NUXY, NUYZ, NUXZ, GXY, GYZ, GXZ, ALPX, ALPY, ALPZ, DENS		X	MASS, RF, U
COMBIN14		STIFF	X	RF, U
MASS21		MASS	X	MASS, RF, U
SOLID70	KXX, KYY, KZZ			TEMP, TG, TF
SOLID87	KXX, KYY, KZZ			TEMP, TG, TF
SOLID90	KXX, KYY, KZZ			TEMP, TG, TF
SURF151		HFILM, HFLUX, TBULK		None

(续)

单元	材料特性	实常数	离散	结果变量
SURF152		HFILM, HFLUX, TBULK		None
SURF153		PRES		None
SURF154		PRES		None
SURF156		PRES		None
REINF264	EX, EY, EZ, PRXY, PRYZ, PRXZ (or NUXY, NUYZ, NUXZ), ALPX, ALPY, ALPZ (or CTEX, CTEY, CTEZ or THSX, THSY, THSZ), DENS, GXY, GYZ, GXZ, BETD		X	MASS, RF, U
PIPE288	EX, EY, EZ, NUXY, NUYZ, NUXZ, GXY, GYZ, GXZ, ALPX, ALPY, ALPZ, DENS		X	MASS, RF, U
PIPE289	EX, EY, EZ, NUXY, NUYZ, NUXZ, GXY, GYZ, GXZ, ALPX, ALPY, ALPZ, DENS		X	MASS, RF, U
ELBOW290	EX, EY, EZ, (PRXY, PRYZ, PRXZ, ALPX, ALPY, ALPZ (or CTEX, CTEY, CTEZ or THSX, THSY, THSZ), DENS, GXY, GYZ, GXZ	TK	X	MASS, S, RF, U

5. DesignXplorer 使用时的限制

一个单元不能用多余一个以上的变量规范。也就是说，在定义一个单元时不能同时定义厚度和材料属性。

对于模态分析，不支持非零点的指定位移。此结果类型的 Mass 无法选择。

VTTEMP 不能在下列元素中使用：LINK180、BEAM188、BEAM189、COMBIN14、MASS21。

在其中有两个自由度抑制和规定的自由度元素，反应力的计算是不正确的。

DesignXplorer 不支持正交各向异性材料的泊松比参数（PR 或 HS）。

在 ANSYS 开发环境中，使用 DesignXplorer 进行设计的局限性目前还很大，对于复杂模型的优化设计问题，建议采用 ANSYS Workbench 相应的设计模块。

7.5 本章小结

ANSYS 热分析领域有稳态传热、瞬态传热两种。热分析涉及的单元有大约 40 种，其中纯粹用于热分析的有 14 种。ANSYS 稳态热分析与瞬态热分析的基本步骤分为建模、施加载荷计算和查看结果 3 个步骤，其主要区别是瞬态热分析中的载荷随时间变化。为表达随时间变化的载荷，必须将载荷-时间曲线分为载荷步。载荷-时间曲线中的每个拐点为一个载荷步。

ANSYS FLOTRAN 可执行层流或湍流、传热或绝热、压缩或不可压缩、牛顿流或非牛顿流和多组分传输分析，这些分析类型并不相互排斥。典型 FLOTRAN 分析的步骤为：①建模，包括确定问题的区域、确定流体的状态、生成有限元网格；②求解，包括施加边界条件、设置 FLOTRAN 分析参数、求解；③检查结果。生成的文件有结果文件（Jobname.rfl）、打印文件（Jobname.pfl）、壁面文件（Jobname.rsw）、残差文件（Jobname.rdf）、调试文件（Jobname.dbg）、结果备份文件（Jobname.rfo）及重启动文件（Jobname.cfd）等。

ANSYS 的电场分析功能可用于研究电场的电流传导、静电分析和电路分析。与其他有限元分析相类似，ANSYS 的电磁场分析主要包括创建物理环境、建立模型和划分网格并赋予特性、加边界条件和载荷（励磁）、求解，以及后处理并查看计算结果 5 个主要步骤。

7.6 思考与练习

1. 概念题

1）热分析的主要单元有哪些？
2）稳态热分析与瞬态热分析的根本区别是什么？
3）ANSYS 中的 FLOTRAN CFD 分析功能有哪些？
4）FLOTRAN 分析中产生的文件有哪些？
5）简介 FLOTRAN 分析中的注意事项。
6）典型 FLOTRAN 分析的步骤有哪些？
7）介绍 ANSYS 电磁场分析的步骤以及解决的问题类型。

2. 计算操作题

（1）浮力驱动流动分析　如图 7-120 所示，计算在两条垂直边上具有不同温度的方腔内的浮力驱动流动，用 FLUID 141 二维单元分析层流定常流动。该问题模拟的物理现象在许多实际问题中都会碰到，包括太阳能的收集、房屋的通风等。

由于方腔的温度变化导致了密度变化，又由密度变化引起层流流动。该问题描述流动的 Ra 数为 1.01×10^5。Ra 数由如下公式定义

$$Ra = \frac{g\beta\Delta T L^3 \rho^2 c_p}{K\mu}$$

式中，g 为重力加速度；$\beta = 1/T$；$\Delta T = T_{HOT} - T_{COLD}$；$L$ 为孔腔长度；ρ 为密度；c_p 为比热容；K 为热导热率；μ 为黏性系数。

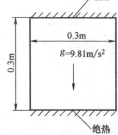

图 7-120　方腔示意图

其他分析条件为：

1）方腔的尺寸为 $0.3\mathrm{m} \times 0.3\mathrm{m}$，重力加速度为 $9.81\mathrm{m/s^2}$；
2）工作条件：名义温度为 193K，参考压力为 $1.0135 \times 10^5 \mathrm{Pa}$；
3）流体：研究流体为空气，使用国际单位制；
4）载荷：无滑移壁面（$V_x = V_y = 0$），方腔的左壁面维持在 $T_{HOT} = 320\mathrm{K}$，右壁面维持在 $T_{COLD} = 280\mathrm{K}$。

（2）铸造热分析　一钢铸件及其砂模的横截面尺寸如图 7-121 所示。砂模的热物理性能见表

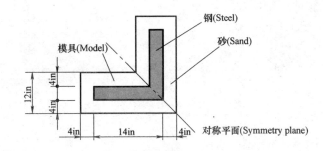

图 7-121　铸造传热结构示意图

7-5，铸钢的热物理性能见表7-6。初始条件：铸钢的温度为2875°F。砂模的温度为80°F。砂模外边界的对流边界条件：对流系数0.014Btu/(h·in^2·°F)，空气温度为80°F。求3h后铸钢及砂模的温度分布。

表 7-5 砂模的热物理性能

项目	单位	数值
热导率(KXX)	Btu/(h·in·°F)	0.025
密度(DENS)	lb/in^3	0.254
比热容(C)	Btu/(lb·°F)	0.28

表 7-6 铸钢的热物理性能

项目	单位	0°F	2643°F	2750°F	2875°F
热导率	Btu/(h·in·°F)	1.44	1.54	1.22	1.22
焓	Btu/in^3	0	128.1	163.8	174.2

附 录

附录 A 弹性力学的基本方程

在有限单元法中经常要用到弹性力学的基本方程，关于它们的详细推导可从弹性力学的有关教材中查到。

弹性体在载荷作用下，体内任意一点的应力状态可由 6 个应力分量 σ_x、σ_y、σ_z、τ_{xy}、τ_{yz}、τ_{zx} 来表示。其中，σ_x、σ_y、σ_z 为正应力，τ_{xy}、τ_{yz}、τ_{zx} 为切应力。应力分量的正负号规定如下：如果某一个面的外法线方向与坐标轴的正方向一致，这个面上的应力分量就以沿坐标轴正方向为正，与坐标轴反向为负；相反，如果某一个面的外法线方向与坐标轴的负方向一致，这个面上的应力分量就以沿坐标轴负方向为正，与坐标轴同向为负。应力分量及其正方向如图 A-1 所示。

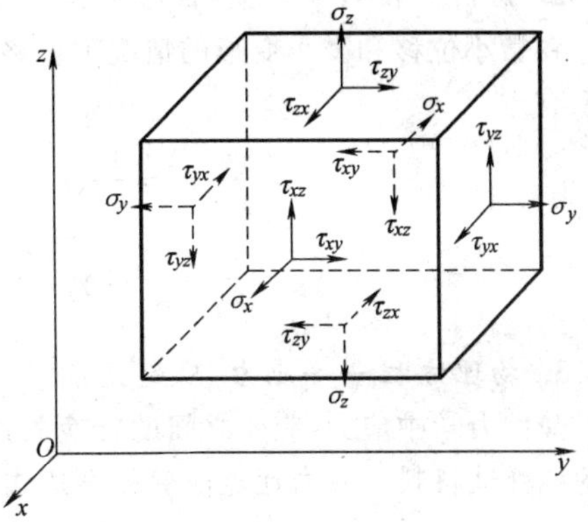

应力分量的矩阵表示称为应力列阵或应力向量

$$\boldsymbol{\sigma} = \begin{pmatrix} \sigma_x & \sigma_y & \sigma_z & \tau_{xy} & \tau_{yz} & \tau_{zx} \end{pmatrix}^T \quad \text{(A-1)}$$

图 A-1 应力分量及其正方向

弹性体在载荷作用下，还将产生位移和变形，即弹性体位置的移动和形状的改变。

弹性体内任一点的位移可由沿直角坐标轴方向的 3 个位移分量 u、v、w 来表示。它的矩阵形式是

$$\boldsymbol{r} = \begin{pmatrix} u & v & w \end{pmatrix}^T \quad \text{(A-2)}$$

称为位移列阵或位移向量。

弹性体内任意一点的应变，可以由 6 个应变分量 ε_x、ε_y、ε_z、γ_{xy}、γ_{yz}、γ_{zx} 来表示。其中，ε_x、ε_y、ε_z 为正应变，γ_{xy}、γ_{yz}、γ_{zx} 为切应变。应变的正负号与应力的正负号相对应，即应变以伸长时为正，缩短时为负；切应变是以两个沿坐标轴正方向的线段组成的直角变小为正，反之为负。图 A-2a、b 所示分别为 ε_x 和 γ_{xy} 的正应变状态。

应变的矩阵形式是

$$\boldsymbol{\varepsilon} = \begin{pmatrix} \varepsilon_x & \varepsilon_y & \varepsilon_z & \gamma_{xy} & \gamma_{yz} & \gamma_{zx} \end{pmatrix}^T \quad \text{(A-3)}$$

称为应变列阵或应变向量。

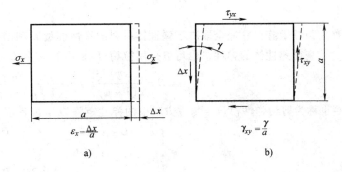

图 A-2 应变的正方向
a) 正应变 b) 切应变

对于三维问题，弹性力学基本方程可写成如下形式。

1. 平衡方程

弹性体 V 域内任一点沿坐标轴 x、y、z 方向的平衡方程为

$$\left.\begin{array}{r}\dfrac{\partial \sigma_x}{\partial x}+\dfrac{\partial \tau_{yx}}{\partial y}+\dfrac{\partial \tau_{zx}}{\partial z}+\bar{f}_x=0 \\ \dfrac{\partial \tau_{xy}}{\partial x}+\dfrac{\partial \sigma_{yx}}{\partial y}+\dfrac{\partial \tau_{zy}}{\partial z}+\bar{f}_y=0 \\ \dfrac{\partial \tau_{xz}}{\partial x}+\dfrac{\partial \tau_{yz}}{\partial y}+\dfrac{\partial \sigma_z}{\partial z}+\bar{f}_z=0 \end{array}\right\} \quad (A\text{-}4)$$

式中，$\bar{f}_x$、$\bar{f}_y$、$\bar{f}_z$ 分别为单位体积的体积力在 x、y、z 方向的分量。

2. 几何方程——应变-位移关系

在微小位移和微小变形的情况下，略去位移导数的高次幂，则应变向量和位移向量间的几何关系有

$$\left.\begin{array}{l}\varepsilon_x=\dfrac{\partial u}{\partial x},\varepsilon_y=\dfrac{\partial v}{\partial y},\varepsilon_z=\dfrac{\partial w}{\partial z} \\ \gamma_{xy}=\dfrac{\partial u}{\partial y}+\dfrac{\partial v}{\partial x}=\gamma_{yx},\gamma_{yz}=\dfrac{\partial v}{\partial z}+\dfrac{\partial w}{\partial y}=\gamma_{zy},\gamma_{zx}=\dfrac{\partial u}{\partial z}+\dfrac{\partial w}{\partial x}=\gamma_{xz}\end{array}\right\} \quad (A\text{-}5)$$

3. 物理方程——应力-应变关系

弹性力学中应力-应变之间的转换关系也称弹性关系（又称为广义胡克定律）。对于各向同性的线弹性材料，应力通过应变的表达式可用矩阵形式表示为

$$\boldsymbol{\sigma}=\boldsymbol{D}\boldsymbol{\varepsilon} \quad (A\text{-}6)$$

式中

$$\boldsymbol{D}=\dfrac{E(1-\mu)}{(1+\mu)(1-2\mu)}\begin{pmatrix} 1 & \dfrac{\mu}{1-\mu} & \dfrac{\mu}{1-\mu} & 0 & 0 & 0 \\ & 1 & \dfrac{\mu}{1-\mu} & 0 & 0 & 0 \\ & & 1 & 0 & 0 & 0 \\ & & & \dfrac{1-2\mu}{2(1-\mu)} & 0 & 0 \\ & 对 & 称 & & \dfrac{1-2\mu}{2(1-\mu)} & 0 \\ & & & & & \dfrac{1-2\mu}{2(1-\mu)} \end{pmatrix} \quad (A\text{-}7)$$

称为弹性矩阵。它完全取决于弹性体材料的弹性模量 E 和泊松比 μ。

表征弹性体的弹性，也可以采用拉梅（Lam'e）常数 G 和 λ 表示，即

$$G=\dfrac{E}{2(1+\mu)},\quad \lambda=\dfrac{E\mu}{(1+\mu)(1-2\mu)} \quad (A\text{-}8)$$

G 也称为剪切弹性模量。物理方程中的弹性矩阵 D 也可表示为

$$\boldsymbol{D}=\begin{bmatrix} \lambda+2G & \lambda & \lambda & 0 & 0 & 0 \\ & \lambda+2G & \lambda & 0 & 0 & 0 \\ & & \lambda+2G & 0 & 0 & 0 \\ & & & G & 0 & 0 \\ & 对 & 称 & & G & 0 \\ & & & & & G \end{bmatrix} \quad (A\text{-}9)$$

4. 边界条件

弹性体 V 的全部边界为 S。一部分边界上已知单位面积外力 $\overline{T}_x$、$\overline{T}_y$、$\overline{T}_z$，称为力的边界条件，这部分边界用 S_σ 表示；另一部分边界上弹性体的位移 $\overline{u}$、$\overline{v}$、$\overline{w}$ 已知，称为几何边界条件或位移边界条件，这部分边界用 S_u 表示。这两部分边界构成弹性体的全部边界，即

$$S = S_\sigma + S_u \tag{A-10}$$

弹性体在边界上单位面积的内力为 T_x、T_y、T_z，根据平衡应有

$$T_x = \overline{T}_x, T_y = \overline{T}_y, T_z = \overline{T}_z \tag{A-11}$$

设边界外法线为 N，其方向余弦为 n_x、n_y、n_z，则边界上弹性体的内力可确定为

$$\left. \begin{array}{l} T_x = n_x \sigma_x + n_y \tau_{yx} + n_z \tau_{zx} \\ T_y = n_x \tau_{xy} + n_y \sigma_y + n_z \tau_{zy} \\ T_z = n_x \tau_{xz} + n_y \tau_{yz} + n_z \sigma_z \end{array} \right\} \tag{A-12}$$

式（A-12）即为力的边界条件。

在 S_u 上有位移边界条件

$$u = \overline{u}, v = \overline{v}, w = \overline{w} \tag{A-13}$$

以上是三维弹性力学问题中的一组基本方程和边界条件。同样，对于平面问题，轴对称问题等也可以得到类似的方程和边界条件。

附录 B ANSYS 程序中常用量和单位

量的名称	国际单位		英制单位		换算关系和备注
	名称	符号	名称	符号	
长度	毫米	mm	英寸	in	1in = 25.4 mm
	米	m	英尺	ft	1ft = 0.304 8 m
时间	秒	s	秒	s	
			小时	h	1h = 3600s
质量	千克	kg	磅	lb	1lb = 0.4539kg
			斯[勒格]	slug	1 slug = 32.2 lb = 14.7156kg
温度	摄氏度	℃	华氏度	℉	1 ℉ = 5/9℃
频率	赫[兹]	Hz	赫[兹]	Hz	
电流	安[培]	A	安[培]	A	
面积	平方米	m^2	平方英寸	in^2	$1in^2 = 6.4516 \times 10^{-4} m^2$
体积	立方米	m^3	立方英寸	in^3	$1in^3 = 1.6387 \times 10^{-3} m^3$
速度	米每秒	m/s	英寸每秒	in/s	1in/s = 0.0254m/s
加速度	米每二次方秒	m/s^2	英寸每二次方秒	in/s^2	$1in/s^2 = 0.0254m/s^2$
转动惯量	千克二次方米	$kg \cdot m^2$	磅二次方英寸	$lb \cdot in^2$	$1lb \cdot in^2 = 2.92645 \times 10^{-4} kg \cdot m^2$
力	牛[顿]	N	磅力	lbf	1lbf = 4.4482N
力矩	牛[顿]米	$N \cdot m$	磅力英寸	$lbf \cdot in$	$1lbf \cdot in = 0.112985 N \cdot m$
能量	焦[耳]	J	英热单位	Btu	1Btu = 1055.06J
功率(热流率)	瓦[特]	W		Btu/h	1Btu/h = 0.293072W
热流密度		W/m^2		$Btu/(h \cdot ft^2)$	$1Btu/(h \cdot ft^2) = 3.1646 W/m^2$
生热速率		W/m^3		$Btu/(h \cdot ft^3)$	$1Btu/(h \cdot ft^3) = 10.3497 W/m^3$

(续)

量的名称	国际单位		英制单位		换算关系和备注
	名称	符号	名称	符号	
热导率		W/(m·℃)		Btu/(h·ft·℉)	1Btu/(h·ft·℉) = 1.73074W/(m·℃)
传热系数		W/(m²·℃)		Btu/(h·ft²·℉)	1Btu/(h·ft²·℉) = 1.73074W/(m²·℃)
密度		kg/m³		lb/ft³	1lb/ft³ = 16.01846kg/m³
比热容		J/(kg·℃)		Btu/(lb·℉)	1Btu/(lb·℉) = 4186.82J/(kg·℃)
焓		J/m³		Btu/ft³	1Btu/ft³ = 37259.1J/m³
应力、压强、压力、弹性模量	帕[斯卡]	Pa 或 N/m²	磅每平方英寸	psi 或 lbf/in²	1psi = 6894.75Pa, 1Pa = 1N/m², 1psi = 1lbf/in²
电场强度		V/m			
磁通量	韦[伯]	Wb	韦[伯]	Wb	1Wb = 1V·s
磁通密度	特[斯拉]	T	特[斯拉]	T	1T = 1N/(A·m)
电阻	欧[姆]	Ω	欧[姆]	Ω	1Ω = 1V/A
电感	法[拉]	F	法[拉]	F	
电容	法[拉]	F			
电荷量	库[仑]	C	库[仑]	C	1C = 1A·s
磁矢位	韦[伯]每米	Wb/m			
磁阻率	米每亨[利]	m/H			
压电系数	库[仑]每牛[顿]	C/N			
介电常数	法[拉]每米	F/m			
动量	千克米每秒	kg·m/s	磅英寸每秒	lb·in/s	1lb·in/s = 0.0115291kg·m/s
动力黏度	帕[斯卡]秒	Pa·s	磅力秒每平方英尺	lbf·s/ft²	1lbf·s/ft² = 47.8803Pa·s
运动黏度	二次方米每秒	m²/s	平方英寸每秒	in²/s	1in²/s = 6.4516×10⁻⁴ m²/s
质量流量	千克每秒	kg/s	磅每秒	lb/s	1lb/s = 0.453592kg/s

注：ANSYS 程序中并不特别强调物理量的单位，但英制和公制单位不可混用。

参 考 文 献

[1] 张洪信. 有限元基础理论与 ANSYS 应用 [M]. 北京：机械工业出版社，2006.
[2] 张洪信，赵清海. ANSYS 有限元分析完全自学手册 [M]. 北京：机械工业出版社，2008.
[3] 倪栋，段进，徐久成. 通用有限元分析 ANSYS7.0 实例精解 [M]. 北京：电子工业出版社，2003.
[4] 王国强. 实用工程数值模拟技术及其在 ANSYS 上的实践 [M]. 西安：西北工业大学出版社，1999.
[5] 刘涛，杨凤鹏. 精通 ANSYS [M]. 北京：清华大学出版社，2002.
[6] 祝效华，余志祥. ANSYS 高级工程有限元分析范例精选 [M]. 北京：电子工业出版社，2004.
[7] RH 加拉格尔有限元素法问题详解 [M]. 林辉政，译. 台北：晓园出版社，1994.
[8] 赵海峰，蒋迪. ANSYS8.0 工程结构实例分析 [M]. 北京：中国铁道出版社，2004.
[9] 傅永华. 有限元分析基础 [M]. 武汉：武汉大学出版社，2003.
[10] 朱伯芳. 有限单元法原理与应用 [M]. 2 版. 北京：中国水利水电出版社，1998.
[11] 王勖成，邵敏. 有限单元法基本原理和数值方法 [M]. 北京：清华大学出版社，1997.
[12] 张洪信，陈秉聪，张铁柱，等. 沥青路面粘弹塑性有限元法 [J]. 青岛大学学报：自然科学版，2002，15（2）：38-41.
[13] GR 布查南. 有限元分析 [M]. 董文军，谢伟松，译. 北京：科学出版社，2002.
[14] 盛和太，喻海良，范训益. ANSYS 有限元原理与工程应用实例大全 [M]. 北京：清华大学出版社，2006.
[15] 王富耻，张朝晖. ANSYS10.0 有限元分析理论与工程应用 [M]. 北京：电子工业出版社，2006.
[16] 张朝晖. ANSYS 热分析教程与实例解析 [M]. 北京：中国铁道出版社，2007.
[17] 王庆五，左昉，胡仁喜. ANSYS10.0 机械设计高级应用实例 [M]. 2 版. 北京：机械工业出版社，2006.
[18] 尚晓江，邱峰，赵海峰，等. ANSYS 结构有限元高级分析方法与范例应用 [M]. 北京：中国水利水电出版社，2006.
[19] 李裕春，时党勇，赵远. ANSYS10.0 LS-DYNA 基础理论与工程实践 [M]. 北京：中国水利水电出版社，2006.
[20] 博弈创作室. ANSYS9.0 经典产品高级分析技术与实例详解 [M]. 北京：中国水利水电出版社，2005.